KIRCHENBAU IM MITTELALTER

DIETRICH CONRAD

KIRCHENBAU IM MITTELALTER

BAUPLANUNG UND BAUAUSFÜHRUNG

Unter beratender Mitwirkung von Klaus Mertens

EDITION LEIPZIG

Über die Autoren

Dietrich Conrad, 1935 in Dresden geboren, erlernte den Beruf des Zimmermannes und studierte nach praktischer Tätigkeit an der Technischen Hochschule Dresden Bauingenieurwesen. Neben seinen Arbeitsaufgaben, die gegenwärtiges Bauen betreffen, beschäftigte er sich seit langem autodidaktisch mit Problemen der Technikgeschichte des Bauwesens. Im Rahmen dieser Bemühungen gab er 1987 jenen 1590 in Rom erschienenen Bericht, in dem Domenico Fontana den Transport des Vatikanischen Obelisken zum Petersplatz in Rom in Wort und Bild erläuterte, als Faksimile mit Übersetzung und Kommentaren versehen, heraus.

Klaus Mertens, 1931 in Beuthen/Oberschlesien geboren, studierte Architektur an der Technischen Hochschule Dresden und war anschließend bei den Professoren R. Hamann und E. Lehmann an der Arbeitsstelle für Kunstgeschichte bei der Deutschen Akademie der Wissenschaften zu Berlin tätig. Seit 1959 arbeitet, lehrt und publiziert er zu den Themenbereichen Sächsischer Barock, mittelalterliche Architekturgeschichte und Geschichte der Gartenbaukunst an der Technischen Universität Dresden.

Conrad, Dietrich:

Kirchenbau im Mittelalter : Bauplanung u. Bauausführung / Dietrich Conrad ; unter beratender Mitarb. von Klaus Mertens. – 1. Aufl. – [Leipzig] : Edition Leipzig, 1990. – 352 S. : 232 Ill. (z. T. farb.)
ISBN 3-361-00307-5

Gestaltung Bernd Kruhl, Leipzig
Zeichnungen Peter Brüx, Leipzig
Gesamtherstellung Grafische Werke Zwickau
Printed in Germany
ISBN 3-361-00307-5

INHALTSVERZEICHNIS

EINLEITUNG

Zur Betrachtungsweise alter Kirchenbauten

Immer wieder faszinieren die kirchlichen Großbauten des Mittelalters. Bewundert wird ihre Gesamterscheinung, die wohlabgewogene Raumproportion ebenso wie der Detailreichtum. Kein Bauwerk gleicht dem anderen. Die individuellen Gestaltungsfähigkeiten der jeweiligen Meister werden durch ihre Bauten bekundet. Trotz aller Vielfalt gibt es auch eine Reihe von Gemeinsamkeiten, die von Fachleuten analysiert und deren Ursachen interpretiert werden. Solches Bemühen führte dazu, bei der Interpretation des Denkmälerbestandes Entwicklungstendenzen darlegen zu können.

Die Kunstgeschichte ordnet mittelalterliche Bauten und Kunstwerke des Abendlandes, so auch die Sakralbauten, in Stilepochen, die für das Mittelalter als Vorromanik, Romanik und Gotik benannt worden sind. Eine Fülle entsprechender Publikationen gestattet es den zahlreichen Interessenten, visuelle Eindrücke in ein entwicklungsgeschichtliches Gesamtbild einzuordnen.

Kunsthistorische Bewertung und Interpretationen von Bauwerken können von den verschiedensten Gesichtspunkten ausgehen. Dies sei am Beispiel des gotischen Sakralbaues angedeutet: Vasari (1511–1574) gilt als einer der ersten Kunsthistoriker.[1] Er schreibt, daß die Kunst der Goten keinesfalls schön sei. Die Meinung, zwischen als »gotisch« bezeichneten Bauwerken und dem so genannten Germanenvolk bestehe eine Beziehung, wie auch die in ästhetischer Hinsicht abwertende Einschätzung dieser Bauwerke hatten über 200 Jahre Gültigkeit. Ein 1771 erschienenes Lexikon, in dem wiederum die Begriffe »Gotik« und »barbarischer Geschmack« gleichgesetzt wurden, veranlaßte den jungen Goethe zu seiner damals vielbeachteten Schrift, die er in der Form einer Verehrung für den Meister der Westfassade des Straßburger Münsters, Erwin von Steinbach, abfaßte.[2] Aber wie sah Goethe dieses Bauwerk? Er sprach von aufgetürmten Bergen, notwendigen Massen und bezeichnete den Bau als einen Koloß. Gibt es hier irgendwelche Übereinstimmungen mit heutiger Gotik-Sicht, in der dieses Bauwerk und die anderen gotischen Kirchen als leicht, skeletthaft aufgelöst, kühn, himmelstrebend oder auch transzendent bezeichnet werden? In unserem Jahrhundert wurden Begriffe wie »Diaphanie« oder »Antiponderose« geprägt, um baukünstlerische Leistungen in ihrer Wirkung besser beschreiben zu können.[3] Es ist zu erkennen, daß kunsthistorische Aussagen zeit- und gesellschaftsbezogen und manchmal durch nationale Gesichtspunkte abgewandelt sind. Jede Generation setzt sich mit dem Kulturerbe aufs neue auseinander und schafft so eigene Akzente.

Die Architekturentwicklung des Mittelalters wird im Zusammenhang mit den politischen, ökonomischen, sozialen und kulturellen Grundlagen gesehen. Dieser zweifellos richtigen Sicht folgt jedoch gelegentlich – meist unausgesprochen – die Annahme, daß die Bauschaffenden ohne Schwierigkeiten in der Lage gewesen seien, ein durch den Bauherrn vorgegebenes inhaltliches Programm sowohl ästhetisch überzeugend als auch technisch ausgereift zu realisieren, sofern dieser über die wirtschaftlichen Voraussetzungen verfügte. Damit blieben die Impulse für die Architekturentwicklung eliminiert, die durch bautechnische Neuerungen wirksam geworden sein konnten. Die Gefahren einer so einseitigen Sicht sind erkannt. »An sich aber sind die technischen Probleme von gleichem Rang, auch innerhalb der Kunstgeschichte, wie die eigentlichen künstlerischen und ikonologischen: sie gehen unabtrennbar in die künstlerische Gestaltung ein.«[4]

Noch zwingender scheinen die Notwendigkeiten zur Verwirklichung eines monumentalen Sakralbaues in der Reihung: materielle Mittel – technisches Können – künstlerischer Genius aufgezählt zu sein. Liegt dieser Folge in der Aufzählung Zufall oder Wertung zugrunde?[5]

In welchem Maße wurden bisher handwerklich-technische Vorgänge und Entscheidungen bei der Planung und Ausführung sakraler Bauten im Mittelalter in der Fachliteratur aufgearbeitet? Eine erste Phase intensiver Beschäftigung mit diesen Bauwerken setzte zu Beginn des 19. Jahrhunderts ein, als sich die Erkenntnis über deren Wert herausbildete. Allenthalben begannen die Arbeiten zum Wiederaufbau, zur Vollendung bzw. zur Reparatur derartiger Baukunstwerke. Aus der Fülle in jenen Jahren beachteter Objekte und zuzuordnender Persönlichkeiten seien die Baumaßnahmen am Dom Sankt Petrus und Maria zu Köln und sein Förderer Sulpiz Boisserée, die Abteikirche Sainte-Madeleine in Vézelay mit Eugène Emmanuel Viollet-le-Duc oder die Stiftskirche Sankt Cyriakus in Gernrode mit Ferdinand von Quast angeführt. Dieses Schaffen schlug sich auch in Publikationen nieder. Besondere Bedeutung erhielten Hoffstadts und Ungewitters Lehrbücher und das zehnbändige Wörterbuch Viollet-le-Ducs. Dieses das Konstruktive besonders betonende Herangehen fand Zustimmung,[6] aber auch Kritik. Viollet-le-Duc galt in der Baukunst-Geschichtsschreibung als »Technizist«.

Der Wiederaufbau so vieler im zweiten Weltkrieg zerstörter mittelalterlicher Bauwerke ließ in verstärktem Maße Fragen nach der Arbeitsweise zur Zeit ihrer Entstehung aufkommen. Die dadurch angeregten Forschungstätigkeiten, die bis heute an Intensität nicht nachließen, förderten neue Erkenntnisse zutage. Bei den hierzu erschienenen Publikationen handelt es sich um spezielle Arbeiten über die

Wirkungsweise der Konstruktionen, über zeitgenössische Bauausführung, über das Berufsbild des Architekten und dessen Arbeitsweise und zu wirtschaftlichen Problemen, die sich in Verbindung mit der Planung und Bauausführung als Fragestellungen ergeben. Hinzu kommen Berichte, wie mit der gegenwärtigen Technik an der Erhaltung und Rekonstruktion der alten Bauwerke gearbeitet wird.[7] Die Aussagen derartiger Publikationen können ganz bedeutend dazu beitragen, mittelalterliche Bauwerke umfassender zu sehen. Solche Arbeiten sind vorwiegend fachwissenschaftlich abgefaßt, wenden sich an Experten und erreichen den an der Baukunst allgemein interessierten Leser nur selten. Es wird offensichtlich bezweifelt, daß technisch-ökonomisches Wissen über den mittelalterlichen Kirchenbau auch für diesen Leserkreis interessant sei.

Die Suche nach den mittelalterlichen Bauten mit den größten Dimensionen, den kompliziertesten Formen und dem reichsten Schmuck führt zu den großen Kirchen. Die Fortifikations- und profanen Repräsentationsbauten erscheinen, zumindest bis in das späte Mittelalter, bescheidener – das Primat für die mittelalterliche Architekturentwicklung muß dem Kirchenbau zugeordnet werden. Diese Stellung ergibt sich aus der zentralen Bedeutung des Kirchengebäudes und zugeordneter geistlicher und weltlicher Institutionen im Mittelalter und ist noch heute im überkommenen Denkmalbestand und in künstlerischen Darstellungen erkennbar (Abb. 1 bis 4). Damit kommt aber zwangsläufig dem Kirchenbau auch die Rolle des Leitbaues für die handwerklich-technische Entwicklung des Bauwesens zu. Beim Suchen nach veränderten künstlerischen Lösungen ergaben sich andersgeartete Aufgaben für die Bauleute und damit der Anstoß, geeignete technische Mittel oder Verfahren zur Baurealisierung zu finden. In der Dialektik zwischen künstlerischem Wollen und handwerklichem Können darf jedoch auch die Möglichkeit des Rückwirkens technischer Neuentwicklungen auf das architektonische Gestalten in die Betrachtung einbezogen werden.

Ein Bauwerk prägt sich durch die optische Wahrnehmung geschmückter Körper und Räume, Flächen und Linien im Bewußtsein des Betrachters ein. In einem ganz anderen Licht erscheint aber das gleiche Gebäude, wenn der Versuch unternommen wird, an alle die vielen und unterschiedlichen Arbeitsgänge bei dessen Errichtung zu denken. Man ahnt, welcher Massentransporte es bedurfte, um das Gelände den Erfordernissen des Bauwerkes anzupassen und die großen Mengen des Baumaterials bereitzustellen (Abb. 5), daß ein schlank empfundener Pfeiler oder eine Säule sich in ihrer Kubatur noch recht voluminös darstellen und es zu ihrer Herstellung um so größerer Sorgfalt bedurfte, je höher und schlanker ein solches Bauteil geplant war (Abb. 7), und daß die Gewölbe, die sich scheinbar so selbstverständlich über die Räume spannen, große Baumassen enthalten, die – der Erdbeschleunigung zum Trotz – in großer Höhe stabil gehalten sind (Abb. 6). So gesehen erscheint die bereits zitierte Sicht Goethes durchaus nicht mehr so fern. Der Widerspruch zur heutigen Anschauung löst sich durch die veränderte Betrachtungsweise.

Die gotische Kathedrale und die von ihr abhängigen Bauwerke stellen zweifellos einen der Höhepunkte in der Entwicklung der europäischen Baukunst dar. Berücksichtigt man, daß bei keiner anderen Gruppe von Bauwerken hinsichtlich der drei erwähnten Merkmale eine solche Gleichzeitigkeit optimaler Lösungen auftritt, dann steht ihr ein entsprechend hoher Stellenwert auch in einer technikgeschichtlichen Behandlung zu.

Das Studium der Geschichte lehrt, daß Gesellschaft und Produktivkräfte sich, über weite Zeiträume gesehen, in Abhängigkeit voneinander einheitlich entwikkeln. Zeitweilig auftretende Diskontinuität verursachte Widersprüche und regte an, Neuerungen zu finden. Das Bauwesen ist ein Bereich menschlicher Tätigkeit, der in dieser Hinsicht besonderer Aufmerksamkeit bedarf. Gerade im Mittelalter ist zu beobachten, daß einmal in zeitlich sehr gedrängter Form neue konstruktive Lösungen und technologische Prozesse gefunden werden, zugleich aber auch, z. B. bei der Materialgewinnung und Materialbearbeitung, ein Verharren in der handwerklichen Tradition zu verzeichnen ist. Diese Erscheinung ist über die Grenzen des Mittelalters hinaus feststellbar. Dem Beispiel der Tätigkeit des Steinmetzen (Abb. 8 bis 10) könnten nach Belieben auch die des Maurers oder Zimmerers hinzugefügt werden. Damit wird es nicht generell möglich sein, handwerkliche Tätigkeit und konstruktive Lösungen an Stilbegriffe zu koppeln. Und einer weiteren Besonderheit bei der Entwicklung des Bauwesens wird Aufmerksamkeit zuzuwenden sein: der Herausbildung erster Wissensabstraktionen bei der Lösung technischer Probleme. Wenngleich das Zeitalter der Renaissance als Beginn des Zusammenwirkens von Theoretikern und Praktikern erkannt ist, so muß berücksichtigt werden, daß auch vermehrtes Anhäufen von Erfahrungen aus hochqualifizierter mittelalterlicher Handwerksarbeit Anstöße zur Wissensabstraktion hervorbrachte und damit Theorienbildungen vorbereitete. Die durch den mittelalterlichen Kirchenbau ausgelösten Impulse blieben bisher weitestgehend unberücksichtigt. Und damit sei der Kreis geschlossen: der Kirchenbau in seiner Rolle als Leitdisziplin baugestalterischer und bautechnischer Entwicklung ließ aus mittelalterlichem Erfahrungsschatz auch erste Wurzeln zu Verwissenschaftlichung dieses Arbeitsgebietes wachsen.

Die Wurzeln monumentalen Kirchenbaues nördlich der Alpen

Die Motivation zum Bau monumentaler Kirchen ist in religiösen Vorstellungen und in politischem Wollen zu sehen. Das Errichten solcher Bauwerke setzte wirtschaftliches Potential bei den Bauherren und handwerkliche Fertigkeiten und technisches Können bei den Ausführenden voraus. Für beide Bedingungen waren im betrachteten Gebiet keineswegs selbstverständlich und in gleichem Maße die

Voraussetzungen gegeben. Wenn die Architektur der Kirchenbauten seit dem 4. Jahrhundert im wesentlichen als in stetigem Prozeß entstehend gesehen wird,[8] so bleibt andererseits zu berücksichtigen, daß der Kontinuität künstlerischen Wollens die Diskontinuität technisch-wirtschaftlichen Könnens gegenüberstand. Dieser damals bestehende Widerspruch läßt einen Entwicklungsprozeß anhand erhaltener, vielfach aber nur in Spuren überlieferter Bauwerke relativ schwer erkennen.

Die spätantiken Kirchen

Von monumentalen Kirchen wird seit Bestehen jener von Kaiser Konstantin I. gestifteten Bauten in Rom, Konstantinopel, Bethlehem und Jerusalem gesprochen. Diese Kirchen zeichneten sich durch Größe und prächtige Raumgestaltung aus. Äußerlich wirkten die Gebäude eher schlicht. Hinsichtlich ihrer Größe und der damit vollbrachten Bauleistungen konnten sie durchaus in einem Atemzug mit Konstantins Profanbauten, in Rom besonders der Basilikavollendung am Forum Romanum und seinen Thermen, genannt werden. Zwei seiner Kirchenstiftungen sollten für das folgende sakrale Bauen besondere Bedeutung erlangen: die *Basilica Constantiniana*, heute San Giovanni in Laterano genannt, und die Peterskirche. Der Status ergab sich für erstere aus der Zweckbestimmung als Kirche des römischen Bischofs, für die zweite spielte die Entwicklung zum Papsttum und der Ort des Petrus-Grabes die entscheidende Rolle. Die enormen Aufwendungen an Arbeitskraft und Material für den Bau dieser Kirchen galten als der kaiserlichen Absicht angemessen, die im Volke ausgebreitete Religion des Christentums aufzuwerten und sich ihrer bei der Lösung der anstehenden Probleme zu bedienen. Für solche Bauvorhaben war so die ideelle, wirtschaftliche und handwerklich-technische Basis gegeben. Diese Übereinstimmung der Interessen von Staat und Kirche kam ebenfalls bei Bauwerken nördlicher Provinzen wie z. B. in Trier und Köln (Abb. 11) zum Ausdruck.[9]

Nach dem Zusammenbruch des weströmischen Reiches erhielt sich eine Kirchenbautradition in bisheriger Bauweise dort, wo bewußte Nachfolge dieses Staatswesens angestrebt wurde. Eine Kontinuität auf der Apenninenhalbinsel blieb durch das Ostgotenreich, die nachfolgende byzantinische Oberherrschaft und die Langobarden erhalten, die von Merowingern als Anregung aufgegriffen wurde und im Frankenreich neue Impulse erhielt. Diese Linie römisch-katholischen Kirchenbaues wurde von einer aus oströmischer Tradition entstandenen zweiten Linie der seit 867 von Rom losgelösten orthodoxen Kirche begleitet, in deren Rahmen infolge größerer wirtschaftlicher Stabilität der sie tragenden Staatengebilde bedeutsamere Bauwerke entstehen konnten. Die römisch-katholischen Kirchenbauten besaßen bei weitem nicht mehr die baulichen und gestalterischen Dimensionen und Qualitäten der spätantiken römischen Vorbilder.

Der Kirchenbau in den ehemaligen Nordprovinzen

Unter den Bedingungen einsetzender Germanisierung in den ehemaligen Nordprovinzen löste sich die Entwicklung von römischer Tradition. »Einerseits waren die Germanen, die selbst keine echten Städte hatten, nicht imstande, die römische Stadt lebendig zu erhalten, andererseits erlahmte die stadttragende Kraft der gallo-römischen Bevölkerung ebenfalls.« Vielfach blieb offen, ob von einer Siedlungskontinuität oder nur von einer Kontinuität der Ruinen gesprochen werden könne. Unter diesen Bedingungen blieben vereinzelt kleine Christengemeinden und auch Bischofssitze bestehen, jedoch begnügten sich diese mit bescheidenen vorhandenen Räumlichkeiten, etwa so, wie das von der ur- und frühchristlichen Gemeinde überliefert ist.[10]

In solchem Umfeld wie auch in den Missionsgebieten außerhalb ehemals römischer Provinzen ist die Phase der Kirchenbauten aus Holz zu sehen. Die Attribute des Besonderen verlieh man diesen Bauten dadurch, daß sie besonders sorgfältig gearbeitet und ausgeschmückt wurden.[11] Aus Berichten sind Gedächtniskapellen für Märtyrer (Abb. 12) und Missionskapellen überliefert. Erwähnung fand auch jene Kapelle, die Bonifatius im Jahre 723 bei seiner Hessenmission aus dem Holz einer als heidnischer Kultort verehrten Eiche errichten ließ. Selten überstieg der Grundriß eines solchen Kirchleins ein Geviert von 3 oder 4 Meter Seitenlänge. Die verbreitetste Form dieser Bauten sind jedoch Kirchen an frühfeudalen Herrenhöfen. Dienten jene Kapellen der Andacht einzelner Besucher, so versammelten sich in solch einer Kirche die Bewohner der Siedlung zum Gottesdienst. Die Größe des Bauwerkes entsprach damit zwangsläufig etwa der eines Wohnhauses.

Es liegt im Wesen dieser Kirchenbauten, die in Urkunden *»ecclesia lignea«* oder *»ecclesia ligneis tabulis fabricata«* und damit als Holzkirchen bezeichnet sind,[12] daß sich nur selten direkte Spuren ihrer Existenz finden ließen. Lehmabdrücke oder Bodenverfärbungen zeugen hier und da von früheren Holzbauteilen, infolge besonders günstiger Konservierungsbedingungen im Boden erhaltene Bauteile sind selten. Die Palisadenwände in Greensted – juxta – Ongar, Essex, unweit Londons, aus dem 9. Jahrhundert gelten als älteste Teile einer Holzkirche (Abb. 13). Meist gingen die Reste oder Spuren jener frühen Kirchen bei Folgebauten verloren.

Die angewandten Konstruktionsweisen lassen eine Entwicklung vom Pfostenbau zum Schwellenständerbau auf Steinsockel erkennen. Der Unterschied der Bauweisen besteht darin, daß bei ersterer die aufrecht stehenden Konstruktionsbauteile in den Boden eingegraben sind, bei der zweiten dagegen auf einen mehr oder weniger hoch über dem Gelände auf Steinen liegenden Schwellenbalken eingezapft sind. Der Nutzen dieser Entwicklung lag in der Trennung des Holzes vom Boden. Die verminderte Fäulnisgefahr für die Holzteile schlug sich in zunehmender Lebensdauer der Bauwerke nieder.[13] Die Wandlungen im Bereich der

Dachkonstruktion sind ebenfalls rekonstruiert und erwiesen sich als zukunftsträchtig.[14] Erhalten gebliebene Konstruktionsteile zeugen von einem hohen Stand handwerklicher Fertigkeiten.

In kirchlichen Holzbauten jener Zeit werden vielfach Behelfsbauten gesehen, die schnellstmöglich Mauerwerksbauten wichen. Der Ablösungsprozeß verlief jedoch, zweifellos örtlich unterschiedlich, in Zeiträumen, die die normale Nutzungsdauer dieser Holzbauten überschritten. Es ist daher gut, in diesen bisher zu Unrecht wenig beachteten frühen Holzkirchen den Beginn bodenständigen kirchlichen Bauens diesseits der Alpen zu sehen. Diese Bauweise blieb nahezu zeitlos in Gebrauch, als im 4. Jahrhundert erste Märtyrerkapellen errichtet wurden, als Kolonisatoren dörfliche Siedlungen gründeten und wenn Mönche begannen, ein Kloster zu bauen. Und einwandernde Missionare ließen nach ersten Bekehrungserfolgen Holzkirchen bei germanischen Stämmen ebenso errichten wie Jahrhunderte später, jenseits der Elbe, bei den Slawen (Abb. 14).[15] Mit ständig kleiner werdendem Anteil existierte diese Bauweise für Kirchen bis in die Gegenwart.

Kirchen aus Holz entsprachen keineswegs der Tradition der römischen Kirche und fanden baldestmöglich Ablösung durch Mauerwerksbauten.[16] Dessen ungeachtet empfand ein hochgebildeter und weitgereister Mann, Venantius Fortunatus, von 599 bis 610 Bischof in Poitiers, nichts Tadelnswertes an dieser Bauweise.[17] Ähnlich anerkennend werden hölzerne Kultbauten der Slawen 500 Jahre später geschildert. Saxo Grammaticus bezeichnete das Heiligtum der Rugier an der Nordspitze Rügens als »aus Holz in feiner Arbeit ausgeführt ...«. In ähnlichem Tonfall berichteten die Chronisten Thietmar von Merseburg, Adam von Bremen und Helmold von Bosau vom lutizischen Heiligtum Rethra. Ebbo, der Biograph des Bischofs Otto von Bamberg, schrieb noch im Jahre 1128 von einem Tempel in Gützkow, daß er »... von großer Zierde und bewundernswerter Kunstfertigkeit ...« sei.[18] Es darf angenommen werden, daß die diesen Kultstätten folgenden Kirchen konstruktiv keine Unterschiede aufwiesen und ebenfalls über reichen Schmuck verfügten. Die Art der gottesdienstlichen Nutzung nahm auf die Grundrißform auch der Holzkirchen Einfluß. Die Untersuchung überlieferter Bauten ließ drei Typen erkennen: den ungegliederten Rechtecksaal, den Rechtecksaal mit abgegrenztem Altarraum und den Rechtecksaal mit angefügtem, eingezogenen Rechteckchor. Die Holzkonstruktion im Pfosten- bzw. Schwellenständerbau ließ die spätantike Form der halbkreisförmigen Apsis nicht zu. In der Wahl der quadratischen bzw. rechteckigen Grundrißform an Stelle der Apsis ist die baustoffgemäße Anpassung zu sehen. Es ist denkbar, daß später, als der Mauerwerksbau möglich wurde, diese wiederum tradierte Form ohne konstruktive Notwendigkeit in die neue Bauweise überging.[19] Inwieweit die Entwicklung vom zweischiffigen zum dreischiffigen Holzhaus und die Verbreitung des letzteren durch den Kirchenbau nach frühchristlichem Muster Impulse bekamen, läßt sich nicht sicher sagen. Mit Blick auf das häufige Vorkommen dreischiffigen Grundrisses bei früheren Mauerwerksbauten im Mittelmeerraum ist dies vorstellbar.

Unter dem gegebenen Stand in der Entwicklung der Produktivkräfte und bei den klimatischen Verhältnissen entsprach der Holzbau den Möglichkeiten und Bedürfnissen der Menschen im mittleren und nördlichen Europa. So ist es durchaus verständlich, wenn dem Streben nach größeren Kirchen durchaus nicht nur auf dem Wege der Ablösung der Holzbauweise durch den Mauerwerksbau, sondern auch in Ansätzen zu größeren Holzkonstruktionen entsprochen wurde (Abb. 15). Bischöfliche Holzkirchen sind aus Hamburg (um 1020), aus Verden (um 850 bis um 1000) und aus Schwerin (um 1200) überliefert.

Das Bauen in Mauerwerk bedeutete im transalpinen Raum eine Neuerung, die durch Römer in die eroberten Provinzen gelangte. Sicher verstanden es die Einheimischen hier und da, Steine zu bearbeiten, zu transportieren und auch zu Wällen aufzusetzen: das Neue bestand darin, daß die Steine durch Kalkmörtel zu einem dauerhaften und festen Verband zusammengefügt wurden. Die Mauerwerksbauweise erforderte einen wesentlich höheren Arbeitsaufwand und bedingte ein höheres Maß an Arbeitsteiligkeit als die Holzbauweise. Geht man davon aus, daß ein germanisches Holzhaus mit vier Werkzeugen (Axt, Meißel bzw. Stemmeisen, Keil und Messer) im wesentlichen von den gleichen Menschen errichtet werden konnte, die es nach Fertigstellung auch bewohnten, so zeigten sich die Verhältnisse beim Mauerwerksbau doch erheblich komplizierter. Besonders zum Finden und Brennen des Kalksteins und zur dann folgenden Mörtelbereitung bedurfte es besonderer Erfahrungen. Und dieses auf breiter Arbeitsteilung beruhenden Spezialistentums bedurfte es bei einem Großbau ebenso wie bei einer kleinen Kapelle (Abb. 16).

Den Mauerwerksbau eigneten sich die Germanenvölker in dem Maße an, wie sie befähigt wurden, sich gesellschaftlich zu organisieren. Das gelang zuerst dort, wo sie unmittelbaren Kontakt zur Kultur des römischen Reiches bekamen. Die Mauerwerksbauten, die seit dem Zurückdrängen der Römer aus den Provinzen erhalten blieben bzw. seit dem Jahre 476 bis zum 8. Jahrhundert entstanden,[20] befinden sich somit notwendig im Einflußbereich der römischen Kultur. Da die für die gesellschaftliche Formierung notwendige Führungsschicht ihre Bildungsstätten in Klöstern fand, ergab sich von dort auch Bezug und Verständnis zum Mauerwerksbau als der für den Kirchenbau würdigen und tradierten Bauweise. Es bestanden damit völlig andere Verhältnisse als zu der Zeit, als in einer ersten Phase der Mauerwerksbau durch römische Legionäre über die Alpen gelangte. Die germanische Bevölkerung dieser Zeit hatte im allgemeinen römische Handwerkstechnologien angenommen, fand jedoch zur Mauerwerks-Bauweise nicht diesen Kontakt.

Die wenig stabilen neuen Staatengebilde, die sich erst herausbildende Feudalordnung und die noch geringe Produktivität menschlicher Tätigkeit ließen Mauerwerksbauten im 6. und 7. Jahrhundert nur selten entstehen. Es war damit zwar möglich, den »produktive(n) Aneignungsprozeß von Denkmal zu Denkmal ...«[21] hinsichtlich der Bauwerksgestaltung aufrecht zu erhalten, gleiches gelang aber bei technologischen und technischen Einzelheiten der handwerklichen Beherrschung des Mauerwerksbaues, die von Generation zu Generation weiterzugeben wären, nicht. Mauerwerksbau war damit vor allem nördlich der Alpen an zuwandernde Arbeitskräfte, die diese Bauweise beherrschten, gebunden. Unter solchen schwierigen Bedingungen will es verständlich erscheinen, wenn sich bietende Gelegenheiten genutzt wurden, erhalten gebliebene antike Mauerwerksteile in neue Bauwerke eingehen zu lassen.[22] Der Technologieimport ist im einzelnen nur schwer zu verfolgen, weil zugewanderten qualifizierten Fachleuten immer einheimische Hilfskräfte beigeordnet wurden und damit eine Erfahrungsvermittlung stattfand. Solches gab es schon bei den Bauten Theoderichs des Großen in Ravenna, bei denen die den Naturstein bearbeitenden Fachleute aus Konstantinopel kamen, oder gar aus dortigen Werkstätten Bauteile (Säulen und Kapitelle) eingeführt,[23] die Maurerarbeiten dagegen von einheimischen Arbeitskräften ausgeführt wurden. Die Konstanz des Bauens mit Mauerwerk, die in Oberitalien gegeben ist, läßt es verständlich erscheinen, daß zwischen dem 8. und 11. Jahrhundert Bautrupps in Mitteleuropa erschienen, die in Urkunden als Griechen, Lombarden und Comasken bezeichnet sind und die sich auch durch Bauweise und Baudekor als solche ausgewiesen haben.

Die Entwicklung einer handwerklichen Tradition zum Mauerwerksbau unabhängig von zugewanderten Spezialisten verlief sehr mühsam. Sie war an Einheimische gebunden, die vorerst nicht ausschließlich einer solchen Tätigkeit nachgehen konnten, weil die landwirtschaftliche Produktion ihrer Arbeitskraft zeitweilig bedurfte. Es läßt sich ein Weg voller Diskontinuität und Zufälligkeit verfolgen, der von der keltischen Steinsetzung *(murus gallicum)* über den in Lehm vermauerten Stein, über das Erkennen der Bedeutung des Steinverbandes und des Suchens nach Verbandregeln bis zum vollwertigen Kalkmörtelmauerwerk führte. Bei den Funden von »Erde-Stein-Mauerwerk« im Bereich der Fundamente der Stiftskirchen von Quedlinburg (Abb. 18) und Gandersheim bewies die Praxis, daß diese Bauweise zu hinreichend standsicheren Bauteilen geführt hatte und daß vor allem die Bauleute des jetzt stehenden Nachfolgebaues in Quedlinburg diese Fundamentteile als ausreichend betrachtet und daher den Neubau darauf errichtet haben. Mauerwerk mit Lehmmörtel, lediglich die sichtbaren Fugenränder mit Kalkmörtel verstrichen, war im ländlichen Bauwesen durchgängig noch bis in die Mitte unseres Jahrhunderts üblich. Bauwerke dieser frühen Phase sind in Irland häufig anzutreffen. Hier findet man neben Bauten aus mörtelloser Steinsetzung – die Fugen sind mit Moos abgedichtet – auch solche, bei denen die Steine in Kalkmörtel verlegt wurden (Abb. 17). Ob mit der Form des Satteldaches eine im Eifer des Lernprozesses verfehlt übernommene Nachbildung oder die beabsichtigte Anwendung der für die Kirche tradierten Hausform zu sehen ist, mag dahingestellt bleiben. Unbestritten ist, daß diese Dachform nur bei Ausführung in Holzkonstruktion sinnvoll ist.

Die Bruchsteine der irischen Westküste sind nur schwer zu bearbeiten. Man suchte beim Mauern für den konkreten Platz den geeigneten Stein. Das entspricht

1 Der Burgberg zu Quedlinburg mit der Stiftskirche St. Servatius. 11. Jahrhundert.
Durch Lage und Bauweise prägt diese Kirche seit Jahrhunderten das Bild der Stadt.

2 Klosterfriedhof im Schnee. Gemälde von Caspar David Friedrich. 1819. Staatliche Museen zu Berlin (Kriegsverlust). In den Bildern der Romantiker, die sich um C. D. Friedrich ansiedeln lassen, ist häufig das nur schwer faßbare Größenverhältnis zwischen Mensch und Kirchenbau zum Ausdruck gebracht.

3 Ansicht von Magdeburg. Kupferstich von Matthäus Merian d. Ä. Aus dem Theatrum Europaeum. 1650. Staatliche Kunstsammlungen Dresden, Kupferstich-Kabinett. Die Kirchen der Stadt, allen voran der Dom links im Bild, überragen die übrigen Häuser der Stadt um ein Vielfaches. Die Kirchen prägten die Silhouette der Stadt.

4 Die Westfassade des Straßburger Münsters. Erwin von Steinbach u.a. 13. bis 15. Jahrhundert. Die klein wirkenden, aber doch fünf Stockwerke hohen Bürgerhäuser lassen im Vergleich zum Münster die Gefühle ahnen, die der mittelalterliche Mensch beim Betrachten empfunden haben mag. Das Münster wurde in zeitgenössischen Berichten als achtes Weltwunder bezeichnet.

MAGDEBURG.
ALBIS FLUVIUS
Die Elbe Flus

5 Mont Saint-Michel vor der französischen Atlantikküste. 11. bis 16. Jahrhundert. Die Ausdehnung des Klosters zu jetziger Größe auf dem kleinen Gipfelplateau bedurfte vieler Erdarbeiten und aufwendiger Stützmauern.

6 Stadtkirche St. Marien in Pirna bei Dresden. Blick in das Chorgewölbe. Um 1540. Leicht erscheinende Gewölbekonstruktionen können vergessen lassen, daß große Baumassen der Schwerkraft zum Trotz frei schwebend gehalten werden.

7 Blick in das Schiff der Pfarrkirche St. Martin in Landshut. Hans von Burghausen (Stethaimer). 15. Jahrhundert. Die das Gewölbe tragenden Pfeiler sind außerordentlich schlank. Das Verhältnis der Pfeilerdicke zur Höhe beträgt 1:22.

8 Der Wiederaufbau der Kreuzkirche in Dresden um 1765. Ausschnitt aus einem Gemälde von Bernardo Belotto, gen. Canaletto. Staatliche Kunstsammlungen Dresden, Gemäldegalerie Alte Meister. Steinmetze bearbeiten die Sandsteinblöcke mit der Spitzfläche, einem Kombinationswerkzeug aus Meißel und Holzklepfel.

9 Darstellung eines Steinmetzen im Kreuzgang des Großmünsters in Zürich. Um 1200. Der Steinmetz arbeitet mit Meißel und Holzklepfel.

10 Restaurationsarbeiten an der Kreuzkirche in Dresden. 1977. Meißel und Holzklepfel, über lange Zeiträume zu hammerartigem Werkzeug vereinigt, kennzeichnen die Werksteinbearbeitung über einen Zeitraum von mehr als 1000 Jahren.

11 Mauerwerksteile aus provinzialrömischer Zeit an einer der Nischen der Stiftskirche St. Gereon in Köln. Ende 4. Jahrhundert. Als besondere Merkmale römischen Mauerwerks in diesem Gebiet sind kleinformatige Bimssteine und starke Mörtelfugen zu erkennen. Zum Zweck der Masseverminderung wurden im Gewölbe auch Tonkrüge eingebaut.

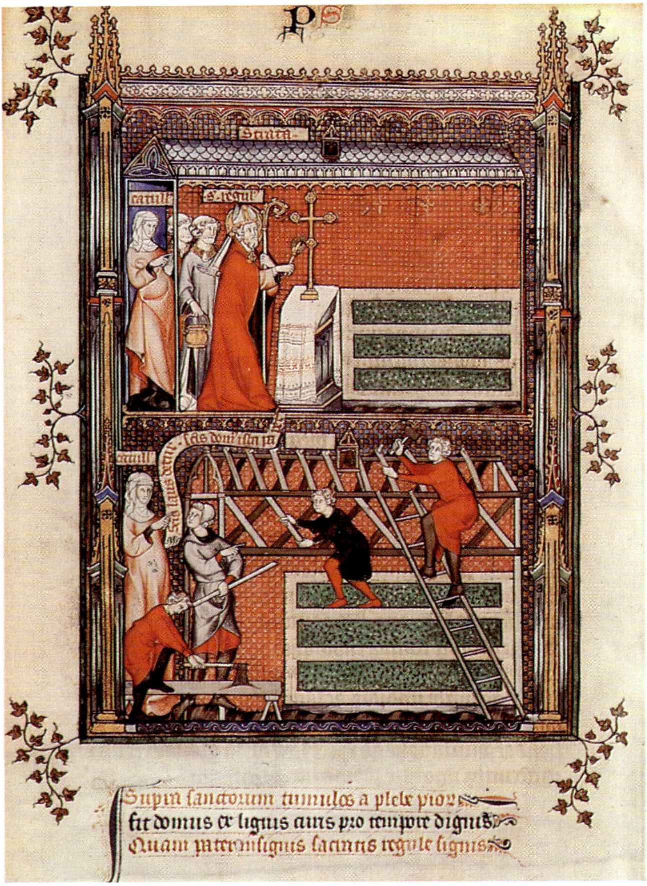

12 Bau einer kleinen Holzkirche über dem Grab von Märtyrern. Miniatur zur »Légende de St.-Denis«. Um 1317. Bibliothèque Nationale Paris. Ms. fr. 2092, fol. 75 v. Die Zeichnung, in mittelalterlicher Manier sind Elemente von Aufriß und Grundriß vereint, läßt auf eine Pfostenbauweise schließen.

13 Kirche St. Andrew in Greenstedt-juxta-Ongar, Essex. Um 845. Die Wandplanken der Längswände, ursprünglich im Boden eingegraben, sind die ältesten erhaltenen Bauteile einer Holzkirche.

14 Modell einer slawischen Kultstätte aus dem 9. Jahrhundert. Rekonstruktion des bei Groß-Raden ergrabenen Gebäudes. Modell von W. Zander. Museum für Ur- und Frühgeschichte, Schwerin. Die Funde der 1974/75 ergrabenen Kultstätte unterstreichen nachdrücklich die Fähigkeiten slawischer Zimmerleute, deren Bauten deutsche Chronisten des 11. und 12. Jahrhunderts erwähnten. Die Kirchen christianisierter Slawen werden sich hinsichtlich Größe und Konstruktion von dieser Stätte kaum unterschieden haben.

her furbas betrubt. Noch
zu werden gegeben die süne

15 König David läßt einen Tempel bauen. Miniatur aus der Bibel des böhmischen Königs Wenzel IV. Ende 14. Jahrhundert. Österreichische Nationalbibliothek Wien. Cod. 2760 fol. 82. Die bautechnologischen Merkmale weisen das im Entstehen befindliche Holzbauwerk als eine große Kirche aus. Der Zeichner übertrug Merkmale des gotischen Mauerwerksbaues auf die Holzkonstruktion.

16 Bauarbeiter errichten eine Kapelle. Miniatur aus dem 15. Jahrhundert. Biblioteca Angelica, Rom, Ms. 1146. Das Bild bringt die gegenüber dem Holzbau höhere Arbeitsteiligkeit beim Mauerwerksbau zum Ausdruck.

17 Alte Steinkirche in Kells, Irland. »Haus des heiligen Columcille«. Das Mauerwerk zeigt die Elemente der keltischen Steinsetzung deutlich. Zum Mauerwerk wurde es durch Hinzufügen des Mörtels.

18 Fundament der Stiftskirche zu Quedlinburg. Die südliche Säulen- und Pfeilerreihe ruht auf einem gemauerten Steinsockel geringer Dicke. Dieser lagert auf einer Stein-Erde-Mauer, welche zum Kirchenbau des 10. Jahrhunderts gehört. Ein solches Fundament ist nicht sehr tragfähig. Den hier wirkenden Vertikalkräften konnte es bisher gut widerstehen.

19 Mauerwerk der Westfront der Stiftskirche St. Cyriakus in Gernrode. 10. und 12. Jahrhundert. Das Mauerwerk des nördlichen Westturmes (links im Bild) zeigt das ursprüngliche Aussehen trotz Rekonstruktion wie aus der Zeit des Neubaues im 10. Jahrhundert. Die im Bruch gewonnenen Steinblöcke wurden so bearbeitet, daß größtmögliches Steinvolumen entstand. Es ergaben sich beim Vermauern erhebliche Schwierigkeiten. Das Mauerwerk des Westchores, beim Umbau etwa 200 Jahre später entstanden, läßt die viel gezieltere Arbeit erkennen: Die Steine sind zu Lagen durchgehender Schichthöhe bearbeitet.

20 Die Londoner Vitruv-Handschrift. Besitzerinschrift des Propst Goderamnus. 9. Jahrhundert. British Library London. Codex Harleianus 2767, fol. 145 v. Bischof Bernward von Hildesheim berief im Jahre 996 Propst Goderamnus aus Köln als ersten Abt an das Michaeliskloster nach Hildesheim. Es liegt nahe, daß Goderamnus dieser Schrift Fachwissen über das Bauen entnahm und anwendete.

21 Die heiligen Stätten in Jerusalem. Federzeichnung, Anfang 13. Jahrhundert. Stift Rein, Steiermark, Österreichische Nationalbibliothek, Wien. Cod. 609, Blatt 4 r. Die Zeichnung geht auf einen Reisebericht aus dem 7. Jahrhundert zurück und stellt die Bauwerke in zeitgenössischer Sicht dar.

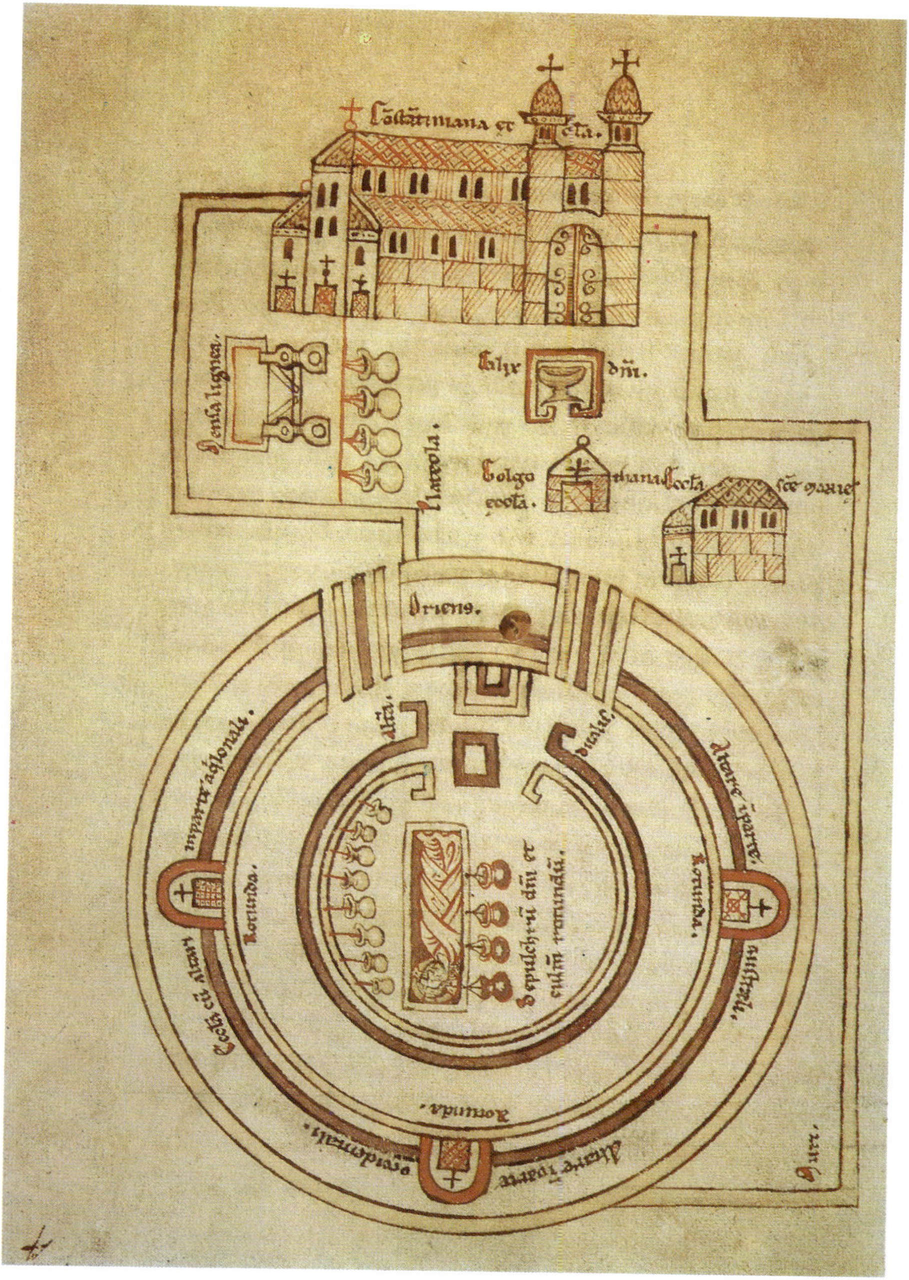
Oriens.
Rotunda.
Rotunda.
Rotunda.
Rotunda.
Calix dñi.

22 Die Klagemauer in Jerusalem, die westliche Stützmauer des Tempelplatzes.
Nach 20 v. u. Z. Erst der Vergleich zwischen Mensch und Stein läßt die Ausmaße der den Tempelplatz umziehenden Stützmauer erkennen. Ihre Höhe betrug bis zu 40 Meter, der Schutt der Jahrhunderte im Kidrontal ließ bis heute noch 25 Meter sichtbar.

der Denk- und Arbeitsweise der vorgeschichtlichen Steinsetzung. Leichter zu bearbeitende Steine ermöglichten eine in zunehmendem Maße gezieltere Versetzweise, die darin bestand, einen Stein nach festgelegten Maßen zu bearbeiten und an der vorher bestimmten Stelle zu verlegen. Interessant sind besonders jene Bauwerke, bei denen Entwicklungsstufen erkennbar sind. In Gernrode läßt sich zunehmendes Wissen an Bauteilen verschiedener Bauphasen erkennen (Abb. 19).[24]

Es erhebt sich die Frage, ob in dieser Situation des Probierens und Lernens schriftliche Hilfsmittel zur Verfügung standen. Unter Bezug auf Vitruvs Bücher, die in klösterlichen Schreibschulen vervielfältigt und in Bibliotheken aufbewahrt wurden, könnte die Frage mit Ja beantwortet werden, die vorwiegend verneinend gehaltenen Aussagen in der Forschung werden damit begründet, daß das Bauen im Mittelalter durch rein handwerklich gebildete Werkleute betrieben worden sei und die Kenntnis von Existenz und Inhalt der Vitruv-Bücher in den gebildeten, den Bauherren nahestehenden Kreisen anzunehmen sei. Diese Aussage wird zu relativieren sein. Selbstverständlich bemühten sich die in den Klöstern lehrenden und lernenden Menschen zuerst um die grundsätzlichen Gesichtspunkte der Bauplanung in Vitruvs Büchern. Es dürfte jedoch kein Grund dafür bestanden haben, die vielen konkreten handwerklichen Anweisungen der Bücher nicht mündlich an die Werkleute weiterzugeben. In der Londoner Vitruv-Handschrift blieb eines jener Exemplare erhalten, das sehr wahrscheinlich von Bauherrn beim Bau zu Rate gezogen wurde (Abb. 20).[25]

»Jerusalem« als Vorbild

Das sich herausbildende Primat des römischen Bischofs ließ in den konstantinischen Kirchen Roms, vor allem der Laterankirche und der Peterskirche, das Traditionszentrum für die Christenheit nördlich der Alpen entstehen. Aber auch die heiligen Stätten Palästinas wurden in die Traditionspflege einbezogen. Auch dort hatte Konstantin I. die Orte der Geburt und der Grablegung Jesu von Nazareth durch Bauten markieren und ausgestalten lassen. Vor allem aber durch die schriftlichen Bezüge der Bibel auf die Stadt Jerusalem als die Stadt, die sich Gott zum Wohnsitz ausersehen hatte, auf dem Berg Sion, von dem für alle Zeit Hilfe verheißen war, und die dort errichteten Tempel ergab sich dieses Interesse. Man studierte die alttestamentlichen Darstellungen vom Bau das Salomonischen Tempels und entnahm ihnen auch Hinweise über Gestaltung, Arbeitsorganisation und Materialbeschaffung (1. Kön 5–7 und 2. Chron 1–4). Auch des Propheten Hesekiels Vision (Hes 40–43) über einen neuen Tempelbau – den Salomonischen hatten Nebukadnezars Soldaten im Jahre 586 v. u. Z. zerstört – wertete man aus.[26] Und im Herodianischen Tempel sah man den Ort, an dem der nun als Christus verehrte Jesus nach den Berichten des Neuen Testamentes gewirkt (Mark 14, 19) und zu dem er sich ausdrücklich bekannt hatte (Luk 2, 49 und Joh 2, 16). Dieser Bau muß ob seiner Ausmaße einen ungewöhnlichen Eindruck auf die Menschen dieser Zeit ausgeübt haben, sonst wäre der Ausruf der Jünger: »Meister, siehe, was für Steine und was für Bauten.« (Mark 13, 1) nicht zu deuten (Abb. 22). Dieser Text verfehlte seine Wirkung auf den mittelalterlichen Leser sicher nicht. Tempel und Stadt wurden nach den jüdischen Aufständen durch römische Legionäre zerstört; auch die Ruinen beeindruckten die Beschauer hinsichtlich der noch erkennbaren baulichen Dimensionen.

Der Brauch, zu den heiligen Orten Palästinas zu wallfahren, dürfte seit der Zeit nach der Fertigstellung der Konstantinischen Basiliken in Jerusalem und Bethlehem üblich gewesen sein. Mit nur kurzen Unterbrechungen war solches auf dem Seeweg bis in das 7. Jahrhundert, auf dem Landweg bis in das 11. Jahrhundert und danach in Phasen der Kreuzzüge möglich. Von derartigen Reisen brachten Pilger Eindrücke, Berichte und auch Zeichnungen von baulichen Anlagen mit, die als Anregung auf nördliches Bauen wirkten (Abb. 21).[27]

Die Impulse, die kirchliches Bauen nördlich der Alpen beeinflußten, waren unterschiedlichster Art. Sie wirkten über einen großen Zeitraum, in dem die Antike zu Ende ging und sich in Mitteleuropa eine neue Gesellschaftsordnung herausbildete. Der Hinweis darauf, in welch hohem Maße die Einführung des Mauerwerksbaues in diesem Raum von der Entwicklung der politischen und ökonomischen Verhältnisse und der der Produktivkräfte abhängig war, erschien im Interesse besseren Verständnisses folgender Ausführungen notwendig.

PLANUNG, LEITUNG UND BAUSTELLENBETRIEB BEI MITTELALTERLICHEN KIRCHENBAUTEN

Jeglicher manuellen Arbeit geht eine Phase geistiger Aktivitäten voraus, in der Bedürfnisse, Lösungswege und Aufwendungen zueinander in Bezug gebracht werden. Bei großen Bauwerken sind derartige Überlegungen vielschichtig und von weitreichender Bedeutung. Vorbereitungen erstrecken sich auf ökonomische und technische Bereiche. Der Planungsaufwand wird steigen, je größer und komplizierter ein Bauwerk beabsichtigt und je weiter die Arbeitsteiligkeit entwickelt ist. Diese Aussagen besitzen für Bauten der Gegenwart gleiche Bedeutung wie für solche des Mittelalters. Allerdings kann es bei der Vielfalt der im Begriff »Mittelalter«[28] zusammengefaßten Entwicklungsphasen und Machtkonstellationen im Rahmen einer so kurzgefaßten Darstellung kaum gelingen, ein allgemein gültiges Schema der Vorbereitung eines Kirchenbaues darzustellen.

Die Bauabsichten und das Repräsentationsbedürfnis stehen seit je her in engem Bezug. Mit dem Bau einer mittelalterlichen Kirche genügte aber ein Bauherr nicht nur dem Wunsch herrschaftlicher Selbstdarstellung, sondern auch der Verpflichtung, eine Gott wohlgefällige Aufgabe zu erfüllen. Bauherren galten in umfassendem Sinne als Schöpfer der von ihnen veranlaßten Kirchenbauten und wurden gelegentlich in Bild, Plastik und schriftlicher Überlieferung so dargestellt, als sei auch der Bauplan ihr Werk. Solche Beschreibungen können jedoch den Blick für die Leistungen der Menschen verstellen, die insgesamt maßgeblich an der Bauplanung mitarbeiteten.

Um so dankbarer ist jene einzigartige Gruppe von Büsten im Chortriforium des Prager Domes zu betrachten (Textabb. S. 36), mit der auch die Personen (und ihre Ämter), die bei der Bauplanung und Bauausführung mitwirkten, vorgestellt sind: der Bauherr Kaiser Karl IV. und seine Familie (Abb. 23), die Erzbischöfe als unmittelbare Hausherren und Vollstrecker kaiserlicher Absicht (Abb. 24), die Bauverwalter als die im Auftrag des Bauherren arbeitenden Wirtschaftsfachleute (Abb. 25) und die Werkmeister als die für die künstlerische, technische und handwerkliche Ausführung der Bauarbeiten Verantwortlichen (Abb. 26). Es bedurfte zweifellos des Zeitgeistes des späten 14. Jahrhunderts und auch der Mentalität des Bauherren, Abbilder von Menschen aus so unterschiedlichen Schichten innerhalb

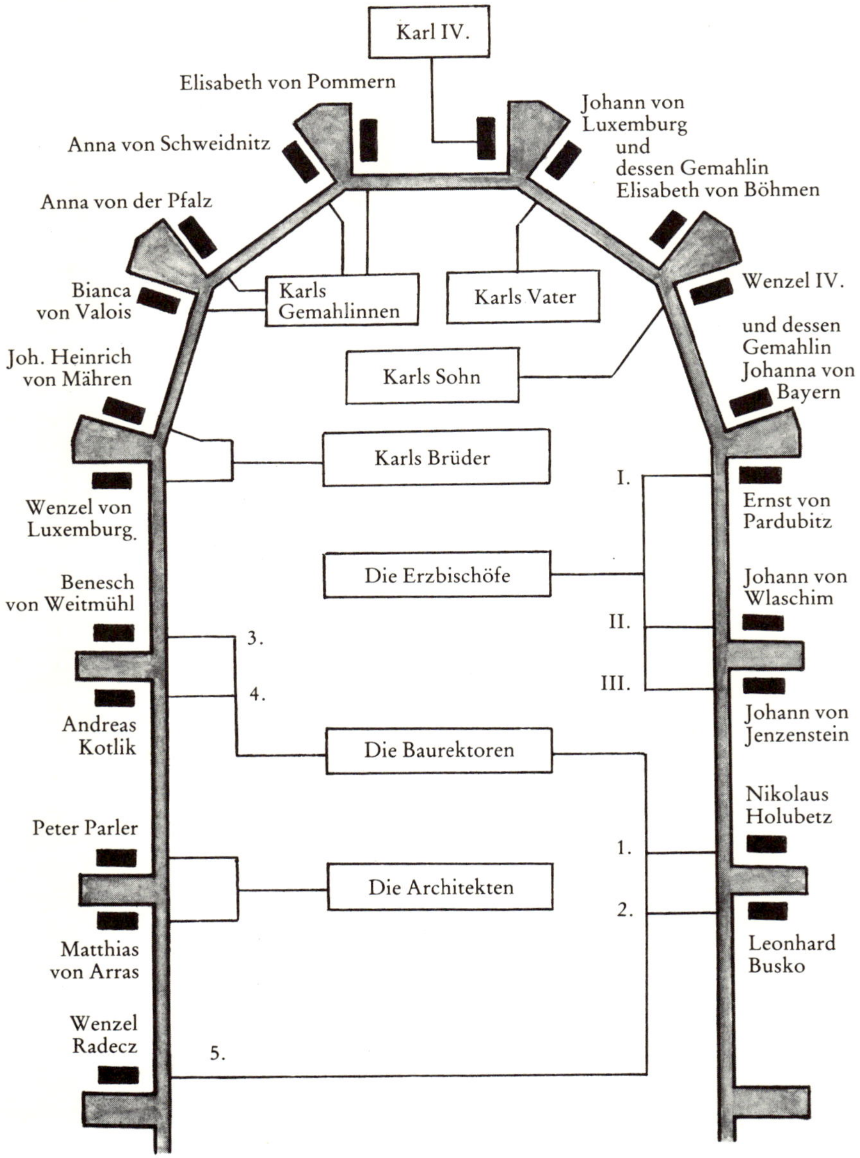

Kathedrale St. Veit in Prag. Die Anordnung der Büsten im Triforium

eines Zyklus an so bedeutsamem Ort vereinigen zu können.[29] Nicht zuletzt findet hier auch die besondere Wertschätzung ihren Ausdruck, deren sich zumeist aus bürgerlichem Handwerkerstande entstammende Werkmeister erfreuten.

Die Bauherren – Motivation und Möglichkeiten für den Bau einer Kirche

Zur Motivation der Bauherren

Es entspricht ältesten und damit vorchristlichen Traditionen, daß Führungspersönlichkeiten und die sie stützenden Schichten Orte oder Bauten zur Kultausübung schaffen. Die ersten Kirchengründungen Kaiser Konstantins I. dürfen durchaus auch im Rahmen dieses Brauches zu sehen sein.[30] Die weltlichen Feudalherren des Mittelalters, gleich welcher Rangstufe, folgten hier, zumal damit das Vorrecht verbunden war, im gestifteten Kirchenbau die letzte Ruhestätte zu finden. Zu diesen weltlichen Bauherren gesellten sich von Anfang an geistliche Bauherren. »Seit der Mitte des 4. Jahrhunderts entsteht im Kirchenbau Roms mit dem Ausscheiden der kaiserlichen Initiative keine Leere, sondern an die Stelle der kaiserlichen tritt eine andere Autorität: das Papsttum.«[31] Daß damit Priester in die Rolle von Bauherren drängten, war neu. Urkunden aus späteren Jahrhunderten beurteilen derartige Tätigkeit ausdrücklich mit dem Prädikat segensreicher Arbeit und guter Amtsführung.[32]

In der Anschauung, Macht und Reichtum sei von Gott verliehen, schlug sich Repräsentationsbedürfnis direkt oder indirekt im Kirchenbau nieder. Direkt, um dem politischen Rivalen zu zeigen, daß man mehr vermöge, und indirekt, indem man bestrebt war, für Gotteslob das festlichere »hochzeitliche Kleid« anzulegen. Man baute häufig genug eine Kirche nicht so, wie es dem Bedürfnis der religiösen Handlung oder der Größe der Gemeinde entsprochen hätte, sondern gemäß seiner Rangordnung in der feudalen Hierarchie und möglichst schöner und größer als der politische Rivale. Die Bauten von Speyer und Cluny (III) am Ende des 11. Jahrhunderts – es ist die Zeit des Investiturstreites – belegen dieses Ringen sinnfällig. In einer soziologischen Studie, der Auswertungen vieler mittelalterlicher Texte zugrunde liegen, wird in diesem Zusammenhang von »repräsentativem Bauzwang« und »Legitimationsdruck« gesprochen.[33] Der von Huques de Fouilloy um 1153 geschriebene Text: »Die einen bauen aus bloßer Freude und aus Überfluß, die anderen jedoch aus schierer Not und aus Angst vor Unterdrückung durch die Mächtigen« kennzeichnet die Bedeutung der gewählten Begriffe. Daß zur Motivation von Kirchenbauten Stadt und Tempel Jerusalem herangezogen wurden, mag durch den Bezug auf biblischen Text verständlich erscheinen.

Bischof Bernward von Hildesheim (993–1022) und andere Bauherren entsprachen aus dieser Sicht ganz selbstverständlich dem Brauch, ihre Tätigkeit auf die alttestamentlichen Vorbilder Noah, Abraham, Moses, Elias, David und Salomon zu beziehen. Hinweise anderer Bauherren auf die Festung Troja und die Bautätigkeit des Kaisers Augustus oder Caesars sind in diesem Sinne nicht zwingend, verdeutlichen jedoch das Bedürfnis zum Traditionsvergleich mit der Antike. Die unverhüllte Gegenwartsbezogenheit der Repräsentation ist jedoch in jener Antwort des Abtes Gauzlin von Flury (um 1030) auf die Frage nach dem Aussehen des von ihm geplanten Kirchturmes zu sehen: »... so, daß er ganz Gallien ein Beispiel sei ...«.

Der Phase des Drängens zu immer größeren, höheren und prächtigeren Kirchen war die der Ablösung des Holzbaues durch Mauerwerksbau vorausgegangen bzw. begleitete sie. Der Holzbau stand im geringeren Ansehen, und man glaubte sich entschuldigen zu müssen, wenn man, wie Bischof Bruno in Verden, nur in Holz bauen konnte. Es galt als ein besonderes Verdienst des Passauer Bischofs Altmann in der zweiten Hälfte des 11. Jahrhunderts, während seines Episkopats den Übergang vom Holzkirchenbau zum Kirchenbau aus Stein (und damit ist Mauerwerk gemeint) betrieben zu haben.[34]

Prestigedenken und daraus resultierendes Handeln – und das bezog sich durchaus nicht nur auf das Bauen – rief Kritiker auf den Plan. Seitens der Reformorden, insbesondere der Zisterzienser, wurde nicht nur kritisiert, sondern auch Beispiel gegeben. Bauliche Beschränkung führte dabei keineswegs zu einer Stagnation im Bauwesen: der progressive Einfluß zisterziensischer Baugesinnung auf die frühe Gotik wurde ausdrücklich erwähnt.[35] Von heutigem Interesse ist besonders die Klarheit, mit der die zeitgenössischen Kritiker theologische und soziale Begründungen gegen zu aufwendiges Bauen anführten. So wendete sich Bernhard von Clairvaux um 1124/25 gegen die »übermäßigen Höhen, die maßlosen Längen, die überflüssigen Breiten der Kirchen ... welche ... die Andacht behindern ...«. Der soziale Gesichtspunkt ist in seinen Ausführungen zwar auf den reichen Schmuck der Kirchen orientiert, läßt sich sinngemäß aber auch auf die Baudimensionen beziehen: »Es ziemt sich nicht, die Steinwände mit Gold zu überziehen, wenn die Armen nackt gehen müssen.« Und wegen der Wohnbauten einiger Prälaten klagte Petrus Cantor um 1180: »Die aus den Tränen und der Beraubung der Armen erbauten Fürstenpaläste lassen diese sündhafte Baulust verfluchen ...«.[36]

Repräsentation blieb auch Jahrhunderte später die Triebkraft für übermäßige bauliche Dimensionen. Die Forderungen der von Stadträten initiierten Kirchenbaupläne in Bologna und Ulm – wiederum nur als Beispiel für viele angeführt – bestätigen es. Der Rat der Sechshundert der Stadt Bologna beschloß am 31. 1. 1390, »... dem Schutzpatron der Stadt eine Kirche zu bauen, die alles bis dahin Gesehene übertreffen solle«.[37] Ähnliches formulierten auch die Ulmer Bürger hinsichtlich ihres Münsterbaues. Die Bettelorden mahnten in den Städten gegen diese Gebaren und schlossen sich weitestgehend dem Schlichtheitsideal der Zisterzienser an. Aber auch hier bedurfte es gelegentlich der Erinnerung an beschränkende Regeln.[38]

Die Entscheidung darüber, ob eine Kirche sehr groß und prächtig zu gestalten wäre, bewegte sich in einem weiten Spielraum der Argumente, in dem ein solcher Bau zum Lobe Gottes oder aus Repräsentationszwang bejaht oder aus sozialen Gründen verneint wurde. Um so interessanter sind jene Zeugnisse zweier Geistlicher des 12. Jahrhunderts, die aus völlig unterschiedlichen Positionen heraus objektive Gründe für die Notwendigkeit einer Bauwerksvergrößerung anführten. Abt Bernhard von Clairvaux, der das Armutsideal des Klosterlebens wieder im Bewußtsein vieler Geistlicher erneuerte, widersetzte sich den Vorschlägen zum Bau eines größeren Klosters in einer Zeit verstärkten Zustromes junger Anwärter zum Kloster unter Hinweis auf die hohen Baukosten. »Doch die 'ehrwürdigen Brüder im Rat' argumentierten: ›Wenn Gott aufgehört hätte, Bewohner zu schicken, nachdem das, was zum Kloster gehört, vollendet war, könnte Deine Absicht bestehen, und es wäre ein vernünftiger Spruch, von den Arbeiten abzulassen. Da Gott nun aber täglich seine Herde vervielfacht, sind die, welche er schickt, entweder abzuweisen, oder es ist für eine Unterkunft Sorge zu tragen ...‹«.[39] Nun wurde das Kloster erweitert. Der durch die Tradition des Chorherrenstiftes Saint-Denis und seine persönlichen Beziehungen zum französischen Königshaus ganz anderen Aufgaben zugewandte Abt Suger berichtet von dem starken Andrang der Pilger im Jahre 1144/45: »Wegen dieser Beschränktheit des Raumes und der wachsenden Zahl der vielen Gläubigen, die um der Fürbitte der Heiligen willen zusammenströmen, pflegte die Basilika viele Unbilden auszuhalten; häufig und vor allem an Feiertagen mußte sie, schon überfüllt, die durch alle Pforten drängenden Scharen abweisen und hinderte nicht nur die Einlaß Heischenden am Eintritt, sondern auch die Menge derer, die hineingelangt waren, am Ausgang. Manchmal war es ein sonderbarer Anblick, wie denen, die hineinströmten, um die heiligen Reliquien, die Nägel und die Dornenkrone unseres Herren zu verehren und zu küssen, die dicht zusammengeballte Menge solchen Widerstand leistete, daß unter der nach Tausenden zählenden Menge eingepfercht keiner auch nur den Fuß bewegen konnte, alle wie zu Stein gebannt standen und sich nur wunderten, noch schreien zu können. Für Frauen war dieses unerträgliche Gedränge besonders peinlich: eingekeilt zwischen starken Männern, wie in einer Presse, wurden sie in Todesangst ohnmächtig oder schrien schrecklich wie Gebärende. Mehrere von ihnen, die elend niedergetreten waren, wurden Dank der rechtschaffenen Entschlossenheit einiger Männer über die Köpfe der Leute emporgehoben und schritten nun wie auf einem Fußboden, viele aber gaben auch im Hofe der Brüder nur noch röchelnd zu aller Verzweiflung ihren Geist auf. Sogar die Brüder, die der Menge die Zeichen der Passion unseres Herrn zeigten, erlagen dem Drängen und Stoßen und entflohen vielfach, da sie keinen anderen Ausweg fanden, mit ihren Reliquien durch die Fenster ...«[40] Es entstand in der Folgezeit jener Chorbau, der am Anfang gotischen Baustils steht.

In einer Phase veränderter ökonomischer und gesellschaftlicher Verhältnisse, die verstärkte Bautätigkeit ermöglichte, entstand der neue Baustil. Die Bestrebungen von Bauherren, Bauten in diesem Stil zu errichten, ließen sie bei der Entscheidung über Reparatur, Erweiterung oder Neubau einer Kirche häufiger als sachlich notwendig zur letztgenannten Möglichkeit greifen. Zwei Beispiele aus dem 13. Jahrhundert verdeutlichen diese neuen Verhältnisse: Der durchaus noch gebrauchsfähige karolingische Dom in Köln wurde 1248 zugunsten des Baues einer gotischen Kathedrale abgerissen. Die Absicht, zuerst nur einen Teil des Altbaues niederzureißen, um während des Neubaues noch über Raum zur gottesdienstlichen Feier zu verfügen, schlug fehl. Das außer Kontrolle geratene Feuer zum Abbrennen einer Versteifung beim Abbruch vernichtete den ganzen Bau.[41] Beim im Jahre 1291 durch Gewitter verursachten Brand der romanischen Kirche des Zisterzienserklosters Doberan wurde der Dachstuhl zerstört. Eine Reparatur wäre naheliegend gewesen. Dessenungeachtet riß man auch die noch bestehenden Bauteile nieder und betrieb seit 1292 den gotischen Neubau.[42]

Das verstärkte Baugeschehen drückte sich in einer sehr großen Anzahl neu errichteter Kirchen aus: In Frankreich entstanden »80 Kathedralen und beinahe 500 Klöster, die zwischen 1180 und 1270 …« errichtet worden sind, innerhalb der Stadt Köln im gleichen Zeitraum 28 Kirchen und weitere An- und Umbauten.[43] Diese Konzentration des Wirtschaftspotentials auf die Bauproduktion verursachte Disproportionen und hemmte die Entwicklung seit Mitte des 13. Jahrhunderts.

Die wirtschaftlichen Voraussetzungen für den Kirchenbau

Künstlerische Intuition und handwerkliches Geschick bedürfen zu ihrer Verwirklichung der ökonomischen Grundlage. Die Kirchen als bedeutendste Werke der Baukunst im Mittelalter erforderten besonders hohe Aufwendungen. Diese Leistungen waren unter den Bedingungen eines nur geringen Mehrproduktes in der Agrarwirtschaft, wenig entwickelter Arbeitsteilung und in frühem Stadium gesellschaftlicher Reife der Feudalgesellschaft nur mit sehr großen Anstrengungen zu erbringen. Im Zeitraum vom 10. zum 14. Jahrhundert erhöhte sich die Produktivität in allen Zweigen der Wirtschaft ganz erheblich. Das damit ständig wachsende Mehrprodukt – in zunehmendem Maße als Geldbeträge verfügbar – kam auch dem Kirchenbau zugute. Zunehmende Häufigkeit und bauliche Dimensionen von Kirchenbauten demonstrieren dies.

Unter feudalen Verhältnissen wurden Leistungen der Produzenten an Herrschaften in der Dreifalt von Naturalien, Handdiensten und Geld erbracht. Ohne diese Leistungsformen konnte auch eine mittelalterliche Baustelle nicht existieren, jedoch begann das Geld schon seit dem 10. Jahrhundert die wichtigste Rolle zu spielen. Mit Handdiensten feudaler Höriger konnte eine Baustelle nur in den Zeiträumen betrieben weden, in denen diese Arbeitskräfte in der Landwirtschaft abkömmlich waren. Sie verfügten jedoch nicht über Kenntnisse und Fertigkeiten, einen anspruchsgerechten Mauerwerksbau herstellen zu können; in ihnen sind vielmehr die Erbauer der erwähnten Holzkirchen zu sehen, beim Mauerwerksbau wirkten sie lediglich als Steinbruch-, Transport- oder Hilfsarbeiter mit. Das frei verfügbare Geld in der Hand des Feudalherren als Bauherr der Kirche war die entscheidende Voraussetzung für das Entstehen repräsentativer Bauten. Das Geld ermöglichte es, spezialisierte Fachkräfte als Lohnarbeiter anzuwerben und im Territorium nicht verfügbares Material zu kaufen.[44]

Die Frage nach der Herkunft der Mittel für einen konkreten Kirchenbau ist hier und da durch Aufarbeitung von Archivmaterial gesichert, eine Verallgemeinerung kann bei der Vielfalt wirtschaftlicher Verknüpfungen nicht erfolgen. In den meisten Fällen entstanden Kirchenneubauten im Mittelalter als Folge von Stiftungen. Die Stifter versahen die ins Leben gerufenen Institutionen mit Mitteln, die aus dem eigenen Vermögen bzw. dem eigenen Verfügungsbereich stammten. Es konnte sich sowohl um Geldbeträge, um die Überlassung von Rechten zum Erwerb von Naturalien und Geld (Pfründe, Benefizien) wie auch um Grund und Boden zur Bewirtschaftung handeln. Je nach Umfang dieser Stiftungen und ihrer unmittelbaren Verfügbarkeit konnte früher oder später, reicher oder bescheidener mit dem Bau begonnen werden. Bestand bereits ein Kirchenbau und damit auch die Institution und es bedurfte lediglich eines Anbaues, Umbaues oder Neubaues nach Zerstörung des alten – nahezu alle heute bestehenden Kirchenbauten entstanden unter solchen Bedingungen –, lag die Aufgabe der Mittelbeschaffung in den Händen der Bischöfe, Äbte oder Patronatsherren. Von deren Fähigkeit, in das eingespielte Wirtschaftsleben einzugreifen, ohne dort Störungen zu verursachen, hing das Gedeihen eines Baues ab.

Über die Einnahmen aus Feudalbesitz hinaus verfügte der Klerus über ein umfangreiches und ertragreiches Instrumentarium des Gelderwerbes: die Votivmessen, die viele Pilger anziehende Wirkung von Reliquien, die wirtschaftliche Verquickung kirchlicher Feiern mit merkantilen Messen und den Ablaß. In einer Studie über Anzahl und Standorte der Altäre und ihre Rolle im Rahmen der Liturgie allgemein und in Verbindung mit der Votivmesse ist der dadurch ausgelöste Geldfluß dargestellt.[45] Die dort erzielten Einnahmen liegen in Größenordnungen, die dem Zeitgenossen im 20. Jahrhundert unglaubhaft erscheinen und zu deren Verständnis ein Eindringen in die Denkweise des mittelalterlichen Menschen notwendig ist.[46] Auch hier geißelte bereits zeitgenössische Kritik praktizierten Mißbrauch durch die Worte: »... käuflich ist unser Altar, käuflich ist die Hostie gar ...«.[47] Die Einkünfte aus Einlagen der Opferstöcke und Testamentsverfügungen waren ebenfalls nicht unerheblich. Sie sind damit erklärbar, daß selbst Hörige über Geldbesitz verfügten. Mit reichlichen Spenden versicherten sie sich im Glauben eines besseren Jenseits.

Bedeutende Reliquien als größte und unersetzbare Schätze einer Kirche wurden üblicherweise auf das sorgsamste gehütet und lediglich an besonderen Feiertagen zur Schau gestellt. Zu solchen Terminen zogen die Gläubigen von nah und fern, meist in Gruppen, als Pilger zu der Kirche, die ein solches Heiligtum barg. Bei übermäßig großem Geldbedarf infolge Bauabsichten kehrten Chorherren oder Mönche hier und da die Ortsbezüge um: Sie gingen nun mit der Reliquie über das Land zu den Gläubigen (Abb. 27) und sprachen dabei einen noch viel größeren Kreis von Menschen an. Derartige Züge mit Reliquien sind seit dem 11. Jahrhundert bekannt, fanden jedoch verstärkt in der 2. Hälfte des 12. Jahrhunderts in Verbindung mit Kathedralbauten Frankreichs und Englands statt. Besonders eindrucksvoll erscheint heute, wie jene Chorherren von Laon 1113 mit ihrer Reliquie, Territorialgrenzen überschreitend, den Kanal überquerten und Südengland bereisten. Die Einkünfte gewährleisteten für längere Zeit finanziell gesicherten Baufortschritt.

Als im Jahre 1194 die romanische Kathedrale von Chartres abgebrannt war, gab es in kürzester Zeit die übereinstimmende Auffassung von Bischof und Stadtbürgern, sofort eine neue, prächtigere Kirche zu erbauen. Die Verflechtung zwischen der die berühmte Marien-Reliquie bergenden Kathedrale und der Stadt mit den Pilgerzügen und den großen Jahrmärkten bewegte letztlich das gesamte Wirtschaftsleben und rückwirkend die Einkünfte von Stadt und Kathedrale. »Das Ansehen und die Blüte der Stadt waren in solchem Ausmaß von der religiösen Bindung abhängig, daß der Wiederaufbau der Kirche zu einer zwingenden Notwendigkeit werden mußte, wollte die Stadt überleben.«[48] Aus der Kenntnis solcher Zusammenhänge sind große Spenden und willig geleistete Handdienste der Stadtbevölkerung von etwa 10 000 Menschen – die als »Karrenkult« bezeichnete Bewegung wird noch besonders zu beleuchten sein und hat nichts mit feudaler Fron zu tun – zu verstehen.

Bei weniger großer oder nachlassender Spontaneität beim Spenden von Geldbeträgen verfügten Bischöfe über die Möglichkeiten, einen an Geldspenden gebundenen Ablaß zu proklamieren. Der zeitliche Beginn dieser Art der Geldbeschaffung wird unterschiedlich angesetzt, am weitesten zurückreichende Hinweise nennen das 11. Jahrhundert.[49] Der ursprüngliche Sinn für den Ablaß bestand darin, Bußübungen durch Vollbringen nützlicher Werke und später durch Geldzahlungen abzulösen. Man hatte dabei auch an körperlich schwer arbeitende Menschen gedacht, die bei eingeschränkten Lebensbedingungen nicht vollwertig arbeiten könnten. Geminderte Leistungsfähigkeit führte letztlich zu geringeren Einkünften und stand nicht im Interesse der Feudalherrschaft. Die zunehmende Bedeutung der Geldwirtschaft führte in der Folgezeit dazu, aus der »Gnade« des Ablasses Finanzierungsmanipulationen größten Ausmaßes werden zu lassen. Die Ablaßgelder kamen nicht nur beim Bau von Kirchen, sondern auch bei Brücken, Fremdenheimen, Dämmen, Häfen und Befestigungsanlagen zur Verwendung. So entstanden mit solchen Mitteln u.a. am Ende des 12. Jahrhunderts die Arnobrücke in Pisa und die Themsebrücke in London. Im Jahre 1319 erfolgte die Reparatur der Elbebrücke in Dresden ebenfalls mit Ablaßgeldern. Das ökonomisch besondere

Wesen des Ablasses bestand darin, daß Geldzahlungen nicht mehr nur durch einen am Bau der Kirche interessierten Personenkreis erfolgten. Die Geldbeschaffung wurde hinsichtlich der Zahlenden universalisiert und überregional ausgedehnt (Abb. 28). Territorial sehr weit gespannt erscheint jener Ablaß zugunsten des Regensburger Domes aus dem Jahre 1272, bei dem der Regensburger Bischof anläßlich des Konzils in Lyon 22 andere Bischöfe zur Unterschrift des Indulgenzbriefes veranlassen konnte. Damit verlängerte sich die Laufzeit dieses Ablasses ganz erheblich. Wichtiger war, daß dadurch auf legalem Wege Gelder aus den Territorien der Mitunterzeichner nach Regensburg flossen, durch Mitwirken ihrer Bischöfe sogar aus den Bistümern Toledo und Santiago de Compostela. Hinsichtlich der zeitlichen Ausdehnung scheint der 14 Jahre währende Ablaß für den Bau der Londoner St. Paul's Cathedral in der Mitte des 13. Jahrhunderts erwähnenswert. Ablaß fand auch Kritik, interessanterweise am nachhaltigsten von Kirchenmännern. Schon Abt Abälard (1079–1142) erklärte das »... Ablaßwesen für gefährlich und ungesund ..., weil es den Bußeifer der Gläubigen untergrabe ...«[50], und 1156 verweist der Abt des Zisterzienserklosters Obazine auf die Problematik der Austeilung von Sündennachlässen hin, »... da doch niemand als Gott alleine Sünden erlassen kann«[51]. Mit fast wörtlich gleicher Argumentation nahm mehr als 350 Jahre später Martin Luther gegen die Ablaßgeschäfte des Dominikanermönches Johannes Tetzel Stellung, die dieser im Rahmen der Finanzierung des Renaissancebaues von St. Peter in Rom im sächsischen Raum betrieb. Hier wurde der Ablaß zu einem der Steine, die große Lawinen auslösten: die Reformation und die deutsche frühbürgerliche Revolution.

Weltliche Territorialherren waren häufig bereit, mit Schenkungen den Bau von Klöstern, Bischofskirchen oder Stadtkirchen zu fördern, auch wenn sie sich nicht in der Rolle eines Stifters befanden. Dabei stellten unter gegebenen politischen Konstellationen auch Landesgrenzen keinen Hinderungsgrund dar. Zum Bau der romanischen Kathedrale in Chartres erhielt Bischof Fulbert z. B. auch Spenden von König Knut dem Großen von Dänemark und von einigen Herzögen der Normandie und Aquitaniens. Später spendete König Heinrich I. von England größere Beträge zur »Erhaltung und Verschönerung« der Kirche. Es hat jedoch immer auch Bedenken seitens der Beschenkten gegeben, durch Annahme solcher Zuwendungen in politische Abhängigkeit zu geraten. So motiviert, wiesen die Kartäusermönche von Grenoble im Jahre 1084 eine Schenkung des Grafen von Nevers und 1440 der Rat der Stadt Nürnberg steuerliche Erleichterungen zur Förderung der Bauten der Stadtkirchen St. Sebald und St. Lorenz zurück.

Es entsprach dem Wissen um ihre neue Stellung in der Gesellschaft, daß Stadtbürger zu größten Anstrengungen bereit waren, ihre städtischen Kirchen aus eigenen Mitteln zu errichten. Die schon erwähnten besonderen kirchlichen Methoden der Geldbeschaffung wurden von Zünften oder von Bürgern in besonderer Stellung durch direkte Spenden in die Baukasse oder als Stiftungen für bestimmte Bauteile oder Bauabschnitte sehr nachhaltig ergänzt. Die Bußpraxis als wesentlicher Bestandteil mittelalterlicher Frömmigkeit ließ es zu, alle Schichten einer Stadtbevölkerung zu geldlichen Opfern für den Kirchenbau zu aktivieren: die Erwähnung einer Spende der Prostituierten Mailands für den dortigen Dombau belegt diese Situation.[52] Zunehmender Reichtum und damit wachsendes Selbstbewußtsein in den Städten verursachte hier und da wachsende Spannungen zur bischöflichen Autorität und führte dazu, den Bau bischöflicher Kirchen in städtische Regie zu nehmen. Entstand der Neubau von Chartres ab 1194 noch aus der Übereinstimmung der Interessen von Bischof und Stadt, so befand sich der Bau des Straßburger Münsters im Spannungsfeld beider Machtpotentiale.

Bauabschnitte, Bauzeiten und unvollendete Bauten

War man im Mittelalter in der Lage, die notwendigen Mittel für einen zu errichtenden Bau solcher Dimensionen vorauszubestimmen? Gab es bereits ein Instrumentarium, den Umfang beabsichtigter Baumaßnahmen der vorhandenen ökonomischen Kraft der Wirtschaft anzugleichen? Selbstverständlich kannte jeder Bauherr das im Neuen Testament enthaltene Gleichnis vom klugen Bauherrn (Luk 14, 28–30), und aktuelle Ereignisse werden veranlaßt haben, diese Weisheit in negierender Form im »Narrenschiff« zu wiederholen (Abb. 29). Daß Fehleinschätzungen vorkamen, beweisen die Baugeschichten vieler Kirchen. Eine der frühen Klosterrevolten wurde dadurch verursacht, daß Abt Ratgar von Fulda (802–817) zu ehrgeizige Baupläne entwickelte: Die am Bau mitwirkenden Klosterangehörigen wurden in so hohem Maße mit Bauarbeiten beschäftigt, daß sie kaum noch Gelegenheit zu liturgischem Dienst erhielten. Schriftliche Beschwerden der Mönche an Ludwig den Frommen wurden geprüft und der Abt ermahnt, diese Arbeiten zu reduzieren. Die Baupläne der Bischöfe von Eichstätt in der 2. Hälfte des 11. Jahrhunderts verursachten eine allgemeine Not im Lande, weil die Landbevölkerung ohne Rücksicht auf notwendige Arbeiten in der Landwirtschaft Transportarbeiten für die Bauten verrichten mußte. Das vorzeitige Ende der Bauarbeiten am Kölner Dom im Jahre 1560 wurde durch mehrere, sich in ihren Auswirkungen überlagernde Ursachen erklärt. Die Stadt war in der Folge von Kriegen verschuldet, und der Handel als wesentlichste Einnahmequelle verlagerte sich zunehmend zu den niederländischen Hafenstädten. Andererseits bestanden zwischen Stadt und Erzbischof erhebliche Spannungen, und nicht zuletzt hatte sich seit Baubeginn im Jahre 1248 ein Stilwandel vollzogen, der gotischem Bauen die besondere Aktualität nahm.

Abgewogene Verhältnisse zwischen Bauabsicht und Realisierungsmöglichkeit gewährleisteten in der Regel einen Bauablauf ohne Unterbrechung in verhältnismäßig kurzer Zeit. Repräsentation bedeutete damit nicht nur, große und reichgeschmückte Bauten zu errichten, sondern diese Absicht auch in kurzer Zeit zu verwirklichen. Unter mittelalterlichen Bedingungen sind Bauzeiten von 10 bis

30 Jahren für einen großen Kirchenbau durchaus als kurz zu bezeichnen, sie heben sich deutlich von jenen Bauten ab, an denen 100 Jahre gewerkt wurde.[53] Auch unter günstigen Bedingungen begannen die Arbeiten nicht schlagartig im Bereich des gesamten beabsichtigten Grundrisses, sondern man baute in Abschnitten. Am häufigsten wurde der Bau mit dem Chor als dem Ort des Hauptaltars begonnen und dieser zu Ende geführt und auch geweiht (Abb. 30). Damit stand der erste Bauabschnitt zur Nutzung bereit, und die gottesdienstlichen Feiern konnten stattfinden bzw. bei bestehendem Vorgängerbau von diesem in den neuen Bauteil übergehen (Abb. 31). Als nächste Bauabschnitte folgten – am Beispiel gotischer Kathedralen dargestellt – Querhaus, Langhaus mit Westtürmen bis in Langhaushöhe[54] und danach das Einziehen der Gewölbe und die Fertigstellung der Türme. Diese prinzipielle Reihung unterlag aus örtlichen Gegebenheiten und meist um den Preis möglichst langfristiger Nutzung der Altbausubstanz großen Variationen. Im Denkmälerbestand sind alle nur denkbaren Varianten erst spät vollendeter oder gar unvollendet gebliebener Kirchenbauwerke bekannt. Die Kathedrale von Beauvais besteht nach sehr wechselvollem Bauablauf noch heute lediglich aus Chor und Querhaus. Die Westfassade des Mailänder Domes wurde erst auf Befehl Napoleons I. im Jahre 1809 fertiggestellt, die Fassade des schon erwähnten Bologneser Domes steht noch heute unvollendet.[55] Auch am größten Bau der Christenheit, dem Renaissancebau der Peterskirche in Rom, stagnierten die Bauarbeiten fast 60 Jahre, die Gesamtbauzeit währte 110 Jahre (Abb. 32). Alle diese Verzögerungen oder vorzeitigen Beendigungen lassen sich letztlich auf politische und ökonomische Veränderungen in der Gesellschaft zurückführen. Ein besonderes Motiv für Bauabbruch blieb zisterziensischen Klöstern vorbehalten. Aus der Tradition dieses Ordens ergab sich ein Bestreben, in Einsamkeit zu arbeiten. Ihnen blieben zum Bau der Klöster Orte, für deren Bewohnbarkeit keine Erfahrungen vorlagen. Unter mehreren Möglichkeiten, die für die Aufgabe des Klosters Mariensee am Parsteiner See nach 20jähriger Arbeit anzuführen wären, ist das Argument des besonders ungesunden Klimas zu damaliger Zeit nicht völlig auszuschließen (Abb. 33). Der neue Ort des Klosters hieß nun Chorin.[56]

Die Menschen der Gegenwart haben dem Perfektionismus eine sehr wesentliche Bedeutung eingeräumt. Nicht Vollendetes gilt als makelhaft. Das Studium der Geschichte der Kirchenbauten lehrt, im Unvollendeten auch das Menschenmögliche zu sehen.

Die Bauverwalter

Die vielfältigen, durch die Bauherrschaft bereitgestellten Quellen für Einkünfte zum Bau einer Kirche bedurften der Organisation und Verwaltung, um sie für den Bau wirksam werden zu lassen. Die Größenordnung der bewegten Gelder und Naturalien erforderte von den hierzu berufenen Männern ein hohes Maß an Kenntnis im Wirtschaftsleben und an Zuverlässigkeit. Sie befanden sich in einer engen Bindung zum Bauherren und waren gegenüber den ausführenden Werkmeistern zumeist weisungsbefugt. Wenn die Kunstgeschichtsschreibung in besonderem Maße das Wirken der Werkmeister für die entstehenden Kirchenbauwerke würdigt, so ist das hinsichtlich der Bauwerksgestaltung gerechtfertigt. Die Tätigkeit der Bauverwalter schuf jedoch die unmittelbaren wirtschaftlichen Voraussetzungen, damit jene arbeiten konnten (Abb. 34).

Die Berufung der Bauverwalter, für die je nach Zeit, Ort und Bedeutung der zu errichtenden Kirche unterschiedliche Bezeichnungen gebräuchlich waren,[57] erfolgte durch den Bauherren. Wegen der Wichtigkeit dieser Arbeit für den erfolgreichen Bauverlauf wurde hier und da von Vereidigungen auf dieses Amt berichtet. Bei kirchlichen Bauherren (Bischöfen und Äbten) wählte man die Bauverwalter aus den Reihen der Mitglieder von Kapiteln oder Konventen, beim Bau städtischer Kirchen berief der Rat zumeist Kaufleute aus ratsfähigen Familien in ein solches Amt. Es sind Fälle überliefert, daß Bauverwalter mit ihrem privaten Vermögen für die ordnungsgemäße Amtsausübung bürgen mußten.

Das Schaffen der Bauverwalter schlug sich letztlich im Baufortschritt am Kirchenbau nieder, unmittelbar sichtbar wird es beim Studium der erhaltenen Baurechnungsbücher. Diese Dokumente enthalten die Posten der Einnahmen und Ausgaben und helfen dem Historiker durch die beigefügten Beschreibungen nicht nur, Aussagen zur Geschichte des betreffenden Bauwerks zu vervollständigen, sie bereichern auch die Erkenntnisse zur Wirtschaftsgeschichte allgemein und zur Entwicklung der Bautechnologie speziell. Solche Dokumente blieben von einer Reihe von alten Kirchenbauwerken erhalten: die der Dome von Prag, Xanten und Wien sowie die der Stadtkirche Sankt Lorenz in Nürnberg wurden veröffentlicht.[58] Besonders interessante Aufschlüsse zur Baugeschichte geben jene Rechnungsbücher, die über längere Zeiträume lückenlos erhalten blieben (Abb. 35).

Die in den Büchern niedergelegten Geschäftsvorgänge sind in Latein oder in Landessprache verfaßt. Auf Grund von Funden und Bezügen kann angenommen werden, daß diese Bücher doppelt – ein Exemplar auf der Baustelle, das andere beim Bauherren – geführt wurden. Der Bauverwalter legte jährlich Rechenschaft ab. Die Exaktheit fiel unterschiedlich aus: Die Unterlagen vom Bau des Regensburger Domes zeigen häufig Rechenfehler, die unkorrigiert blieben, in Xanten dagegen zeigen Einbesserungen und Hinweise, daß die Kontrollen strenger verliefen. Da hier die Rechnungen zum Teil vor den Mitgliedern des Kapitels verlesen wurden, zog sich eine solche Rechenschaft über Tage hin. Das Geld für den bei diesen Gelegenheiten getrunkenen Wein wurde ebenfalls verbucht.

Die Aufgaben der Bauverwalter, denen zumindest bei den Großbauten Schreiber, Boten und andere Hilfskräfte zugeordnet wurden, beschränkte sich jedoch keineswegs nur auf die Verwaltung der Sach- und Geldmittel. Lohnvereinbarungen und Lohnzahlungen[59] oblagen ihnen ebenso wie die Beschaffung und Bezahlung von Werkzeugen und Baumaterialien. Gerade hier sind mögliche Spannungsfelder zwischen dem Bauverwalter und dem Werkmeister dann zu sehen, wenn ökonomische Zwänge die Forderungen des Werkmeisters unerfüllbar werden ließen. Verhandlungen über den Erlaß von Zöllen bei Materiallieferungen – sie betrugen pro Zollgrenze bis zu 30% des Warenwertes und fielen u. U. mehrfach an –, und der Verkauf von Naturalzuwendungen, die auf der Baustelle nicht benötigt wurden, runden das Tätigkeitsfeld des Bauverwalters ab, ohne die ganze Breite erfaßt zu haben.

Die gelegentlich gebrauchte Bezeichnung *»bumeister«* für den Bauverwalter ließ Verwechslungen mit der Tätigkeit des Werkmeisters aufkommen und veranlaßte die Frage nach den Quellen und dem Stand der Kenntnisse für ein solches Amt.[60] Ein Bauverwalter aus geistlichem Stande hatte klösterliche Ausbildung genossen und dabei u. U. auch Unterweisungen im Fach *architectura* erhalten.[61] Der tägliche Umgang mit solchem Gegenstand wird dieses Wissen gefestigt und bereichert haben. Beim städtischen Kaufmann in solcher Stellung ist diese Schulbildung nicht vorauszusetzen: er kann erforderliches Wissen autodidaktisch aus dem Umgang mit dem Werkmeister gewonnen haben. Wenn auch handwerklich kaum befähigt, kann man einem Bauverwalter, gleichgültig, aus welchem Stande herkommend, durchaus gediegene Urteilskraft bei gestalterischen oder technischen Fragen zutrauen. Weil am eigentlich schöpferischen Prozeß der Planung nur über Zusage oder Ablehnung von Geldmitteln indirekt beteiligt, ergab sich aus einem Wechsel in der Person des Bauverwalters meist eine geringere Zäsur für den Bauablauf als beim Werkmeisterwechsel. Verschiedentlich blieb die Tätigkeit als Bauverwalter in Städten zeitlich beschränkt, so daß sich sowohl Last als auch Ehre, persönlich am Bau der Kirche mitgewirkt zu haben, auf mehrere der angesehenen Familien verteilte. Am Prager Domchor wirkten vier Bauverwalter und zwei Werkmeister (siehe Textabb. S. 36). Beim Wiener Stefansdom zeigt sich diese Tendenz verstärkt: den in den Jahren 1395 bis 1520 tätigen 14 Werkmeistern standen insgesamt 44 Bauverwalter vor.[62]

Die Werkmeister – Herkunft und Lebensumstände

Wenngleich Bauherr und Bauverwalter durch Entscheidung und organisatorische Arbeit die Voraussetzungen für einen Kirchenbau schufen, so bedurfte es doch des Mannes, der die Absicht so detailliert darstellte und ausarbeitete, daß sich Anweisungen für Bauarbeiter ableiten ließen und ein Gebäude entstand, das den Wünschen des Bauherren weitestgehend entsprach. Seit der Antike als *architectus* bezeichnet, befanden sich im Mittelalter auch die Begriffe *magister operis* und später im deutschsprachigen Raum »Werkmeister« für Männer mit solcher Tätigkeit im Gebrauch. Diese und weitere Berufsbezeichnungen wurden zusammengestellt. Das Bild des Werkmeisters, unter dessen Leitung eine Kirche entstand und der, aus Handwerkerstande herkommend, in Personalunion Planung und Leitung der Bauausführung wahrnahm, ist durch eine Fülle von Überlieferungen aus der Zeit der Gotik geprägt, und es besteht die Gefahr, dieses Bild auch auf Zeiträume davor und danach auszuweiten.[63]

Die eingangs aufgestellte Behauptung, Kirchen seien über Jahrhunderte Leitbauten für die Entwicklung des Bauwesens gewesen, läßt notwendig schlußfolgern, daß es die erfahrensten Baufachleute ihrer Zeit gewesen sein müssen, nach deren Planung und unter deren Leitung die großen Bauten entstanden. Anhand von Einzelheiten der Lebensumstände und der Tätigkeitsbereiche ist erkennbar, wie Gestaltungswille, Klugheit, Fleiß und Kenntnis zeitgenössischen Bauens vor allem im Bereich des Kirchenbaues einen Erfahrungsschatz entstehen ließen, der späterem, nicht zuletzt gegenwärtigem Bauen zugute kam.

Kirchenbaumeister zwischen Spätantike und Gotik

Als erste Kirchenbaumeister sind jene zu nennen, die die Stiftungsbauten des Kaisers Konstantin I. planten und errichteten. In die gesellschaftliche Stellung des Architekten im antiken Rom gab Vitruv Einblicke: der Berufsstand war geachtet und besaß lange Tradition,[64] die erwähnten Architekten – nur für den bethlehemitischen Stiftungsbau namentlich bekannt – standen im Dienste des Kaisers ohnehin in besonderem Ansehen. Die Fähigkeiten und Kenntnisse, über die ein Architekt verfügen sollte, nannte und begründete Vitruv sehr ausführlich. Er unterschied die handwerkliche Fertigkeit und die wissenschaftliche Kenntnis und betonte, daß ohne letztere keine Meisterschaft zu erzielen sei. Danach sollte der Architekt »... im schriftlichen Ausdruck gewandt sein, des Zeichenstiftes kundig, in der Geometrie ausgebildet sein, mancherlei geschichtliche Ereignisse kennen, fleißig Philosophie gehört haben, etwas von der Musik verstehen, nicht unbewandert in der Heilkunst sein, juristische Entscheidungen kennen und Kenntnis in der Sternenkunde und vom gesetzmäßigen Ablauf der Himmelserscheinungen besitzen«.[65] Die Ausbildung eines künftigen Architekten wird auf mancherlei Weg möglich gewesen sein, interessant ist in diesem Zusammenhang, daß jener Kaiser Konstantin I. ein Edikt erließ, demzufolge Schulen auch zur Ausbildung von Architekten einzurichten seien, um dem Verfall der Künste entgegen zu wirken. Das gesellschaftliche Ansehen des Architekten und die Erwartung an das bei ihm vorauszusetzende Wissen änderten sich nicht, als Theoderich der Große Herrscher des ostgotischen Reiches war. Ein Schreiben Cassiodors, des Sekretärs Theoderichs, an den Hofarchitekten beinhaltet im wesentlichen alle die Anforderungen und Wünsche, die Vitruv formulierte.[66]

Die insgesamt karge Quellenlage seit dem 6. Jahrhundert läßt nur wenige Aussagen über Werkmeister zu. Man weiß von einem Odo von Metz im Dienste Karls des Großen in Aachen, von Plober, der um 1099 für Bischof Konrad von Utrecht arbeitete, und von Enzlin, der 1133 im Auftrag des Bischofs Embricho von Würzburg den dortigen Dom wiederherstellte. Aus dem 12. Jahrhundert sind dann Bauwerkskennzeichnungen erhalten, durch die Werkmeister das Signum ihres Schaffens hinterließen. Häufig zitiert sind jene Tafel des Meisters Wolbero in der Kirche St. Quirin in Neuss (Abb. 36) und die namentlich nicht bezeichnete Figur des Werkmeisters am Wormser Dom (Abb. 37). Weniger bekannt ist jene Signatur des Hartmannus an einem Kapitell der Vorhalle der ehemaligen Stiftskirche St. Simon und Juda (sog. Dom) in Goslar.[67]

Im 12. Jahrhundert kennt man die Namen kirchlicher Würdenträger, aus deren Viten und Gesta geschlossen werden könnte, sie seien alle praktisch tätige Werkmeister gewesen. Zweifel an solcher Deutung führten am Beispiel so hervorragender Persönlichkeiten wie den Bischöfen Benno II. von Osnabrück, Bernward von Hildesheim, Otto I. von Bamberg und Abt Wilhelm von Hirsau zu kontroversen Meinungen. Die Klärung ergab sich aus kritischen Analysen der Schriftquellen, bei denen besondere Mühe darauf verwendet wurde, Idealisierendes von Konkretem zu trennen,[68] durch Berücksichtigung klösterlicher Bildungsmöglichkeiten[69] und durch systematische Zuordnung der den am Bau Beteiligten zukommenden Funktion. Letzteres ist so zu trennen:

Der Bauherr bzw. seine Ratgeber formulieren den Wunsch über die Bauabsicht und geben die repräsentativ-ästhetischen, im Falle des Kirchenbaues auch ikonologischen Programme vor. Sie verfügen über unterschiedlich qualifiziertes Wissen vom Bauen, wobei die Schwerpunkte der Kenntnisse im Bereich der Bauwerks- und Raumgestaltung anzunehmen sind.

Der Bauverwalter berät den Bauherrn hinsichtlich der ökonomischen Realisierbarkeit und prüft mit dem Werkmeister, wie Bauabsicht und Realisierungsmöglichkeit in Einklang zu bringen sind.

Der Werkmeister versucht unter den gegebenen Verhältnissen, einen wunschgemäßen Ausführungsplan vorzulegen und bemüht sich, die Vorstellungen auch konstruktiv und technologisch umzusetzen.

Es blieb den im Kloster ausgebildeten Geistlichen überlassen, die Kenntnisse auf dem Gebiet der *architectura* »... nach Neigung oder Notwendigkeit bis zur praktischen Anwendbarkeit ...«[70] zu vertiefen und zu erweitern. So kam es, daß Bischöfe und Äbte neben den grundsätzlichen Aufgaben als Bauherren auch solche der planenden oder ausführenden Bereiche so lange wahrnahmen, bis der akute Mangel an Baukundigen behoben war. Insofern bewahrten die Klöster nicht nur die Werte antiker Kultur im allgemeinen, sondern auch handwerkliche Technologien im besonderen. Aus solcher Kenntnis der Dinge erscheint es glaubwürdig, wenn von manuell tätigen, von manuelle Tätigkeit überwachenden und von planenden Kirchenmännern die Rede ist. Danach scheint bei den Bischöfen

Ulrich von Augsburg (923–973), Bernward von Hildesheim (993–1022) und Godehard von Hildesheim (996–1030) wohl zu Recht zumindest die Qualifikation eines Werkmeisters wahrscheinlich, wenngleich sie bei der Fülle ihre eigentlichen Aufgaben sicher viele Arbeiten auf zugeordnete Hilfskräfte delegierten. Abt Suger von Saint-Denis, bei dem eine entsprechende Qualifikation – und zwar unter ausdrücklichem Hinweis auf die Notwendigkeit – außer Zweifel steht, ging als Schöpfer des ersten gotischen Kirchenbaues in die Kunstgeschichte ein. Die nicht so kundigen Bauherren mußten sich um Fachkräfte bemühen. Allenthalben korrespondierten und verhandelten feudale Herren miteinander über die Entsendung von Werkmeistern, baukundigen Mönchen oder auch nur um Maurer und Steinmetze, wobei sicher immer vorausgesetzt wurde, daß der Anführer einer solchen Gruppe über die Fähigkeiten eines Werkmeisters verfügte. Interessant sind die graduell abgesetzten Höflichkeitsformeln, die von wortreicher Bitte um Entsendung bis zur Androhung der Exkommunikation bei nicht pünktlicher Rückkehr des Werkmeisters nach abgelaufener Frist reichen.[71] Älteste diesbezügliche Quellen reichen bis in das Jahr 675 zurück, wo Abt Benedikt von Warmouth um Übersendung von Maurern bittet, und aus dem Jahre 1180 ist ein Brief aus einer Mustersammlung von Schriftsachen für den englischen Adel überliefert, der Gleiches enthält.[72] Wer ohne hinreichend fähige Fachleute zu bauen begann, mußte sich spätestens nach eingetretener Katastrophe nach solchen umsehen. Das widerfuhr Erzbischof Heribert von Köln († 1071), als er an der Stelle eines Kastells in Deutz eine Kirche errichten lassen wollte. Die handwerkliche Traditionspflege unter günstigen geographischen und politischen Verhältnissen südlich der Alpen und die Aufbewahrung und Wissensaneignung antiker Kultur bei den klösterlichen Institutionen ließ letztere zunehmend Bedeutung für die Ausbildung von Werkmeistern erlangen.

Die Werkmeister der Gotik

Infolge gesellschaftlicher Veränderungen und zunehmender Bedeutung städtischen Bürgertums erweiterten sich die Ausbildungsmöglichkeiten für Werkmeister. Es bestand immer noch die Ausbildungsmöglichkeit von Ordensangehörigen im Kloster (diese Meister blieben weitestgehend anonym), es war u. U. möglich, auch als nicht dem Orden zugehörig an dieser klösterlichen Ausbildung teilzunehmen (so vermutlich Villard de Honnecourt), und es gewann die Ausbildung unter der Obhut der vom Meister bürgerlicher Herkunft geleiteten Bauhütte[73] zunehmend an Bedeutung. Die Lösung des Bauwesens und der damit verbundenen Ausbildung der Werkmeister von Klöstern zeigt den eingetretenen Wandel.

Geringerer zeitlicher Abstand zur Gegenwart und häufigere Erwähnung ließen viele schriftliche Zeugnisse erhalten bleiben. So ist es erklärlich, daß Informationen über Werkmeister seit der Gotik in großer Fülle vorliegen.

Die Namen von Werkmeistern Will man die Werkmeister beim Namen nennen, entsteht schon sehr schnell das Problem der exakten Bezeichnung, weil die Herausbildung der Familiennamen eben in jener Phase vor sich geht. Der durch sein Hüttenbuch bekannt gebliebene Villard de Honnecourt (1. Hälfte des 13. Jahrhunderts)[74] wird sehr wahrscheinlich noch nach dem Ort seiner Herkunft genannt. Es handelt sich um ein Dorf Honnecourt in der Picardie, einer Landschaft im nördlichen Frankreich. Er steht so sehr im Zentrum vieler Betrachtungen, weil das von ihm erhaltene Bauhüttenbuch als frühestes Zeugnis so guten Einblick in den Kenntnisstand eines Werkmeisters aus der Zeit der Gotik vermittelt. Er fand seine Ausbildung vermutlich in der Zisterzienserabtei Vaucelles. Bauten, an denen er mitwirkte, sind nicht mit Sicherheit nachgewiesen. Seinen Skizzen kann entnommen werden, daß er die Kathedralbaustellen von Laon und Reims besuchte. Eine in seinem Buch erwähnte Reise nach Ungarn wurde auf Grund von Funden mit dem ehemaligen Zisterzienserkloster Pilis, etwa 50 Kilometer nordwestlich Budapests, in Verbindung gebracht.[75] Meister Ulrich von Ensingen führte seinen Namen ebenfalls vermutlich nach der Heimat als Herkunftsbezeichnung: dem Ort Ensingen im Neckartal südöstlich Stuttgarts, wo durch die Sandsteinvorkommen die Beziehung zum Steinmetzberuf gegeben ist. In der folgenden Generation noch nicht durchgängig, führten dann die Enkel den Herkunftsort abgewandelt als Familiennamen: Vincenc Änsinger, als Meister in Bern, Ulm, Kolmar und Basel, und Moritz Änsinger, auch Ensinger oder Enzinger geschrieben, war in Ulm, Nördlingen und München tätig.[76] Als Beispiel der Verquickung von Geburtsort und Beruf bei der Namensbildung kann jener *»parlerius«* (Parler, später Polier) Heinrich vom Kölner Dombau herangezogen werden. Er fand 1333 als Werkmeister beim Bau des Heiligkreuzmünsters in Schwäbisch Gmünd Anstellung. Sein Sohn wurde 1353 als Peter von Gmünd zum Dombau nach Prag gerufen und nahm erst dort die Tätigkeitsbezeichnung des Vaters aus Kölner Zeit als Familiennamen an. Die Nachwelt kennt ihn als Peter Parler (vgl. Textabb. S. 55).

Die Ausbildung der Werkmeister Die Regeln der Werkmeisterausbildung sind seit dem 15. Jahrhundert in den einschlägigen Hütten- und Steinmetzordnungen fixiert.[77] Ein mindestens 14jähriger Lehrling erlernte vier oder fünf Jahre das Steinmetzhandwerk. Die Lehrzeit verringerte sich bei vorausgegangener Maurerlehre. Der junge Geselle ging danach mindestens ein Jahr auf Wanderschaft. Bei Eignung sah die Ordnung eine weitere Ausbildungszeit von zwei oder drei Jahren als »Kunstdiener«, auch als »Meisterknecht« bezeichnet, vor. In dieser Zeit fand die handwerkliche Ausbildung vom Steinmetz zum Bildhauer ihren Abschluß. Auch erlernte der angehende Meister das Zeichnen, die Regeln praktischer Geometrie, die Grundsätze architektonischen Gestaltens und Konstruierens und die Erfüllung all der sonstigen Pflichten, die einem Werkmeister oblagen. Das Meisterstück bestand dann in einem Bauplan für ein fiktives oder tatsächlich beabsichtigtes Bauwerk.[78] Matthäus Roriczers Meisterstück bestand in den Plänen für den Bau des Hallenchores der Nürnberger Sankt-Lorenz-Kirche. Nach mündlicher Prüfung und Bürgschaft durch zwei angesehene ältere Meister konnte sich der junge Meister um eine Anstellung bewerben.

Die allgemeine Schulbildung mag bei Werkmeistern abhängig von Zeit und Ort unterschiedlich gewesen sein. Es wurde darauf hingewiesen, daß es Werkmeister gegeben habe, die des Lesens und Schreibens nicht kundig gewesen seien. Als Nachweis für das Fehlen eines Schulbesuches im Rahmen der Berufsausbildung wird gern Peter Parler herangezogen, der bekanntlich durch Kaiser Karl IV. im Alter von nur 23 Jahren als Werkmeister an die Prager Dombauhütte gerufen wurde. Ihm hätte gar keine Zeit für einen Schulbesuch zur Verfügung gestanden.

Des Werkmeisters Identifizierung mit seinem Bau Die sich aus dem Handwerkerstand profilierenden Werkmeister nahmen im gesellschaftlichen Leben eine herausragende Position ein. Zeigenössischen bildlichen Darstellungen zufolge verhandelten sie recht selbstbewußt mit ihren Auftraggebern (Abb. 38 und 39, vgl. auch Abb. 96). Sie signierten die unter ihrer Leitung entstandenen Bauten in sehr unterschiedlicher Form. Erwin von Steinbach hinterließ seinen Namen an einer Chorschranke des Straßburger Münsters und verblieb insofern in der Tradition der Bildhauersignatur.[79] So ist auch eine nicht mehr vollständig erhaltene Inschrift am Südquerhaus der Kathedrale von Amiens zu sehen, die, um 1250 angebracht, den Namen des ersten dort tätigen Architekten Robert de Luzarches nennt. Das bedeutungsvollere Denkmal wurde 1288 beim Verlegen der Steinplatten für den Fußboden der Kathedrale geschaffen: ein Labyrinth, das die ganze Breite des Mittelschiffes einnahm und in dem die Namen aller die Bauausführung leitenden Werkmeister, es folgten noch Thomas und Regnault de Cormont, in kupfernen Lettern eingelegt waren.[80] Schon Viollet-le-Duc beklagte, daß dieses Zeugnis ohne zwingenden Grund vernichtet worden sei. In der Kathedrale von Chartres blieb eine ähnliche Gestaltung erhalten (Abb. 40). In östlicheren Gegenden hinterließen die Meister ihr Konterfei am Kirchenbau und bewiesen dabei viel Einfallsreichtum. Mit den Selbstdarstellungen als Dienstkonsole (Abb. 41), als Porträtbüste (Abb. 42), aus einem Strebepfeiler herausschauend (Abb. 43), als Kanzelträger (Abb. 44) oder im Bereich der Gewölberippen angeordnet (Abb. 45) identifizierten sie sich mit ihrem Bauwerk. Im Straßburger Münster scheint Meister Niclas Hagenowers Büste, auf einer Brüstung aufgelehnt, unmittelbar der Messe zu folgen. Die Meisterzeichen im Admonter Hüttenbuch zeigen, wie gesellschaftliche Repräsentanz aus dem Steinmetzzeichen ein Meisterwappen entstehen ließ (Abb. 46).[81] Die weitgehend in Anonymität wirkenden mönchischen Werkmeister, über die nur wenig bekannt ist, enthielten sich weitestgehend auch solcher Selbstdarstellungen. Insofern erscheint der Schlußstein im Kreuzgang des Klosters Bebenhausen besonders beachtenswert zu sein (Abb. 47 – im folgenden auch Abb. 59).

Berufung eines Werkmeisters und Vergütung Wegen des großen Einflusses, dem ein Werkmeister auf Gestaltung und Baufortschritt des Kirchenbaues ausübte, besaß die Berufung eines Kandidaten in ein solches Amt besonderen Stellenwert. Es ging in der Zeit der Gotik vielfach nicht mehr darum, irgend einen kundigen, sondern einen besonders angesehenen oder protegierten Meister vertraglich zu binden. Aber abgesehen von derartigen prestigeabhängigen Kriterien bedeutete eine solche Verbindung infolge der verhältnismäßig langen Bauzeit eine Beziehung, die sehr häufig erst mit dem Tod des Meisters endete, auch wenn u. U. als Probezeit anfangs kürzere Fristen vereinbart wurden. Bei den schon erwähnten 14 Werkmeistern am Wiener Stephansdom in der Zeit zwischen 1395 und 1520 setzte elfmal der Tod der Tätigkeit ein Ende.[82] Wechsel infolge von Streitigkeiten mit dem Auftraggeber oder wegen lohnenderer Angebote traten verhältnismäßig selten auf.

Die in den Verträgen (Abb. 48) festgelegten Vergütungen für die Werkmeister entsprachen deren Ansehen, blieben jedoch auch abhängig von Vermögen und Rang der Bauherren. Üblich waren jährliche Pauschalbeträge, zu denen sich Tages- oder Wochenbeträge für tatsächliche Arbeit auf der Baustelle addierten. Hoben sich schon diese Beträge von üblichen Verdienstspannen ab, so verbesserten noch Zuwendungen oder Vergünstigungen die wirtschaftliche Situation erheblich. Als Naturalien erhielt der Meister Lebensmittel, Winterholz und Pferdefutter, besonders eindrucksvoll erscheint jener Hinweis, demzufolge Meister Ulrich von Ensingen in Straßburg jährlich ein Fuder Wein (das sind 1200 Liter!) zustand.[83]. Als weitere Vergünstigungen sind Festtagskleider mit Pelz, mietfreies Wohnen oder Unterstützung beim Erwerb eigenen Grundstückes bekannt. Noch interessanter sind die Hinweise auf gewährtes Krankengeld oder auf garantierte Altersversorgung. Einer jener, wenn auch nicht vorwiegend mit Kirchenbauten beschäftigten Werkmeister, Arnold von Westfalen, konnte durch Gewährung von Lohnvorschüssen und mit Unterstützung der wettinischen Landesherrschaft sogar ein Gut (Langenau bei Freiberg in Sachsen) erwerben.[84]

Die Aufzählung mehrerer Arbeitsorte bei bereits erwähnten Werkmeistern erfordert, die Bedingungen für Mehrfachbeschäftigung zu erwähnen. Der Bauherr, der einen Werkmeister unter Vertrag nahm, war natürlich daran interessiert, dessen Wissen und Kraft zuerst dem eigenen Objekt ungeteilt angedeihen zu lassen. Es gab jedoch Fälle, in denen eine zeitweise Nebenbeschäftigung der Werkmeister für die Bauherrschaft erträglich oder gar wünschenswert erschien, z. B. bei reduzierter Bauproduktion als Folge ökonomischer Zwänge. Als Landesherr, Bischof oder Stadtrat konnte man aber auch anderen Partnern politisch verwertbare Verbindlichkeiten erweisen, wenn man den eigenen, hochangesehenen Meister zu diesen sandte, um damit Hilfe zu leisten. Insofern enthielten Anstellungsverträge zumeist eine Klausel, daß der Meister weitere Bauobjekte nur mit Wissen und Erlaubnis seines Bauherren übernehmen durfte. Und es gab Meister, die von solchen Möglichkeiten reichlich Gebrauch machten. Der in dieser Hinsicht meistbeschäftigte Werkmeister ist wohl Ulrich von Ensingen gewesen, der in Mailand, Ulm, Straßburg, Eßlingen und Basel wirkte. Als ebenso vielbeschäftigten, wenn auch nicht so weit gereisten Meister kennt man in Sachsen Conrad Pflüger. Als Nachfolger Arnolds von Westfalen vollendete er ab 1481 die Meißner Albrechtsburg und arbeitete danach an den Stadtkirchen Sankt Thomas in Leipzig und Sankt Peter und Paul in Görlitz, an der Kreuzkirche in Dresden und an der Sankt-Annen-Kirche in Annaberg im Erzgebirge.

Bei Vakanz einer Werkmeisterstelle bewarben sich jüngere Meister durch Empfehlung ihrer Alt-Meister mit Entwürfen für den beabsichtigten Bau. Bei Fortsetzung eines Baues war es ebenfalls üblich, Pläne einzureichen und damit darzulegen, in welchem Maße die Konzeption des Vorgängers zu aktualisieren sei. Eingetretene Stilveränderungen oder neue konstruktive Lösungen, die seit Beginn der Bauarbeiten bekannt geworden waren, berechtigten den jungen Meister dazu, und ein Bauherr erwartete auch derartiges.

Bei der Vergabe des Amtes des Werkmeisters an einen jungen Meister spielte die Vermittlung durch eine Bauhütte oder durch eine Familie, in der sich eine Meistertradition herausgebildet hatte, eine bedeutende Rolle. Es wird in diesem Zusammenhang von »Monopolstellungen«[85] gesprochen. Die Parlerfamilie (Textabb. rechts) dürfte in solchem Zusammenhang unbedingt zu nennen sein. Nur so ist erklärbar, wieso Kaiser Karl IV. einen noch so jungen Meister, der ja seine Eignung in künstlerischer und organisatorischer Hinsicht noch gar nicht hatte unter Beweis stellen können, berief. Und welche hohen Maßstäbe jener Kaiser an Werkmeister auch hinsichtlich ihres Herkommens stellte, hatte er durch die Berufung des Vorgängers bekundet: Matthias von Arras kam aus Avignon, der damaligen Residenz des Papstes, nach Prag. Die Elitestellung der Parlerfamilie wurde nicht zuletzt auch dadurch unterstrichen, daß sich andere, zeitgenössische Meister auf die »Junker von Prag« beriefen. Ein bei vielen Kirchenbauten geübter Brauch bestand darin, die Werkmeisterstelle beim Tod des Vaters an den Sohn oder auch an den Schwiegersohn zu geben. Die Auftraggeber sahen darin eine Gewähr für gute Weiterführung des Baues.

Tätigkeitsbereiche von Werkmeistern Geht man den Tätigkeitsbereichen der Werkmeister nach, so fällt bei einigen erstaunliche Vielfalt auf: sie bauen durchaus nicht nur Kirchen. Villard de Honnecourt beschreibt in seinem Hüttenbuch mechanische Gerätschaften, die zwar zur Ausstattung einer Kirche gehören, deren Entwurf oder Herstellung jedoch sicher nicht vom Baufachmann erwartet würde.[86] Auch zur Waffentechnik weiß er Hinweise zu geben. Als 1248 König Ludwig IX. den Kreuzzug antrat, befand sich im Gefolge Eudes des Montreuil als Festungsbaumeister. Er hatte vorher in Paris den Bau einiger Kirchen geleitet. Moritz Ensinger (Münster zu Ulm – Abb. 49) und Madern Gertner (Dom zu Frankfurt am Main) sind als Büchsenmeister und Schlosser genannt, auch Lorenz Lechler wurde 1503 als Büchsen- und Baumeister – man beachte die Reihenfolge –

- Heinrich, Werkmeister in Schwäbisch Gmünd
  - Johann von Gmünd, Werkmeister in Freiburg und Basel
    - Heinrich von Gmünd, gen. von Freiburg, Baumeister des Markgrafen von Mähren ⚭ Drutginis von Savoyen Tochter des Michael, Werkmeister am Kölner Dom
    - Michael von Gmünd, gen. von Freiburg, Werkmeister in Straßburg ⚭ Ennelin, Tochter des Johann Sesterer
  - Michael Parler, Steinmetz in Goldenkron und Prag
  - Peter Parler, gen. von Gmünd, Dombaumeister in Prag ⚭ Gertrud, Tochter des Bartholomeus von Hamm ⚭ Elisabeth Agnes von Bur
    - Janco (Johann), Steinmetz in Agram
    - Paul
    - 2. Tochter ⚭ Michael von Köln, Steinmetz in Prag
    - 1. Tochter ⚭ mit einem Goldschmied in Prag
    - Johann, Dombaumeister in Prag ⚭ Katharina Helene, Tochter des Jesco von Kuttenberg
      - Johann, Steinmetz in Prag
      - Benedikt
      - Wenzel
    - Wenzel, Dombaumeister in Prag und Wien
    - Nikolaus, Priester in Prag

Die Familie des Peter Parler

berufen. Die Beschäftigung mit dem Brückenbau kann unter diesen Umständen gar nicht mehr als Besonderheit wirken: der Name Peter Parlers ist in Prag auch an die Karlsbrücke gebunden.

Das hohe gesellschaftliche Ansehen einerseits, gleichzeitige Beschäftigung an mehreren Bauten und auch höherer erforderlicher Zeitaufwand für die Planung führten dazu, daß Werkmeister u.U. keine handwerklich-manuelle Tätigkeit mehr ausübten. Sofern in der reflektierenden Literatur solcher Wandel im Werkmeisterleben Erwähnung fand, wurde fast immer auf jenes Zitat des Dominikaners Nicolaus Biard aus der Zeit um 1250 zurückgegriffen: »Die Baumeister sagen, indem sie eine Rute und Handschuhe tragen, den anderen: ›Hier, behaue mir diesen Stein‹ – sie selbst aber arbeiten nichts; dennoch erhalten sie den höchsten Lohn, so wie es auch viele Prälaten machen.«[87] Diesen Worten kann man zeitgenössische Kritik und Satire entnehmen, sie spiegeln aber auch zunehmende, objektiv notwendige Arbeitsteilung wider.

Im 15. Jahrhundert ist die Zeit angebrochen, in der Kirchenbau nicht mehr die Vorrangstellung im Rahmen der Bauaufgaben einnimmt, sondern Festungen und Schlösser immer mehr in diese Stellung drängen. Die Biographien von Meistern in Mitteleuropa an der Schwelle zwischen Gotik und Renaissance weisen es aus: Arnold von Westfalen repariert Brücken und baut Burgen und setzt erst im reifen Alter dem Meißner Domturm die dritte Etage auf. Und Meister Hans von Burghausen, genannt Stethaimer, und Benedikt Ried kommen aller Wahrscheinlichkeit nach von der damals größten Baustelle Europas, der Feste Burghausen, um danach Landshuts Sankt-Martins-Kirche zu bauen bzw. die Sankt-Barbara-Kirche in Kuttenberg zu vollenden. In dieser Zeit konnte es geschehen, daß ein Werkmeister, zur Baustelle eines Landesherren gerufen, dort nicht nur die durch Tradition fixierten Aufgaben wahrzunehmen hatte, sondern darüber hinaus auch andere Bauobjekte im Territorium leiten oder überwachen mußte. Mit den Berufungen des Arnold von Westfalen 1471 durch den wettinischen Kurfürsten und Benedikt Rieds 1489 durch König Wladislaw von Böhmen begann jene Zeit, in der die Bauhütten an bedeutsamen Baustellen des Territoriums zusätzlich die Funktion von Landesbauämtern erhielten, ohne schon als solche bezeichnet zu werden.[88]

Baumeister der Renaissance

Mit dem Beginn der Renaissance in Italien erhielt das Bauwesen vom Kirchenbau her noch einmal Impulse, die bei einer Betrachtung von Entwicklungstendenzen nicht unberücksichtigt bleiben sollten. Die Meister, die dort wirkten, sind hinsichtlich ihrer Ausbildung keinesfalls mit den nördlichen Kollegen zu vergleichen. Sie sind nicht Söhne von Handwerksmeistern, die zuerst das Handwerk lernen, sondern entstammen dem Landadel (wie Michelangelo), aus Patrizierfamilien (wie Alberti und vielleicht auch Bramante) oder Künstlerfamilien (wie

23–26 Kaiser Karl IV., Bischof Ernst von Pardubitz, Bauverwalter Wenzel von Radec, Werkmeister Peter Parler. Büsten im Triforium der Prager Kathedrale. Die Vereinigung der insgesamt 21 Büsten von Menschen unterschiedlicher sozialer Rangordnung zu einem Zyklus gilt für die Entstehungszeit als ungewöhnlich. Peter Parler schuf diese Büsten nach 1375.

De translatione sacri sancti
corpus eius. et mirabili odo
ris fragrantia. Lectio pma.
sanctis suis gloriosus osten
ditur. non est passus solem
obumbrari sub nubilo

RAPHAEL

27 Die Darbietung einer Reliquie während einer Reise von Chorherren aus dem Belleville-Brevier. Um 1340. Bibliothèque Nationale Paris, 6505, Lat.10484 f.218 v.

28 Ablaßprivileg für das Stift Cölln an der Spree vom 17. Oktober 1512. Staatsarchiv Potsdam. Dieses Schreiben, durch die Siegel der Mitglieder des Kardinalkollegiums in Rom bestätigt, legitimierte die Geldeinnahmen zu Gunsten des Baues der Peterskirche in Rom.

29 Vom närrischen Anschlag. Aus Sebastian Brandts »Narrenschiff«. 1494. Dieses mit Dürers Holzschnitten ausgestattete Werk widerspiegelt die Zeiterscheinungen an der Wende zum 16.Jahrhundert. Nicht ohne Anlaß wird auf die Baufinanzierung hingewiesen. Die Bauleute verlassen infolge aussetzender Lohnzahlungen die Baustelle. Der Bauverwalter rauft sich die Haare.

30 Paulskirche in Halberstadt. 13./14. Jahrhundert. Im zweiten Weltkrieg stark beschädigt und 1970 abgetragen. Der romanische Kirchenbau sollte durch einen gotischen ersetzt werden. Nur der Chor konnte vollendet werden. Die Mauerwerksverzahnung am westlichen Chorpfeiler deutet den beabsichtigten weiteren Bauabschnitt an. Wurde am romanischen Bau noch bis in die Mitte des 13. Jahrhunderts gearbeitet, so entstand der neue Chor in der 2. Hälfte des 14. Jahrhunderts.

31 Der Dom St. Peter und Maria in Köln im Jahre 1809. Kupferstich von Adolph Darnstedt nach einer Zeichnung von Angelo Quaglio. Aus dem Domwerk von Sulpiz Boisserée, 1821. Bei Beendigung der Bauarbeiten um 1560 war zwar fast die gesamte Grundfläche unter Dach, aber insgesamt nur etwa 50 % der Bauleistungen vollbracht.

32 Die Vierung der Peterskirche in Rom während der Bauarbeiten, um 1535. Zeichnung aus dem römischen Skizzenbuch des Maarten van Heemskerck, fol 13 r. Staatliche Museen Preußischer Kulturbesitz, Kupferstichkabinett, Berlin (West). In diesem Zustand verharrte das Baugeschehen in Rom etwa in den Jahren 1520 bis 1546. Danach begann eine Phase aktiven Baugeschehens unter Michelangelos Leitung.

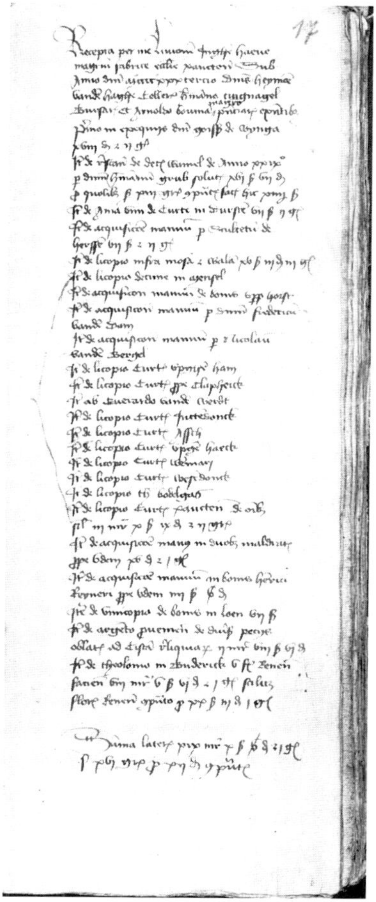

33 Mauerwerksreste des unvollendet gebliebenen Zisterzienserklosters Mariensee am Parsteiner See bei Oderberg. Um 1260 bis 1270. Von den in etwa zehnjähriger Arbeit errichteten Bauteilen blieben nur geringe Reste erhalten.

34 Werkmeister und Bauverwalter am Baseler Münster. Mitte des 12. Jahrhunderts. Trotz der Beschädigungen, die nicht mehr erkennen lassen, was die Männer in den Händen hielten, wird man im linken den Werkmeister und im rechten den Bauverwalter sehen können. Die Inschrift im Mittelfeld zu deren Häuptern lautet: »Öffentlich himmliche Steine werden diese Lebende genannt. Beide nämlich blieben dem Bau der Kirche zugewandt.« (Übersetzung nach Gerstenberg)

35 Blatt aus den Baurechnungen des Jahres 1433 der Stiftskirche St. Viktor in Xanten. Stiftsarchiv Xanten. Die Baurechnungen sind bei diesem Kirchenbau über fast 80 Jahre durchgängig erhalten und gestatten vielerlei Einblicke in das Baugeschehen.

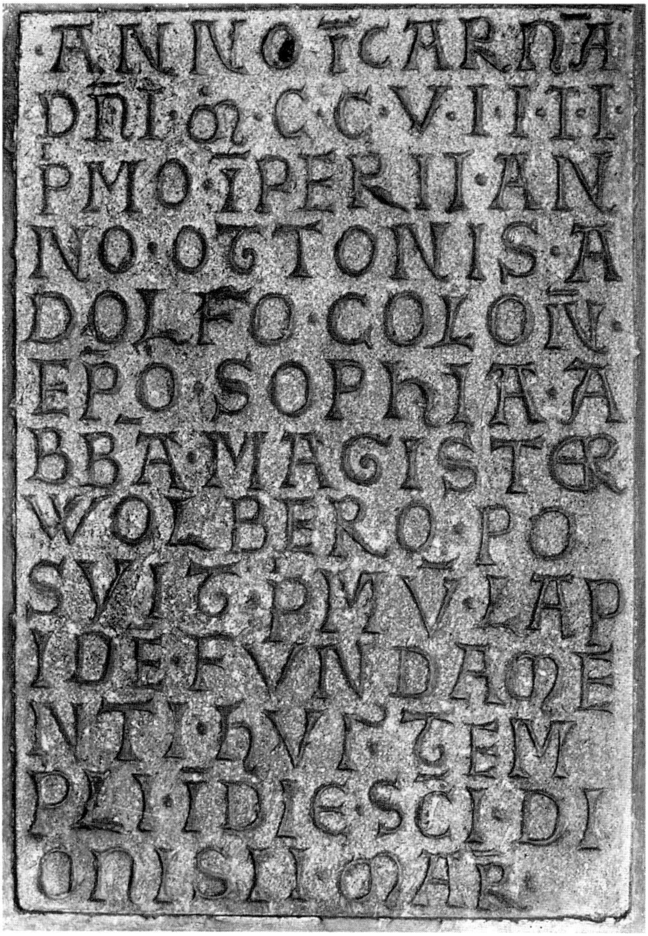

36 Bauinschrift in der Kirche St. Quirin in Neuss, etwa 85 × 60 Zentimeter. 1129. Der übersetzte Text lautet: Im Jahre der Fleischwerdung des Herrn 1129 im ersten Jahr der Herrschaft Ottos, als Adolf Kölns Bischof, Sophia Äbtissin war, hat Meister Wolbero gesetzt den ersten Stein des Fundaments dieses Tempels am Tage des heiligen Dionysius des Märtyrers (Übersetzung nach Binding). Dieser Stein ist eines der frühesten Zeugnisse für das Heraustreten eines Meisters aus der Anonymität.

37 Der anonyme Werkmeister am Dom zu Worms. Um 1180. Bei dieser frühen Werkmeisterdarstellung in der Zwerggalerie des Ostchores laust der Affe den Meister. Aus mittelalterlicher Sicht ist damit dargestellt, daß der Meister von Sorgen oder Zweifeln über das Gelingen des Baues geplagt wird.

König und Werkmeister sprechen über die Ausführung des Baues. Die Darstellungen lassen die Werkmeister als selbstbewußte Verhandlungspartner erscheinen:

38 König Offa besichtigt die Baustelle einer Abtei. Zeichnung des Matthäus von Paris. Mitte 13. Jahrhundert. British Library, London, Cott. Nero D. I fol. 23 v.

39 König Nimrod und sein Werkmeister beim Turmbau zu Babel. Glasmalerei vom Genesisfenster im Chor des Domes St. Marien in Erfurt. Um 1370

40 Kathedrale Notre-Dame in Chartres, Labyrinth im Langhausmittelschiff. Nach 1220. Die Labyrinthe stellen Gedenksteine für die Baumeister dar. Dabei wurde Bezug auf den mythischen Baumeister Dédalus genommen, der dem kretischen König Minos ein Gebäude errichtete, in dem die Orientierung sehr schwierig war.

In den Selbstdarstellungen, die während einer Zeitspanne von drei Jahrhunderten entstanden, tritt der Werkmeister selbstbewußt aus dem von ihm geschaffenen Bauwerk hervor:

41 Meister Bonensac. Dom St. Mauritius und St. Katharina in Magdeburg. Dienstkonsole am nordwestlichen Vierungspfeiler. Um 1245

42 Konrad von Einbeck, Werkmeister der Moritzkirche in Halle a. d. Saale. Um 1410 bis 1415

43 Anonymer Meister – u. U. Jörg Meiher aus Erfurt – an einem Strebepfeiler der Stadtkirche St. Georg in Schmalkalden. 1437 bis 1509 mit Pausen

44 Anton Pilgram als Kanzelträger. Um 1485–1490. Staatliche Museen zu Berlin, Skulpturensammlung. Ursprünglich Stiftskirche Öhringen bei Heilbronn

45 Meister Peter Pfister im Chorgewölbe des Münsters in Bern. Um 1510

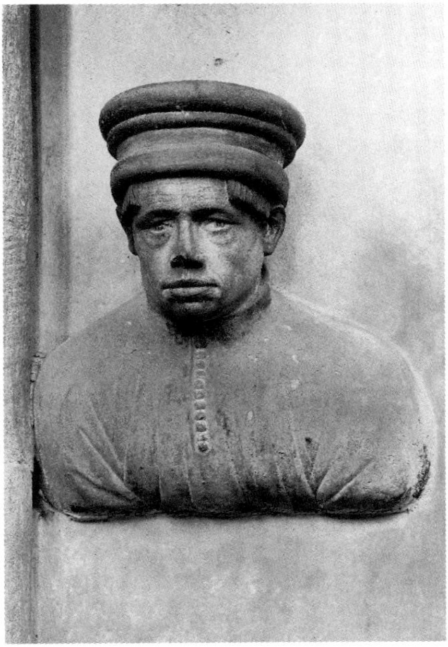

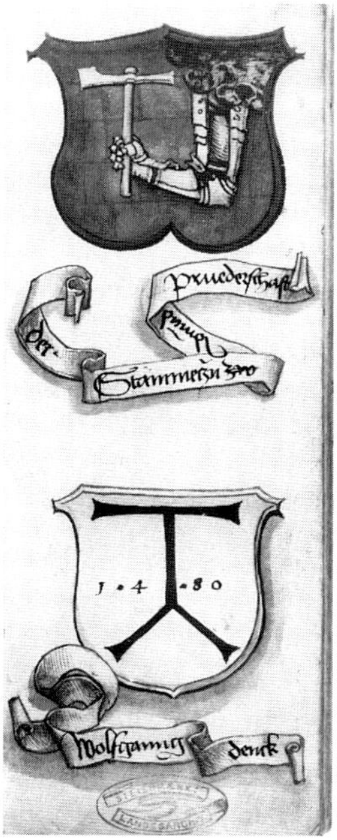
1 · 4 · 80

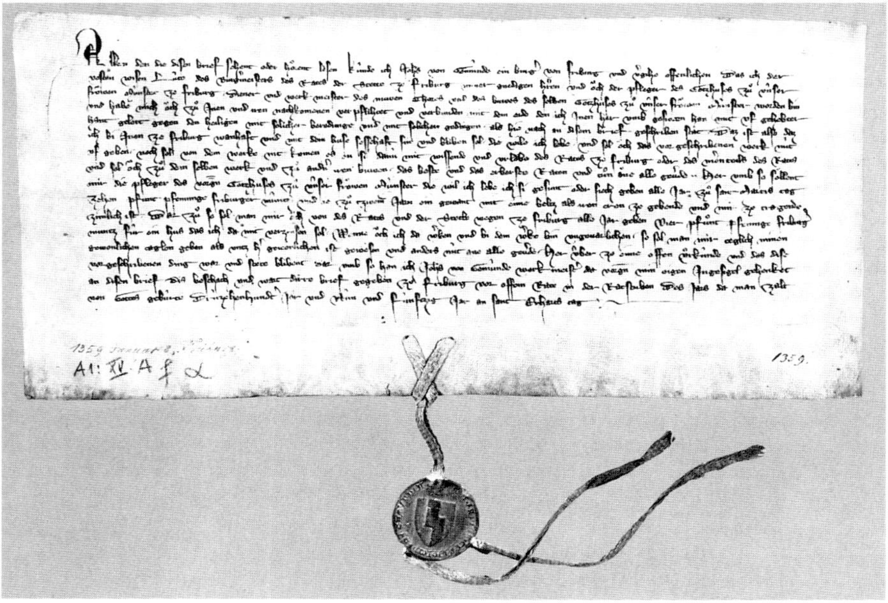

46 Blatt aus dem Admonter Hüttenbuch. 1480 bis 1523. Steiermärkisches Landesarchiv Graz, Hs 1532. Im Hüttenbuch sind die Zeichen der Meister und Gesellen zusammengefaßt. Durch größere und sorgfältigere Darstellungsweise sind die Meisterzeichen hervorgehoben.

47 Darstellung des Apostels Thomas, des Patrons der Bauleute, im Kreuzgang des Klosters Bebenhausen. 1471 bis 1496. Meister Hans von Bebenhausen. Mit dem Fingerzeig der linken Hand auf das Steinmetzzeichen kann man eine Identifikation des Meisters mit seinem Patron vermuten.

48 Anstellungsvertrag des Johann von Gmünd vom 8. Januar 1359. Freiburg im Breisgau, Stadtarchiv, A 1: XV af. Durch diesen Vertrag wurde Johann von Gmünd auf Lebenszeit als Werkmeister – hier als »Pfleger« bezeichnet – beim Münsterbau in Freiburg im Breisgau angestellt.

49 Bildnis des Meisters Moritz Ensinger. Baumeister am Münster in Bern. 1482. Landesmuseum Mainz. Moritz Ensinger hatte am 13. Juli 1481 die Tätigkeit als Münsterbaumeister in Bern aufgenommen. Aber schon um den Jahreswechsel 1482/83 setzte der Tod seinem Schaffen ein Ende.

50 Michelangelo Buonarroti. Gemälde von Marcello Venusti. Um 1550. Museo della Casa Buonarroti, Florenz. Das Gemälde zeigt Michelangelo im Alter von etwa 75 Jahren. Zu dieser Zeit übte er das Amt des leitenden Architekten am Bau der Peterskirche in Rom aus.

Raffael und Ghiberti). So bleibt noch der angesehene Stand des Notars zu erwähnen, aus dem Brunelleschi und Leonardo da Vinci hervorgingen. Mit dieser Aufzählung wären die wichtigsten der italienischen Renaissance-Baumeister genannt: Ghiberti und vor allem Brunelleschi leiteten die entscheidendsten Phasen am Dom Santa Maria del Fiore in Florenz, Bramante und Michelangelo (Abb. 50) sind sicher die bedeutendsten der Werkmeister von Sankt Peter in Rom. Alberti und Leonardo da Vinci könnte man als die Theoretiker dieser Zeit nennen, die ebenfalls bedeutende Beiträge zum zeitgenössischen Kirchenbau leisteten: Albertis Name ist mit der Kirche San Francesco in Rimini verbunden, und Leonardo leistete auf die ihm eigene Art durch Ideenskizzen Beiträge grundsätzlicher Art zum Kirchenbau[89] und für die Vierungskuppel am Mailänder Dom auch Ausführungsskizzen. Die Biographen der genannten Künstler erwähnen die Bauausbildung nicht ausdrücklich. Vor ihrer Baumeistertätigkeit – der Begriff Werkmeister will hier nicht mehr stimmen – waren sie als Bildhauer, Maler, Goldschmiede, als Hausgelehrte oder im diplomatischen Dienst tätig. Um dieses Bildungssystem, seine Tradition und die Möglichkeit, auch im Bauwesen so Richtungsweisendes zu leisten, zu verstehen, bedarf es der Kenntnis des Begriffes der *artifici* und ihres Weges[90].

Spricht man vom Werkmeister und seiner Arbeit, so ist man geneigt, im wesentlichen seine Planungsarbeiten und nachgewiesenen bildhauerischen Werke zu beachten. Diesen Arbeiten konnte er sicher nur den kleinsten Teil seiner Kraft und Zeit widmen. Es galt, Bauarbeiter entsprechend ihren Fähigkeiten einzusetzen, für hinreichende Vorräte an Materialien und Werkzeugen zu sorgen, schwierige Werksteine anzureißen, die von den Steinmetzen angefertigten Werksteine nach Menge und Güte zu kontrollieren und sich um die Ausbildung der Lehrlinge zu kümmern. Und die Auseinandersetzungen mit den Auftraggebern, die meinten, daß für zu viel Geld zu wenig Leistungen vollbracht würden, dürften als zeitloses Gesprächsthema auch schon den mittelalterlichen Werkmeister belastet haben. Wie beredt sind z. B. die Bittgesuche George Bährs, des Schöpfers der Dresdner Frauenkirche, um Gelder für die Fertigstellung dieses Baues zu beschaffen, oder jener Brief Michelangelos aus dem Jahre 1560, aus der Zeit seiner Tätigkeit als Bauleiter der Peterskirche in Rom, in dem er über Intrigen unter den Bauaufsehern und über schlechte Qualität des Materials klagt[91]. Das Bild von den Werkmeistern wird um so vollständiger sein, je mehr sich die Zeugnisse des Geschaffenen durch Berichte über deren Lebensumstände bereichern lassen.

Die Formen der Bauplanung

Über die Methoden der mittelalterlichen Bauplanung, vor allem die gotischer Kirchenbauten, herrschte lange Zeit Unklarheit. Als Ursache hierfür sind viele Publikationen zu sehen, die seit dem zweiten Viertel des 19. Jahrhunderts erschienen. In ihnen wurde davon ausgegangen, daß es Proportionierungsmethoden zur Bestimmung von Bauwerks- und Bauteilabmessungen gegeben habe, die infolge Geheimhaltungsbestimmungen der Bauhütten bei deren Auflösung verloren gegangen seien. Die Kenntnis und die Anwendung dieser Regeln hätte dem mittelalterlichen Werkmeister die Gewähr gegeben, daß das von ihm geplante Bauwerk standsicher und schön sei. Diese vielfach mystisch unterlegte Sicht konnte durch wissenschaftliche Aufarbeitung zeitgenössischer Dokumente, durch neue Funde und durch vergleichende Zeichnung-Bauwerk-Untersuchungen wesentlich qualifiziert werden.

Als notwendige und selbstverständliche Grundlage für die Herstellung eines Bauwerkes gilt heutigentags die Zeichnung. Sie wird einmal angefertigt und danach vervielfältigt. Je nach Größe und Kompliziertheit des Bauobjektes sind zeichnerische Darstellungen in unterschiedlicher Anzahl mit wechselnden Abbildungsmaßstäben unumgänglich. Das geplante Bauobjekt wird durch Übersichten in starker Verkleinerung (1:1000) als Lageplan, durch Ausführungszeichnungen (1:20 bis 1:100) als Grundrisse, Ansichten und Schnitte bis hin zu detaillierten Ausbildungen in natürlicher Größe (1:1) fixiert. In der Phase der Vorplanung und bei der Festlegung komplizierter Details werden die Aussagen von Zeichnungen durch Modelle ergänzt. Diese Perfektionierung ist notwendig, weil die Arbeitsteilung zwischen projektierenden und ausführenden Baufachleuten sehr weit fortgeschritten ist und zunehmender Ausstattungsgrad moderner Bauten immer mehr Gewerbezweige bei der Ausführung der Arbeiten zusammenführt.

Im Mittelalter mag die Bauplanung in mancherlei Hinsicht einfacher verlaufen sein. Die Vermutung sei wie folgt begründet:
Weniger fortgeschrittene Arbeitsteilung beließ Bauplanung und Bauleitung üblicherweise in den Händen des Werkmeisters, ungeklärte Detailausbildungen fanden im Gespräch am Arbeitsplatz ihre Lösung.
Der Baufortschritt verlief langsamer, der Werkmeister verfügte dadurch über die Zeit, Detaillösungen dann auszuarbeiten, wenn der Bauablauf dies erforderte.
Die Bauarbeiten waren hinsichtlich des Zusammenwirkens der unterschiedlichen Baugewerke leichter überschaubar.

Es wäre sicher nicht richtig, einer allgemeingültigen »mittelalterlichen« Methode der Bauplanung nachspüren zu wollen. Die notwendige Planungsarbeit wird von Fall zu Fall in Abhängigkeit von der Qualifiziertheit des Werkmeisters, der Art und Größe des Kirchenbauwerkes und dem Stand der Bautechnologie sehr unterschiedlich verlaufen sein. Zunehmende Verflechtung und Durchdringung von Bauteilen und größere Formenvielfalt beim gotischen Bauwerk und der Beginn serienmäßiger Vorfertigung von Werksteinen werden zweifellos größeren Planungsaufwand erfordert haben als bei einer romanischen Kirche.

Zeichnungen aus der Entstehungszeit mittelalterlicher Kirchen sind erhalten. Ihre Zahl wird auf etwa 2200 Exemplare geschätzt[92]. Ein Bezug zwischen Zeichnungen und bestimmten Bauwerken ließ sich in einigen Fällen finden. Von der Masse mittelalterlicher Bauten sind keine Zeichnungen erhalten. Wo blieben sie? Die Frage erhält eine besondere Bedeutung dadurch, daß mit Ausnahme jenes berühmten Klosterplanes von Sankt Gallen (Abb. 51) – es ist ein Lageplan, und er entstand in der Zeit um 820[93] – die Zeichnungen frühestens aus dem 13. Jahrhundert stammen. Dieses Vakuum im Zeichnungsbestand vor der Mitte des 13. Jahrhunderts ließ die Ansicht aufkommen, man habe damals ohne Zeichnungen gebaut[94]. So gilt es zu prüfen, ob es vor dem 13. Jahrhundert keine Zeichnungen gegeben hat, oder Gründe zu suchen, warum sie nicht erhalten blieben.

Archäologische Funde und antike Literatur belegen die Existenz graphischer Darstellungen von Bauwerken und Bauteilen aus mesopotamischer, ägyptischer und griechischer Kultur auf Beschreibstoffen, Stein oder Tontafeln. Der allgemein zur Information über frühes römische Bauen herangezogene Vitruv erwähnt Zeichnungen als etwas Bekanntes, Notwendiges und Selbstverständliches. Vitruv nennt in seinem ersten Buche drei Arten von Zeichnungen:
die *ichnographia* (den Grundriß),
die *orthographia* (das aufrechte Bild, die Ansicht) und
die *scaenographia* (die räumliche Wiedergabe von Fassaden und zurücktretenden Seiten).[95]

Die Darstellung auf einer spätrömischen Grabplatte zeigt einen Architekten vor seiner tischhoch auf zwei Böcken liegenden Zeichentafel (Abb. 52). Somit scheint eine, wenngleich nur durch wenige Beispiele gestützte Kontinuität der Existenz von Bauzeichnungen bis in die Zeit, in der erste Kirchen errichtet wurden, gegeben zu sein. Das erwähnte Vakuum bestünde demzufolge zwischen dem 4. und dem 13. Jahrhundert. Geht man davon aus, daß *ichnographia* und *orthographia* jene Bilder waren, von denen der die Bauausführung leitende Meister Maße abgriff, so diente die *scaenographia* vor allem dazu, das beabsichtigte Aussehen des geplanten Baues darzustellen. Ist es denkbar, daß Architekturdarstellungen auf spätrömischen Wandmalereien oder in mittelalterlichen Buchmalereien (Abb. 53) nach Vorbildern solcher *scaenographicae* ausgeführt wurden? Hier ein bejahendes Zitat: »Es sind keine ottonischen Baurisse erhalten. Doch möchte sich in den Baudarstellungen der Miniaturen die Art der verlorenen Bauzeichnungen wiedererkennen lassen. Damit aber gewännen wir, unabhängig von unseren säkularen Meinungen und viel direkter als unsere Vorstellungen, Einsichten in die Methoden ottonischen Bauens und Planens …«[96] Die nicht unähnliche Art, Baukörper räumlich darzustellen, die seit römischen Darstellungen bis hin zu Villard de Honnecourt im 13. Jahrhundert zu beachten ist, legt zumindest für diese Art der Zeichnung eine Kontinuität im betrachteten Zeitraum nahe.[97]

Der Mangel an Zeichnungen von Bauwerken von der Römerzeit bis in das 13. Jahrhundert möchte daher durch Verlust erklärt werden. Pergament und später Papier – um solche Beschreibstoffe handelt es sich vorwiegend – waren immer durch Feuer und Wasser besonders stark gefährdet. Wenn man in der so wechselvollen Geschichte Urkunden besonderen Schutz angedeihen ließ, so bezogen sich diese vor allem auf den Beleg erworbener Rechtstitel (Schenkungen, Tauschgeschäfte, Käufe u. a. m.). In diesen Jahrhunderten meinte man aber, daß das in Stein Gebaute ewigen Bestand habe und schloß daraus, daß sich die Aufbewahrung einer Bauzeichnung nach Fertigstellung eines Baues erübrige. Infolge des Wertes, den die Zeichnungsträger darstellten (Pergament und Papier waren sehr teure Materialien), kam eine direkte Vernichtung nicht in Frage. Man radierte bzw. schabte die Zeichnungen aus und verwendete den so neu gewonnenen Beschreibstoff (Palimpsest) bzw. freigebliebene Rückseiten. Solcher Weiterverwertung verdankt man den Besitz bedeutsamer Zeichnungen: jener Sankt Gallener Klosterplan geriet in die Klosterbibliothek, weil auf seiner Rückseite im 12. Jahrhundert die Vita des heiligen Martin verzeichnet wurde, die als Reimser Palimpseste berühmt gewordenen Zeichnungen aus der Zeit nach 1250 gelangten wegen der auf den ausradierten Flächen verzeichneten Namenslisten der Reimser Kapitelangehörigen in das Klosterarchiv, und jene als Stuttgarter Risse bekannt gewordenen Zeichnungen aus der Hütte des Peter Parler, teilweise vermutlich sogar von ihm selbst verfaßt, blieben als Steuerlisten erhalten.[98] Jedes Mal half der Zufall, diese Zeichnungen zu finden. Sofern eine Zeichnung tatsächlich dazu gedient haben sollte, daß man Maße und Zierformen für die Bauausführung abnahm, so wird deren Zustand infolge Verwischen, Schmutz oder Beschädigung eine Aufbewahrung zum Zweck weiterer Verwendung sinnlos erscheinen lassen haben. Auch eine weitere Benutzung des Beschreibstoffes wäre dann nicht gegeben gewesen. Sicher besteht ein Zusammenhang zwischen den angedeuteten Verlustmöglichkeiten und der Tatsache, daß es sich bei den erhaltenen Zeichnungen vorwiegend um solche fiktiver oder unvollendet gebliebener Bauten handelt. Die Zeichnungen der zuerst genannten Gruppe können als Übungsarbeiten von Meisterschülern entstanden sein. Sie begann man aufzubewahren, als sich in den Dombauhütten ein Traditionsbewußtsein herausbildete. Die an zweiter Stelle genannten Zeichnungen blieben in der Hoffnung liegen, günstigere Bedingungen würden einen Weiterbau ermöglichen.

Insgesamt lassen sich seit dem 13. Jahrhundert zwei Tendenzen im Umgang mit Zeichnungen verfolgen: Sich ausbildendes Traditionsbewußtsein von Bauhütten und Meisterfamilien führte zu Sammlungen von Zeichnungen, andererseits traten in der Kombination individueller Achtlosigkeit und gesellschaftlicher Ereignisse massiert Verluste ein. Der erwähnte Stuttgarter Steuerschreiber erhielt die Parler-Zeichnungen auf dem Wege über eine Makulaturverwertung, nachdem bei Einführung der Reformation in Baden-Württemberg im Jahre 1542 Amtsstellen der bisherigen Kirchenorganisation, und darunter fiel das Stuttgarter Hüttenarchiv, aufgelöst wurden. Man darf gerade in solchen Ereignissen die Ursache dafür vermuten, daß in den Kernländern der Reformation besonders wenig Zeichnungsbestände erhalten blieben. Aber selbst im 19. Jahrhundert, als nicht zuletzt durch Sulpiz Boisserées Wirken um die Vollendung des Kölner Dombaues in ganz Deutschland Verständnis für den Wert alter Zeichnungen zu wachsen begann, traten noch eklatante Verluste ein. Aus dem Zisterzienserkloster Neuzelle gelangte bei dessen Auflösung im Jahre 1806 fast eine Tonne Aktenmaterial in eine Papiermühle, den gleichen Weg nahm 1850 das Regensburger Dombauhüttenarchiv. Nur weniges konnte gerettet werden. Es bleibt ein Letztes nachzutragen: Eine den Bestand von Zeichnungen immer gefährdende Eigenart liegt in deren gelegentlich sehr großem Format begründet (Abb. 54). Die Zeichnungen der Turmfassade vom Wiener Stephansdom z. B. sind knapp 5 Meter lang. Blätter solcher Größe ließen sich nur mühsam aufbewahren und fielen deshalb in verstärktem Maße der Vernichtung anheim.

Eine Skizze als Vorstufe zu einer Zeichnung kann bereits einen hohen Informationsgehalt über das tatsächliche oder beabsichtigte Aussehen eines Produktes enthalten. Der Gebrauch von Zeichnungen, und wenn noch so einfach, wird daher allgemein früher angesetzt als der jeglicher Schriftsprache.[99] Das zeichnerische Darlegen von Formen wird um so unverzichtbarer, je komplizierter und je arbeitsteiliger ein Gegenstand zu fertigen ist. Der seit dem 4. Jahrhundert trotz aller Diskontinuität zu verzeichnende Stand der Bauproduktion läßt es ganz einfach unvorstellbar erscheinen, daß die hier besonders betrachteten Bauwerke ohne zeichnerische Vorarbeit entstanden sein könnten. So sei schließlich nochmals festgestellt, daß das Fehlen von mittelalterlichen Bauzeichnungen vor dem 13. Jahrhundert nicht die Folgerung zuläßt, daß es in jener Zeit keine Zeichnungen gegeben hätte.

Die meisten der heute bekannten alten Zeichnungen erhielten sich in den Sammlungen der Bauhütten und der Werkmeister. Beide Sammlungsgruppen sind hinsichtlich der Eigentumsansprüche nicht exakt trennbar. Vor gleichen Schwierigkeiten scheinen auch verschiedene Meister des 15. Jahrhunderts gestanden zu haben, wie Berichte über Rechtsstreitigkeiten aussagen. Grundsätzlich gingen Zeichnungen, die ein junger Meister bei der Bewerbung um das Amt des Werkmeisters für einen Kirchenbau vorlegte, und alle danach während der Ausübung dieser Tätigkeit für den Bau hergestellten in den Besitz der Bauhütte und damit des Auftraggebers über. Ein diesbezüglicher Vertragstext von Moritz Ensinger, im Jahre 1470 mit dem Ulmer Münsterpfleger abgeschlossen, ist überliefert.[100] Meister Niclas Queck, bis 1497 Werkmeister am Dom zu Frankfurt am Main, verstieß gegen diese Regeln und wurde noch nach 6 Jahren – er arbeitete unterdessen in Mainz – zur Herausgabe mitgenommener Turmzeichnungen gezwungen. Es muß aber auch privaten Besitz an Zeichnungen der Meister gegeben haben, sonst könnten diese nicht Gegenstand testamentarischer Verfügungen gewesen sein. Zeichnungen, aus Mehrfachbeschäftigungen resultierend, Schülerarbeiten und nicht angenommene Entwürfe ließen hier fließende Grenzen entstehen. Die wohl größte Sammlung erhaltener alter Zeichnungen befindet sich in Wien und wurde publiziert.[101]

Seit jener Suche nach Rissen vom Kölner Dom durch Sulpiz Boisserée zu Beginn des 19. Jahrhunderts versuchte man, diesen handwerklich-technische Aussagen für den Weiterbau zu entnehmen. Die damaligen Kenntnisse vom mittelalterlichen Bauwesen gestatteten jedoch noch nicht, den tatsächlichen Gehalt solcher Zeichnungen in vollem Umfang zu erkennen.[102] Ursache für ein mehr als 100 Jahre währendes Rätsel um Zeichnungs- und Baumaße und das Ausweichen in angebliche und geheimnisvolle Proportionierungsmethoden sieht man heute in zwei Gründen : Der Vergleich aus Zeichnungen entnommener Maße mit vermutlich entsprechenden Bauteilen führte zu unbefriedigenden Ergebnissen, weil die Zuordnung von Zeichnungen und Bauwerken nicht zweifelsfrei sichergestellt war und weil die bis zu 5% betragenden Maßänderungen des Beschreibstoffes (Schwundmaße von Pergament und Papier) unberücksichtigt blieben. Weiterhin wurden gelegentlich die zweifellos seltenen Maßeintragungen auf Zeichnungen übersehen. Es wird noch zu begründen sein, wie mittelalterliche Werkmeister trotz so weniger Maßeintragungen nach den Zeichnungen arbeiten konnten. Heute weiß man, daß die Außen- und Innenmaße der Bauten runde dezimale oder duodezimale Vielfache der aktuellen Maßeinheiten betrugen. Die gebräuchlichen Maßstäbe bewegten sich ebenfalls in duodezimalen Reihen in einem Verkleinerungsverhältnis von 1:12, 1:16 und so fort bis 1:192. Weitere Schwierigkeiten im Verständnis solcher Zeichnungen ergaben sich bei Übergängen von einem Bauabschnitt zum anderen, für die die Zeichnungen nicht in einem Arbeitsschritt entstanden und wo u. U. Anpassungen infolge von Planänderungen notwendig wurden. Als besonderes Beispiel steht hierfür eine Gruppe von Zeichnungen vom Westteil des Kölner Domes.[103]

Alle überlieferten Zeichnungen lassen sich auf die von Vitruv bezeichneten Typen zurückführen: es gibt Grundrißzeichnungen (Abb. 55), Ansichts- bzw. Aufrißzeichnungen, seltener Schnittdarstellungen und räumliche Zeichnungen. Im deutschen Sprachgebrauch des 15. und 16. Jahrhunderts heißen sie verallgemeinernd »Riß«, »Plan« oder »Visierung«, und im französischen kennt man den Begriff *esligement* für Grundriß und *montée* für Aufriß bzw. Ansicht.

Das Modell als Gegenstand der Bauplanung

Spricht man von mittelalterlicher Bauplanung, so darf man nicht nur Zeichnungen erwähnen, es gehören – wie auch heute noch – Modelle in den Kreis der Betrachtungen. Der im Lesen einer Zeichnung u. U. ungeübte Bauherr beurteilte nach dem Modell den ihm unterbreiteten Bauplan (Abb. 56). Der Werkmeister stellte durch dieses Modell ein Gesamtkonzept dar, das er nach Billigung entsprechend der bereits erwähnten Bauabschnitte bei Anfertigung der Zeichnungen detaillierte. Modelle in den Händen von Stiftern, Weiheheiligen, Bauherren und Werkmeistern (Abb. 57 bis 59), in kunstgeschichtlichen Betrachtungen vorwiegend symbolisch gedeutet, besitzen daher eine wesentlich konkretere Bedeutung. Modellen kam aber während des Bauablaufes noch eine weitergehende Bedeutung zu, über die beim weiteren Verfolgen der Arbeit eines Meisters noch zu sprechen sein wird. Während die in den Abbildungen 56 bis 59 gezeigten Modelle noch bequem getragen werden können, hielten Bauherren gelegentlich größere Dimensionen für erforderlich (vgl. Abb. 178). Einen besonderen Aufwand betrieben die Bologneser Bürger. Sie ließen in Vorbereitung ihres Dombaues ein Modell im Maßstab 1:12 (!) aus Gips und Mauerwerk errichten. Die Länge des Modelles betrug 20 Meter. Es wurde 1406 abgerissen.

Baumaße von Vorbildbauten, aus biblischen Berichten und aus Zahlenlehren

Für das Festlegen der Proportionen und Maße eines Bauwerkes oder eines seiner Teile bzw. der anzuwendenden Schmuckelemente griffen die Meister aller Zeiten auf den Erfahrungsschatz zurück, der in bereits geschaffenen Bauten und gesammeltem Wissen bereitstand. Nicht von ungefähr steht im Vergleich von Entsprechungen oder Ähnlichkeiten bei Bauwerken und Bauteilen ein Arbeitsmittel architekturgeschichtlicher Forschung bereit. Der mittelalterliche Werkmeister erschloß sich diesen Erfahrungsschatz im Rahmen seiner Ausbildung und auf den Wanderungen im Anschluß an die Lehrzeit. Es wird jedoch auch von Reisen berichtet, die Meister im Auftrag von Bauherren zu solchen Vorbildbauten durchführten.

Bereits seit dem 8. Jahrhundert fanden die konstantinischen Stiftungsbauten nördlich der Alpen Nachahmung. Die Fahrt nach Rom oder gar nach Jerusalem oder Bethlehem bedeutete dabei nie nur die Erledigung einer Dienstaufgabe, sondern gewann als Pilgerreise auch große persönliche Bedeutung (siehe Abb. 21). Selbst in der Zeit besonders schwieriger Reisebedingungen vor und während des ersten Kreuzzuges im 11. Jahrhundert sind derartige Reisen überliefert: Das Fuldaer Kloster des 9. Jahrhunderts als Entsprechung von Alt-Sankt-Peter in Rom, Sankt Maria im Kapitol in Köln mit dem der Geburtskirche von Bethlehem ähnlichen Grundriß und die Bauwerke in Ravenna und Konstantinopel als Anregungen für die Pfalzbauten Karls des Großen seien als Beispiel genannt.[104] Jener in der Architekturgeschichtsschreibung über das 12. Jahrhundert so besonders ausgezeichnete Abt Suger von Saint-Denis informierte sich intensiv über die Eindrücke der aus Jerusalem heimkehrenden Pilger, um daraus Erkenntnisse für seine eigenen Bauabsichten gewinnen zu können. Seit dem 13. Jahrhundert gewannen in zunehmendem Maße die in dem neuen Baustil errichteten Kathedralen die Vorbildbedeutung. Der Werkmeister, der sich um die Leitung eines bedeutenden Neubaues bemühte, mußte diese kennen. Der um 1235 nach Ungarn reisende Villard de Honnecourt besaß in seinem Skizzenbuch Aufzeichnungen von Teilen der Kathedralen in Laon (Abb. 60 und 61) und Reims. Die Türme von Laon wurden oft als Prototypen gewählt. In den Westtürmen der Dome in Bamberg und Naumburg (Abb. 63 und 64) sah man eine Formenübernahme von Laon, jetzt wird solches auch von der Kollegiatskirche in Mantes oder von der Kathedrale in Ely für möglich gehalten.

Es wurde bereits auf das Bemühen hingewiesen, aus biblischen Berichten konkret genannte Maße vom Salomonischen Tempel (1. Kön 5–7 und 2. Chron 1–4), solche aus der Vision vom Tempelbau des Propheten Hesekiel (Hes 40–43) oder auch die vom Tabernakel des Moses (2. Mose 31 bzw. 35) und der Arche des Noah (1. Mose 6, 15 und 16) auf geplante Bauten zu übertragen. Biblischer Bezug und eine Zahlenmystik, ja sogar »Zahlentheologie«, die im Neuplatonismus und Neupythagoreismus ihre Quellen haben und die seit den Kirchenvätern zur Interpretation des Universums herangezogen wurden, bildeten eine weitere Grundlage, um Maße zu finden. Aus den Worten »... du hast alles nach Maß und Zahl und Gewicht geordnet ...«[105] glaubte man entnehmen zu können, das Universum sei nach geometrisch bestimmten Proportionen geschaffen, und schlußfolgerte, daß auch die Kirche institutionell und baulich so zu errichten sei. Die mit christlichem Sinn unterlegte Bedeutung der Zahlen vor allem im Bereich zwischen 1 und 12 und weiterer, daraus abgeleiteten spielte dabei eine besondere Rolle[106]. Daß in diesem Zusammenhang geometrische Elementarfiguren wie das Quadrat und das gleichseitige Dreieck besondere Bedeutung erhielten, liegt nahe. Die hieraus abzuleitenden Regeln – so glaubte man – gewährleisten nicht nur Schönheit des Bauwerkes, sondern garantierten auch seine Standsicherheit.

Die Bauhüttenbücher

Mit dem schon zitierten Bauhüttenbuch des Villard de Honnecourt wurde bereits jene Gruppe von Hilfsmitteln der Werkmeister in die Betrachtung einbezogen, der für Bauplanung und Wissenssammlung große Bedeutung beizumessen ist.

Man darf davon ausgehen, daß der junge Geselle, der sich mit der Absicht trug, die Laufbahn eines Meisters einzuschlagen, jede sich bietende Gelegenheit wahrnahm, um sich im Zeichnen zu üben. Die vorgeschriebene Wanderzeit bot dann auch die geeigneten Motive dazu. So gesehen sollte man davon ausgehen, daß jeder Werkmeister über ein Skizzenbuch verfügte. Inwieweit es ihm und seinen Erben aufbewahrungsbedürftig erschien, mag dahingestellt sein. Villards Buch wurde offenbar weitergegeben und von späteren Besitzern sogar ergänzt. Leider blieben nur wenige solcher Hefte erhalten. Ob ein zukünftiger Meister die sich ihm bietenden Motive chronologisch oder thematisch gegliedert im Heft niederlegte, blieb seiner Neigung und Veranlagung vorbehalten. Die recht streng eingehaltene thematische Gliederung bei Villard und die so besonders hinweisenden und lehrhaften Texteintragungen lassen jedoch vermuten, daß dieses Heft zum Zweck einer Lehrtätigkeit angelegt wurde (Abb. 62). Hefte anderer Meister enthalten Zeichnungen und Texte in kaum geordneter Folge (Wiener Heft vom Ende des 15. Jahrhunderts und das Jacob Frachts aus Andernach) oder auch nur Zeichnungen ohne Texte (Frankfurter Heft des Meisters W.G. von 1572). So bliebe noch die vorwiegend verbale Form der Unterweisung, wie sie von Lorenz Lechler (Lacher) 1516 gewählt wurde: nicht als Merkbuch für eigenen Gebrauch, sondern als Erfahrungsschatz zu belehrendem Zweck für den Sohn Moritz verfaßt. An der Schwelle zur Neuzeit sind auch zwei im Druck erschienene Hefte zu nennen: das von Matthäus Roriczer, Dombaumeister von Regensburg, 1486, und das von Hans Schmuttermayer aus Nürnberg, zu etwa gleicher Zeit. Wenngleich durchaus nicht alle Hefte mehr im als »Mittelalter« bezeichneten Zeitraum entstanden, enthalten sie doch alle mittelalterlichen Erfahrungsschatz. Die Erforschung dieser wertvollen Dokumente führte zu Differenzierungen und unterschiedlichen Bezeichnungen wie Bauhüttenbuch, Steinmetzbuch oder Architekturmusterbuch. Für die hier beabsichtigte Aussage sind diese Unterscheidungen ohne Belang.[107] Die Tatsache, daß schon in einer sehr frühen Phase des Buchdruckes solches Wissen der neuen Kommunikationsform anvertraut wurde, läßt erkennen, was von der so oft beschworenen Geheimhaltung von Bauhüttenerfahrungen zu halten ist.

Die Hefte enthalten insgesamt thematische oder freie Motive für die bildhauerische Darstellung, Grund- und Aufrisse von Bauabschnitten (Chöre, Türme, Gewölbefelder), Gestaltungen von Fußbodenbelägen, Hilfskonstruktionen für das Anreißen von Werksteinen, Gerüstdarstellungen und anderes mehr. Besonders weit ist die Themenwahl bei Villard gefächert. Er und die Nachnutzer seines Heftes bieten auch solche geometrische Konstruktionen an, für die heute keine praktische Verwendung erkennbar ist, und zeigen liturgische Geräte. Ist bei Villard ein medizinisches Rezept noch als Behandlungshinweis für einen verunglückten Bauarbeiter denkbar, so fehlt dieser Bezug bei dem Rezept für guten Haarwuchs im Wiener Buch.

Sehr wesentliche Informationen zur Bauwerks- und Bauteildimensionierung sammelten Werkmeister aus eintretenden starken Rißbildungen oder gar Einstürzen. Sofern die Ursache hierfür nicht offenkundig in der Verletzung von Handwerksregeln bei der manuellen Ausführung des Entwurfes zu erkennen war, suchten sie die Quelle des Übels in den Bauwerksproportionen. Es ist erstaunlich, welch reichen Erfahrungsschatz mittelalterliche Werkmeister aus solchen Beobachtungen herausfilterten. Wie wäre sonst das Zustandekommen jener Dimensionierungsregel zu erklären, bei der Lorenz Lechler die Dicke einer Mauer in Abhängigkeit von der Qualität des Mauerwerks, letztlich vom Bearbeitungsgrad der verwendeten Steine, vorschlägt?[108]

Mit Absicht wurde bisher vermieden, die Begriffe »Quadratur« und »Triangulatur« in die Betrachtung einzuführen. Diese Begriffe sind durch eine mehr als 100jährige Fehlinterpretation so stark abgenutzt, daß es sinnvoll erschien, die Planungs-, insbesondere die Dimensionierungsmethoden ohne entsprechende Bezüge darzulegen. Dabei wurde die Nutzung geometrischer Grundfiguren wie Quadrat und gleichseitiges Dreieck nicht ausgeschlossen, sondern als üblich dargestellt. Aus dem Gebrauch dieser Grundfiguren allgemeingültige Proportionierungsmethoden ableiten zu wollen, mißlang. Auch der als Beweis für die Existenz solcher Methoden vielfach herangezogene Ausspruch »... ars sine scientia nihil est .../ ... daß die Kunst ohne die scientia (Wissenschaft) nichts sei ...«, den Jean Mignot im Rahmen des Streites um die Wahl der Mittelschiffhöhe des Mailänder Domes am 25. Januar 1400 geäußert hat, erwies sich als aus dem Zusammenhang gerissen und fehlinterpretiert.[109] Es steht außer Zweifel, daß die »Quadratur« dann eine Rolle spielte, wenn vom Grundmaß eines kleinen Bauteils, z. B. dem Basismaß einer Fiale, kleinere Maßbeträge durch Reihen jeweils halbierter Quadratdiagonalen wie

$$a : \frac{a}{2}\sqrt{2} : \frac{a}{2} : \frac{a}{4}\sqrt{2} : \frac{a}{4} \quad \text{u. s. f.}$$

gefunden wurden (Abb. 65). Das dabei entstehende Verhältnis von 1:0,707 gab Hans Schmuttermayer mit 1:2/3 an. Da dieses Maß beim Anreißen eines Steines, der zur Fiale gehauen werden sollte, nicht rechnerisch, sondern graphisch übertragen wurde, spielte der Fehlerbetrag keine Rolle. Wenn Matthäus Ensinger beim Münsterbau in Bern aus der lichten Breite des Chores – dem selben Ausgangswert, von dem Lorenz Lechler ausging – mehrfach verkleinernd über die halbierte Diagonale weitere Baumaße bis hin zur Mauerstärke des Chorraumes fand, so spricht das im konkreten Falle durchaus für die Anwendung einer Bauwerksdimensionierung im Grundriß nach der Quadratur-Regel auch im Großen, wobei Einschränkungen angezeigt erscheinen.[110]

Faßt man zusammen, wie Werkmeister Bauwerks- und Bauteilabmessungen festlegten, so bleiben folgende Elemente beachtenswert:
Sie orientierten sich auf Bauwerke, die ihnen als Vorbilder vorgeschrieben wurden oder die sie dem Bauherren aus eigener Anschauung vorschlugen.
Sie waren veranlaßt, auf Grund eines anderen Repräsentationsprogrammes oder neuer liturgischer Gepflogenheiten und auch infolge örtlicher Gegebenheiten (Anpassung an Geländeverhältnisse oder Rücksichten auf Nachbarbebauung bzw. einzubeziehende Bausubstanz des Vorgängerbaues) Veränderungen gegenüber dem Vorbild vorzunehmen.
Sie fixierten für die Basisabmessungen runde Maßzahlen. Dabei fanden das dezimale und das duodezimale Zahlensystem oder beide gleichzeitig Anwendung.

Sie legten der Begrenzung von Bauwerksteilen geometrische Figuren, insbesondere vom Quadrat und gleichseitigen Dreieck ausgehend, zugrunde. Die Einbeziehung der Zahlensymbolik in die zu wählenden Figuren oder die Anzahl von Figur-Elementen verlor dabei die anfangs so große Bedeutung.
Sie sammelten Erfahrungen aus Bauwerksschäden und versuchten, diese zu verallgemeinern.

Berücksichtigt man, in welchem Maße nun ein von vielen Faktoren beeinflußter Plan noch während der Ausführung operativ notwendigen Änderungen unterworfen sein konnte, so wird klar, wieso es im allgemeinen nicht gelang, die vor Jahrhunderten getroffene Wahl von Baumaßen in der Gegenwart nachvollziehen zu können.

Die Zeichenarbeiten

Die erhaltenen Zeichnungen aus der Zeit seit dem 13. Jahrhundert lassen erkennen, daß sich die Zeichenarbeit der Werkmeister und ihrer Schüler nicht grundsätzlich von heutiger Arbeitsweise unterschied. Als Arbeitsmittel dienten Reißbrett, Reißschiene, Reißfeder, Blindrillenstift (zum Vorzeichnen), Winkel und Zirkel (Abb. 66). Zum Vorreißen und Konstruieren benutzte man den Blindrillenstift und drückte die Linienzüge in das Papier (Pergament) ein. Derartige »Blindrillen« sind bei starkem Seitenlicht auf alten Zeichnungen gelegentlich noch erkennbar. Nachgezeichnet wurde mit Tusche oder Tinte mittels der Reißfeder, durch Lineal und Zirkel geführt. Dabei ergab sich eine gleichbleibende Strichstärke. Ornamente zeichneten die Meister freihändig oder mit Hilfe von Schablonen mit Kiel- oder Rohrfeder. Die so gezeichneten Linien weisen eine Charakteristik auf, die aber nicht als grafisches Gestaltungsmittel genutzt wurde.

Interessant erscheint, daß das heute so selbstverständlich genutzte Konstruieren im Grundriß-Aufriß-Verfahren, also einem gleichzeitigen und wechselseitg bedingten Arbeiten an Grund- und Aufriß bei den überlieferten Zeichnungen nicht erkennbar ist: nach Ansätzen bei Roriczer und Schmuttermayer legte erst Albrecht Dürer diese Arbeitsmethode als Lehrbeispiel in ausgereifter Form vor, wobei er sich ausdrücklich auf praktische Erfahrungen der Steinmetzen berief.[111] Man kann jedoch vermuten, daß die Grundriß-Aufriß-Bezüge zumindest für den Gewölbebau schon wesentlich eher auf den Reißböden bei der Herstellung der Lehrgerüste genutzt wurden.

Die Planungsarbeit des mittelalterlichen Werkmeisters zeichnete sich nicht durch jene Perfektion heutiger Projektierung von Großbauten aus, sie ging nahtlos, quasi als »gleitende Projektierung«, in die Bauausführung über, indem solche Details, die stärkere Gliederung erforderten, im Originalmaßstab 1:1 aufgezeichnet wurden. Dazu nutzten die Meister entweder einen eigens dafür hergestellten Reißboden als Balkenlage mit Dielung oder Steinflächen in schon fertiggestellten

Bauteilen. Zeugnisse derartiger Zeichenarbeit sind in einigen Fällen erhalten (z. B. in der Chorhalle des Aachener Domes oder auf dem Dach des südlichen Langchores der Kathedrale Notre-Dame in Clermont-Ferrand – Abb. 67). Solche Zeichnungen wurden aber auch zum Zweck des Probierens bzw. Vergleichens geschaffen (z. B. die Fensterrose im südlichen Querarm der Kathedrale von Soissons).[112] Durch diese Praxis wird erklärbar, warum mittelalterliche Risse so wenige Maßeintragungen enthalten: alle für die Zubereitung der Steine und das Versetzen notwendigen Maße lagen in solchen Rissen vor und ließen sich dort abnehmen. Dabei war es nicht unüblich, unterschiedliche Ebenen oder Abschnitte ineinander zu zeichnen, man kennt solches heute bei den Schnittbogen von Modejournalen. Nach derartigen Rissen fertigte der Werkmeister zum Zweck erleichterten Anreißens der zu bearbeitenden Steine Schablonen aus Holz oder Bleiblechen für Rippen- oder Maßwerkstützen bzw. aus Holz oder Gips Modelle für Kapitell- oder Dienstformen.

Die Bedeutung der mittelalterlichen Zeichnungen für die Gegenwart

Welchen Wert und welche Bedeutung besitzen die auf uns gekommenen Risse und Modelle für die Gegenwart? Der aus der Kenntnis und dem Studium dieser Unterlagen zu ziehende Nutzen ist erheblich. Abgesehen von der kunsthistorischen Bedeutung dieser Zeitzeugen frühen Schöpfertums halfen und helfen diese Unterlagen heute im Bereich der Architektur- und Kunstgeschichte zu Erkenntnissen über Stilwandel und Verbreitungswege und oft auch, das Œuvre eines Werkmeisters genau zu beschreiben. Interessant ist es, zu verfolgen, wie in den Rissen einer Bauhütte neu geschaffene Formen ausstrahlten und u. U. andernorts eher realisiert wurden: die Idee des durchbrochenen Turmhelmes nahm den Weg von Köln aus über Straßburg nach Freiburg im Breisgau, um beim dortigen Münsterbau zuerst Verwirklichung zu finden. Bei den Turm- bzw. Bauvollendungen der Dome in Köln, Ulm und Regensburg lehnte man sich eng an erhaltene Risse an. Der heute mit der baulichen Betreuung alter Kirchen Beauftragte schätzt sich glücklich, wenn er derartige Unterlagen zu Rate ziehen kann.

Der Vergleich von zugeordneten Planunterlagen und Bauwerken kann durchaus Abweichungen zeigen. Diese sind oftmals durch den Wechsel des Werkmeisters bedingt und bei den langen Bauzeiten und dem damit verbundenen Stilwandel erklärbar. Das Verändern allein in der bewußten Bindung an die Tradition fand am schönsten in den Hüttenregeln Ausdruck, die die Nachfolge beim Tode eines Meisters betreffen. Der nachfolgende Meister durfte nichts vom Schaffen des Vorgängers abreißen lassen: vielmehr war er verpflichtet, alle schon zugehauenen Steine noch zu versetzen. Erst danach war es ihm erlaubt, Planänderungen zu konzipieren und in die Tat umzusetzen.[113] In der denkmalpflegerischen Überwachung der Erhaltungs- und Erneuerungsarbeiten an alten Kirchenbauwerken findet diese Hüttenregel im Prinzip noch heute ihre Verwirklichung.

Die mittelalterlichen Bauarbeiter

Obwohl sich die geschichtliche Sicht im Laufe der Zeiten sehr gewandelt hat, werden im Sprachgebrauch immer wieder Formulierungen verwendet, denen zufolge ein bestimmter Meister ein Bauwerk errichtet habe. Diese Gewohnheit mag gerechtfertigt sein, wenn man die schöpferische und organisatorische Leistung allein betrachtet, sie verstellt jedoch den Blick für das übrige weite Feld manueller Bauleistungen (Abb. 68 bis 70). In welchem Bezugsverhältnis standen schätzungsweise die schöpferisch-gestalterischen und organisatorischen Tätigkeiten zu all den mühseligen manuellen Arbeiten? Erst im 19. Jahrhundert wurde erkannt, daß auch die vorwiegend körperlich arbeitenden Menschen geschichtlicher Studien wert seien. Unter den Autoren, die damit begannen, solche Betrachtungen anzustellen, befinden sich selbstverständlich Karl Marx und Friedrich Engels, aber auch Gustav Freytag und die Brüder Grimm leisteten bedeutende Beiträge. Da quellenkundlich belegte Schilderungen zumeist zeitlich erst in der Mitte des 16. Jahrhunderts beginnen, lassen sich für das Leben der Menschen, die an den großen Kirchen des Mittelalters arbeiteten, nur ungenaue und lückenhafte Schlüsse ziehen.[114]

Wieviel Arbeiter waren es?

Es hat der Arbeit vieler Menschen bedurft, um auch nur eine der großen Kirchen errichten zu können. Wer kann Zahlen nennen? Welchen Wahrheitsgehalt billigt man Zahlenangaben zu, wenn Schriftzeugnisse solche Aussagen enthalten? Da kann man bei Ammianus Marcellinus nachlesen, daß beim Aufstellen eines großen ägyptischen Obelisken im Circus Maximus im Jahre 357 (es handelt sich um jenen Obelisken, der heute vor der Kirche San Giovanni in Laterano in Rom steht) »viele Tausende Menschen« mitgewirkt haben sollen. Plinius der Ältere nennt die Zahl der Arbeitskräfte, die den Obelisken transportierten und aufstellten, der sich heute auf dem Petersplatz befindet, mit 20 000.

Mittelalterliche Bauherren sind solchen Fragen vermutlich recht illusionslos entgegengetreten: sie kannten den biblischen Bericht vom Bau des Salomonischen Tempels zu Jerusalem (1. Kön 5, 27 f. und 2. Chron 2, 1). Danach arbeiteten dreimal 10 000 Männer je einen Monat, um Holz im Libanon einzuschlagen und heranzutransportieren. Für die Beschaffung der Steine arbeiteten 80 000 Steinhauer und 70 000 Lastträger unter der Leitung von 3 300 (3 600) Aufsehern. Und König Hiram stellte gegen die Lieferung von Lebensmitteln weitere Arbeitskräfte zur Verfügung. Angesichts dieser Berichte blieb dem mittelalterlichen Bauherrn nur übrig anzuerkennen, daß Jerusalemer Maßstäbe wohl unerreichbar seien, er aber Höchstmögliches leisten wolle.

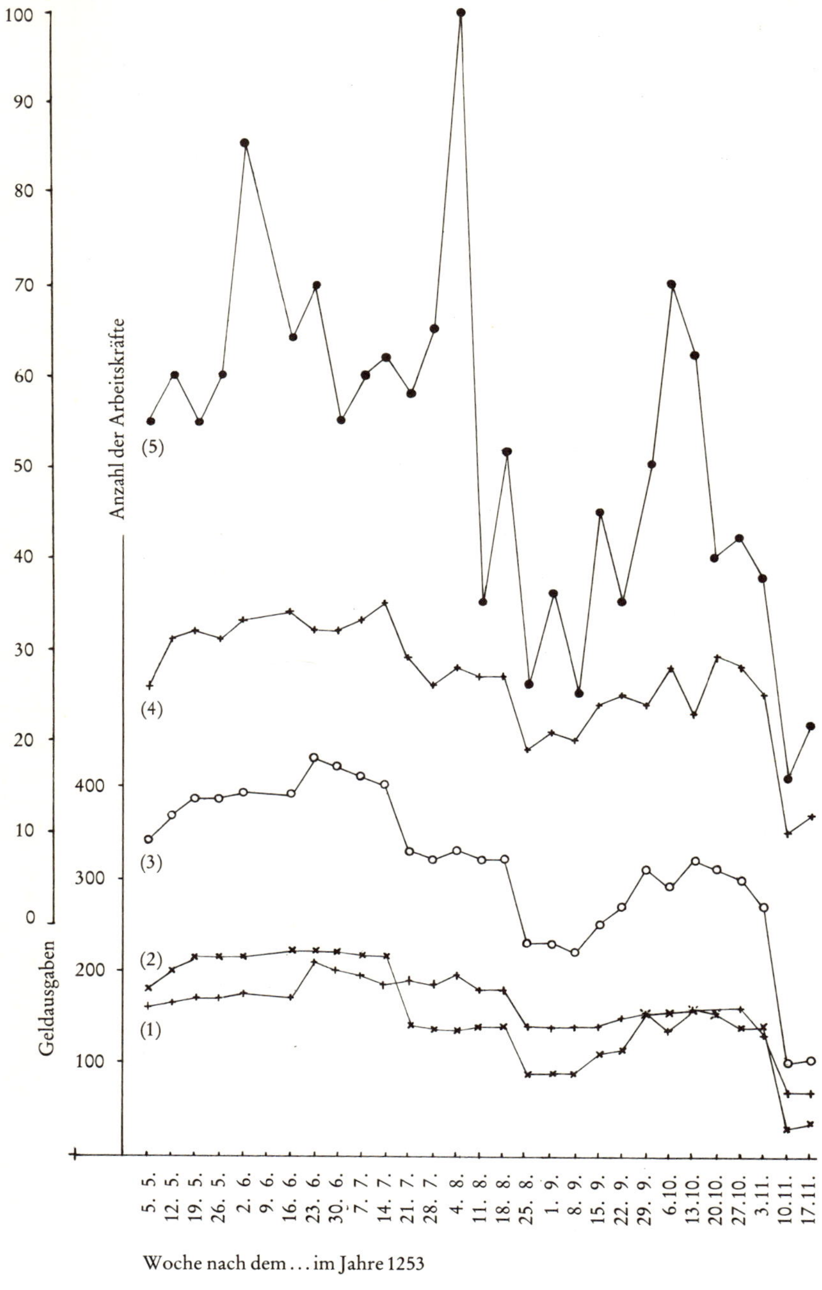

100
90
80
70
60
50
40
30
20
10
0
400
300
200
100
Anzahl der Arbeitskräfte
Geldausgaben
(5)
(4)
(3)
(2)
(1)
5. 5.
12. 5.
19. 5.
26. 5.
2. 6.
9. 6.
16. 6.
23. 6.
30. 6.
7. 7.
14. 7.
21. 7.
28. 7.
4. 8.
11. 8.
18. 8.
25. 8.
1. 9.
8. 9.
15. 9.
22. 9.
29. 9.
6. 10.
13. 10.
20. 10.
27. 10.
3. 11.
10. 11.
17. 11.
Woche nach dem ... im Jahre 1253

Beim Lesen dieser Berichte ist man geneigt, in den Zahlenbeträgen Übertreibungen zu sehen, die dazu dienen sollten, das Geschehen zu glorifizieren. Die Ergebnisse neuerer Forschungen lassen diese Zahlen dagegen durchaus plausibel erscheinen und schränken nur insofern ein, daß die Arbeiter nicht nur für den Tempel bzw. den Jerusalemer Burgberg, sondern für Salomos Bauten im ganzen Land tätig gewesen sein könnten.[115] Mit der *fossa carolina* blieben die Spuren einer Baustelle Karls des Großen aus dem Jahre 793 erhalten, die es relativ einfach gestatteten, aus den noch erkennbaren Leistungen und der bekannten Bauzeit auf die notwendige Zahl von Arbeitskräften zu schließen. Mit dieser im wesentlichen der Kriegsführung dienenden Baumaßnahme beabsichtigte Karl der Große, den Wasserweg zwischen Rhein und Donau durch einen Kanal zwischen den Flüssen Regnitz und Altmühl in der Nähe Weißenbergs herzustellen. Dort nimmt man für die zwei Monate Oktober und November mindestens 6 000 Schachtarbeiter an.[116] Da zu diesen noch eine erhebliche Anzahl von Arbeitskräften für die Herstellung und den Transport hinreichender Werkzeuge und der Verpflegung zum Einsatz gelangen mußten, kann mit einer Konzentration von mindestens 8 000 Arbeitskräften gerechnet werden. Die *fossa carolina* ist, gemessen an salomonischen Bauobjekten, eine sicher recht bescheidene Baustelle gewesen, trotzdem gelangt man mit der Zahl der Arbeiter in die Nähe von Größenordnungen der alttestamentlichen Berichte.

Wieviel Arbeiter mögen gleichzeitig auf einer mittelalterlichen Kirchenbaustelle gewirkt haben? Die Quellen schweigen hierüber weitestgehend, und die erhaltenen Kassenbücher geben deshalb nur selten schlüssige Auskünfte, weil viele Handdienste als angewiesene Frondienste nicht in den Kassenbüchern vermerkt sind. Beim Klosterneubau Maulbronn bei Heilbronn (1147–1220) rechnete man mit etwa 150 Steinbrechern und Transportarbeitern, 150 Steinmetzen und Maurern und 50 Schmieden, Wagnern und Zimmerleuten – insgesamt also rund 350 Arbeitern (Abb. 70). Sehr wertvolle Aussagen offenbaren die Kassenbücher aus dem 13. Jahrhundert vom Bau der Westminster Abbey in London (Abb. 71).[117] Bauherr war dort König Heinrich III. Für das Jahr 1253, und dieses Jahr kann als repräsentativ für den Zeitraum der Hauptbauereignisse, etwa 1245–1270, gelten, ließen sich die Anzahl der Facharbeiter und Hilfsarbeiter und auch die Lohn- und Materialkosten ermitteln (Textabb. links). Man erkennt eine maximale Bauarbeiterzahl von 430 Personen. Anläßlich eines beabsichtigten Besuches des Königs auf der Baustelle im Jahre 1251 hatte es kurzzeitig 600–800 Arbeiter gegeben, wobei unklar blieb, ob dies vom Bauablauf her als objektiv notwendig oder nur als Repräsenta-

Seite 86:

Grafik zu Arbeitskräften und Geldausgaben während der Bausaison des Jahres 1253 der Westminster Abbey in London nach Groten. Es bedeuten: (1) Anzahl der Facharbeiter, (2) Anzahl der Hilfskräfte, (3) Gesamtzahl der Arbeitskräfte, (4) ausgezahlte Lohngelder, (5) Gesamtgeldausgaben.

tionsaktivität anläßlich dieses Besuches zu beurteilen ist. Interessant ist die vom Bau der Westminster Abbey nachgewiesene Diskontinuität der tätigen Handwerker und Hilfskräfte. Es gab minimale Stammbesetzungen von Steinmetzen im Winter und zunehmende Belegschaftsstärke etwa ab Ostern, wobei zu Beginn der Bausaison die Hilfskräfte in der Überzahl waren, aber in den Monaten Juli bis September deren Anteil stark abnahm. Man kann hierin die damals noch nicht ausgeprägte Bindung von Arbeitskräften an Wirtschaftszweige sehen: die aus ländlichen Gegenden zugewanderten Hilfskräfte kehrten zur Erntezeit in ihre Heimatorte zurück. Deren wieder zunehmender Anteil ab Mitte September deutet den Abschluß der Erntearbeit an. Man kam noch einmal zur Baustelle, bis das Klima weiteres Bauen unmöglich machte. Selbstverständlich sind die Arbeitskräftezahlen wie bei Westminster Abbey nicht unbedingt auf andere Baustellen zu übertragen. Beim Dombau in Wien arbeiteten im Februar 1416 außer dem Meister Peter von Prachatitz nur zehn Steinmetze und ein Hüttenknecht (Abb. 72). Als Vergleich sei das hinsichtlich türkischer Bedrohung strategisch so wichtige Bauvorhaben der Festung Burghausen angeführt: dort waren in den Jahren 1480–1488 bis zu 4000 Arbeiter tätig.

Wenn man fragt, woher denn die Arbeitskräfte kamen, ergibt sich ein sehr differenziertes Bild. Es muß unterschieden werden, ob Fachkräfte (zumeist Freie) oder Hilfskräfte (vorwiegend feudalabhängige Landbevölkerung) gemeint sind. Ort und Zeit lassen hier einen weiten Spielraum der Möglichkeiten bei der Arbeitskräftebeschaffung oder Werbung zu. Auch hier gab aber der biblische Bericht das Modell zum Vorgehen: König Salomon bat König Hiram um Holzfäller ebenso wie um einen erfahrenen Künstler, der »... an Gold, Silber, Erz, Eisen, Steinen ...« zu arbeiten weiß, und erhielt sie gegen Warenlieferungen und Geldzahlungen.

Der Technologie-Import durch wandernde Arbeitskräfte

In der Phase der Annahme und Verbreitung des Mauerwerksbaus nördlich der Alpen, schon ab dem 6. Jahrhundert beginnend, wurden Steinmetzen und Maurer, zumeist von einem Meister geführt, aus Oberitalien angeworben. Das Wirken von Lombarden, Comasken oder sogar Greci (Griechen) fand schon im Abschnitt über die Werkmeister Erwähnung. Diesen Fachkräften gab man einheimische Hilfskräfte bei. Selbstverständlich mag schon hierbei eine Wissensvermittlung stattgefunden haben. Bei der zumeist langfristigen Tätigkeit entstanden Familienbindungen und dadurch auch eine eigenständige Tradition. Vermutlich werden sich schon vor der Jahrtausendwende nördlich der Alpen leistungsfähige Bautrupps herausgebildet haben. Der in dieser Zeit einsetzende Bauboom ließ den Bedarf an Arbeitskräften jedoch ständig über die vorhandene Kapazität hinaus steigen. Der Mönch Herbord berichtet, daß Kaiser Heinrich IV. die Bauleute für den Dom zu

Speyer »... aus seinem Reich, aber auch aus anderen Reichen ...« holen ließ. Angesichts des Mangels war Weitervermitteln oder gar Abwerben fähiger Kräfte – durchaus nicht nur der Meister – eine häufig geübte Praxis. Edikte zur Festlegung von Höchstlöhnen für Steinmetze sollten hierbei dämpfend wirken. Bei zunehmender Sättigung des Bedarfs an Bauhandwerkern kam es später zu Auseinandersetzungen zwischen einheimischen und lombardischen Bautrupps bei der Bewerbung um eine Bauausführung. Ein Ereignis aus Regensburg um 1150 ist so deutbar.[118] Es bedurfte zahlreicher Briefe zwischen Regensburger und Mailänder Geistlichen, um diesen auch mit Fäusten geführten Streit zu schlichten.

Der soziale Status der Bauarbeiter bis zum 16. Jahrhundert

Löhne im Mittelalter zu behandeln ist problematisch, denn Kaufkraft und vor allem die aus dem allgemeinen Lebensstandard resultierenden Bedürfnisse sind nur schwer faßbar und mit heutigen Verhältnissen nicht vergleichbar. Gesichert erscheint jedoch die Feststellung, daß die Löhne der qualifizierten Bauarbeiter erheblich über dem allgemeinen Einkommensniveau lagen. Bei dem Mangel an Bauarbeitern erhielt sich diese Situation bis in das 16. Jahrhundert. Sicher gab es zu allen Zeiten Diskussionen nicht nur über die Höhe der Lohnzahlungen, sondern auch über die Relationen der Löhne von Arbeitern, die mit unterschiedlichen Aufgaben betraut waren. Vermutlich stritt man auch über Lohnzuschläge oder Abzüge bei unterschiedlicher Arbeitsintensität. Darf man darin das immerwährende Ringen um soziale Gerechtigkeit seit Durchsetzung der Geldwirtschaft sehen? Dieses Thema hat sich in einer der vielen mittelalterlichen Heiligenlegenden niedergeschlagen und betrifft die Lohnzahlungen für die am Bamberger Dom Tätigen. Die Gattin des Bauherren Kaiser Heinrich II., die heilige Kunigunde, hielt danach die Lohngelder in einer Schüssel bereit, und jeder Arbeiter durfte hineingreifen, um sich seinen Lohn zu nehmen (Abb. 73). Ob ihrer Wundertätigkeit konnte jedoch jeder Arbeiter nur so viel Münzen in der Hand halten, wie es seiner tatsächlichen Arbeitsleistung entsprach. Ist in dieser Legende der schon immer vorhandene Wunsch der Menschen nach sozialer Gerechtigkeit in utopischer Form erkennbar?

Im 15. Jahrhundert, jener Zeit, seit der die Informationen reichlicher fließen, betrug der Lohn eines Steinmetzen das Vierfache eines Schlossers und gar das Achtfache eines Schneiders. Testamente dieser Zeit belegen, daß Bauarbeiter sogar in der Lage waren, bescheidene Vermögen zu bilden. Als Lohnformen sind schon seit dem 13. Jahrhundert der Tagelohn und der Stücklohn und auch die damit verbundenen Probleme bekannt. Der 1271 verstorbene Franziskaner Berthold von Regensburg nimmt dieses Thema in einer Predigt auf und ermahnt, bei Tagelohn nicht zu langsam zu arbeiten und bei Stücklohn auf hinreichende Qualität zu achten. Als besondere Form von Lohnzuschlägen sind Erschwernis-, Höhen- oder

Zulage für besonders gute Qualität der Arbeit, aber auch Wochen- und Badegroschen bekannt. Zitierenswert erscheint die Begründung jener Zahlung für Getränke, »... damit die Zimmerleute und Dachdecker bei der Arbeit tüchtig schwitzen können«.[119] Es war auch Brauch, bei Fertigstellung kleinerer Bauabschnitte besondere Feiern auszurichten.

Der Begriff »Büchsengeld« deutet auf eine Erscheinungsform im Suchen nach sozialer Sicherheit, die für das 15. Jahrhundert beachtenswert erscheint. In diese Kasse zahlte jeder auf der Baustelle neu beginnende Arbeiter ein Eintrittsgeld. Bei Verstößen gegen geltende Regeln wurden Bußgelder eingefordert. Gegebenenfalls wurden bei Lohnzahlungen regelmäßige Beträge erhoben. Auszahlungen erfolgten bei Krankheit oder sonstigen Notfällen, auch bei Hochzeiten und Bestattungen.

Die jahreszeitlich variable Arbeitszeit, die etwa von Sonnenaufgang bis Sonnenuntergang dauerte, fand im Tagelohn Berücksichtigung. Die zwölf Stunden währende Arbeitszeit im Sommer unterbrach man durch Pausen von insgesamt drei Stunden Dauer. Bei einer Reihe von Baustellen wurden die auf einen Wochentag fallenden Feiertage bezahlt. Diese so häufigen Feiertage gewährleisteten im Durchschnitt fünf Arbeitstage pro Woche.

Die geschilderte Situation der Bauhandwerker veränderte sich infolge gewan-

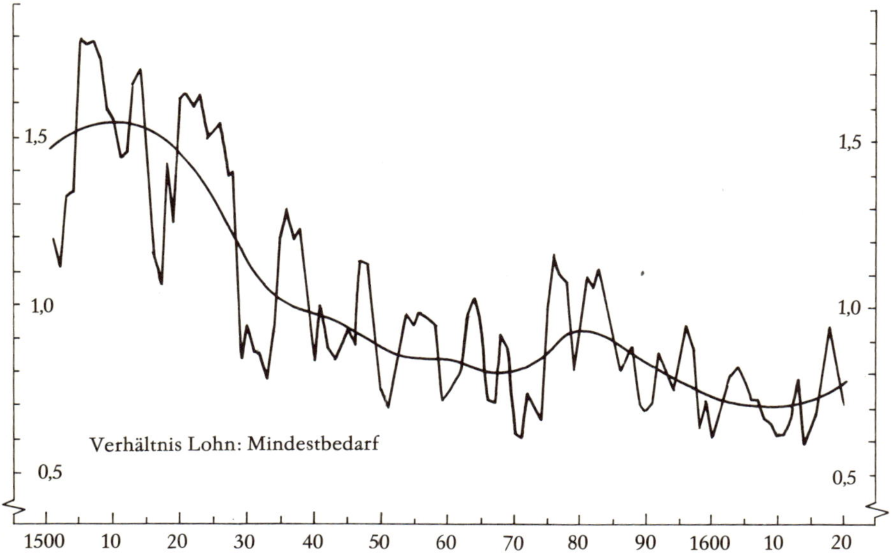

Kaufkraftschwund bei Bauarbeiterlöhnen in den Jahren 1501 bis 1620 am Beispiel eines Augsburger Maurergesellen nach Roeck und Abel. Vom Lohn konnte ein Maurergeselle den x-fachen Mindestbedarf einer Familie (5 Personen) bestreiten.

delter Wertvorstellungen und der veränderten Wirtschaftslage des 16. Jahrhunderts, die der Architekturgeschichte die unvollendet gebliebenen Türme und den unvollkommenen Kölner Dombau hinterließen. Eine Analyse der Bauwirtschaft in der Reichsstadt Augsburg zeigt, daß der Wohlstand der Bauarbeiter dort gegen 1530 zu Ende ging (Textabb. links)[120].

Die Lage der Hilfsarbeiter, im wesentlichen waren es die Menschen, die das Baumaterial transportierten, ist sehr differenziert. Es gab die unfreien Bauern, die zum Frondienst gerufen wurden. Es gab aber auch die freien Landarbeiter, denen der etwa halb so hohe Lohn wie für Maurer und Steinmetze noch ausreichend Anreiz gab, zur Baustelle zu kommen. Die in den Lohnlisten der Westminster Abbey den Namen dieser Arbeiter beigefügten Wohnorte geben hierüber Aufschluß. Es sind dort vor allem die Orte Eastcheap, Bexley, Beverly, St. Alban und Bridgewater genannt, sie bezeichnen heute solche Londoner Stadtteile, die damals noch als selbständige Dörfer vor der Stadt lagen. Ab einer Entfernung von 20 Meilen zwischen Baustelle und Wohnort gewährte die Baukasse Reisezuschläge. Es sind jedoch auch Beispiele für Zwangsverpflichtungen von Arbeitern, die über den Rahmen feudalen Brauches hinausgingen, bekannt. Mit Billigung des Königs verpflichtete der Erzbischof von Canterbury bis zu einer Entfernung von 150 Kilometern Arbeitskräfte, um seinen Kathedralbau voranzutreiben.[121]

Die klösterlichen Bauarbeiter

Wurde eingangs das geringe Wissen über mittelalterlichen Baubetrieb allgemein beklagt, so trifft dies ganz besonders hinsichtlich der Klosterbauten zu (Abb. 74).[122] Das ist durchaus begründbar. Bauleistungen bedurften in geringerem Maße der vertraglichen Fixierung, wenn sie innerhalb eines Klosters oder für andere Klöster, zu denen ein Filiationsverhältnis bestand, erbracht wurden. Auch Lohnlisten mußten nicht geführt werden. Es existierte also auf Grund der Besonderheiten der Wirtschaftsführung objektiv weniger Aktenmaterial als vom Bau einer Bischofs- oder Stadtkirche. Zudem ließen sich diesbezügliche Schriftstücke ungleich schwerer auswerten.

Die Grundregel abendländischen Mönchtums, die auf Benedikt von Nursia zurückgeht und auf die sich auch die meisten anderen Ordensgemeinschaften bezogen, ist das *»ora et labora«* (»bete und arbeite«). Jeder Mönch hatte neben dem Gebet und liturgischen Dienst auch Arbeiten zur Erfüllung von Lebensnotwendigkeiten, also für Nahrung, Kleidung und Wohnung, zu erledigen. Das schloß auch Bauarbeiten ein. Mit der Entwicklung der Feudalgesellschaft entstanden auch in den Klöstern, durchaus als Widerspiegelung weltlichen Seins, Rangordnungen, die sich in den Begriffen Klerikermönch, Laienmönch und Laienbruder ausdrükken.[123] Wenn vor allem in dem Kreis der Laienbrüder die Steinmetze, Maurer und Zimmerleute zu suchen sind, so rekrutierten sich die Hilfskräfte vielfach aus den

Klosterknechten, jenen in feudaler Abhängigkeit an das Kloster gebundenen Landarbeitern. In welchem Maße und wie streng nun Grenzen für die Arbeitsteilung vor allem zwischen dem geistlichen und dem manuellen Tun gezogen wurden, blieb von Zeit, Ort, Kongregation und Neigung eines Abtes, Regeln so oder so auszulegen, abhängig. Die nahezu pausenlose Abfolge von Reformen seit dem 10. Jahrhundert widerspiegelt diesen ständigen Wandel im klösterlichen Leben am sinnfälligsten.

Man kann davon ausgehen, daß in der Phase der Klostergründungen von Monte Cassino (529) bis Cluny (10. Jh.) im Bedarfsfalle alle Mönche zu notwendiger Bauarbeit herangezogen wurden. Das Aufbegehren der Benediktiner aus dem Fuldaer Kloster gegen die ihrer Meinung nach übermäßigen Bauarbeiten und ihre Sorge, den liturgischen Dienst vernachlässigen zu müssen, spricht für eine solche Deutung. Seit Gründung des Peter-Pauls-Klosters in Hirsau um 1050 kennt man die klösterlichen Bautrupps, die bei einer Klostergründung auszogen, erste Behelfsbauten in Holz für einen Konvent errichteten, um danach den Klosterbau im Mauerwerk auszuführen. Jenes Wirken eines Hirsauer Bautrupps in Paulinzella zu Beginn des 12. Jahrhunderts ist oft zitiert worden. Höchste Wirksamkeit solcher Tätigkeit erreichten zweifellos die Zisterzienser. Bei ihnen entwickelte sich eine solche Baukapazität, daß sie sich in der Lage befanden, Kirchenbauten für Territorialherren und Städte in Auftrag zu nehmen. Die Gefahren einer Verweltlichung fürchtend, erließ das Generalkapitel in Citeaux bereits 1157 ein Verbot für solche Tätigkeit. Es muß nicht allzu ernst genommen worden sein. Zisterzienser-Bauleute vom Kloster Himmerod kamen nach 1210 nach Trier, um das Gewölbe im Dom einzufügen, solche aus dem Kloster Ebrach wirkten um 1230 am Westbau des Bamberger Domes und nach 1260 bei Sankt Sebald in Nürnberg. Für eine Reihe weiterer Bauten ist deren Mitarbeit auf Grund stilkritischer Untersuchungen anzunehmen, so am Magdeburger Dom (Bischofsgang), am Halberstädter Dom und bei einer Reihe von Stadtkirchen.

Der »Karrenkult«

Zu Kirchenbaustellen des 11. und 12. Jahrhunderts kamen sehr viele Menschen, um unverlangt und unentgeltlich Arbeiten zu verrichten. Diese Erscheinung erhielt den Namen »Karrenkult«. In den vier überlieferten Berichten aus dieser Zeit wird sowohl von Transporten großer Säulenmonolithe als auch von Baustoffen allgemein und von Lebensmitteln berichtet.[124] Hier der Bericht des Abtes Haymon von Saint-Pierre-sur-Dives: »Wer hat jemals Ähnliches gesehen und gehört, daß mächtige Herren und Fürsten der Welt, aufgebläht von Reichtum und Ehren, daß selbst Frauen von edler Geburt ihre stolzen Häupter gebeugt und gleich Zugtieren sich an Karren gespannt haben, um Wein, Getreide, Öl, Kalk, Steine, Holz den Werkleuten einer Kirche zuzuführen? Und ob viel mehr als tausend Köpfe zusammen sind, herrscht doch tiefes Schweigen, man hört kein Wort, nicht einmal ein Flüstern.« Diese Bewegung deutete Sedlmayr im Zusammenhang mit einer in dieser Zeit sehr stark verbreiteten religiösen und in Frankreich herrschenden nationalen Begeisterung, einer Bewegung, die auch die persönlichen Opfer durch Kreuzzugteilnahme und für Kathedralbauten erklären kann. Das Errichten von Gebäuden, die »Himmlisches Jerusalem« verkörpern sollten, und die Wiedergewinnung des irdischen Jerusalem, gemeint ist die Befreiung aus islamischer Herrschaft, wurden als nationale Aufgabe eines Volkes gesehen, das sich als »auserwähltes Werkzeug Gottes« fühlte. Die Gleichzeitigkeit der Ereignisse legt diese Bezüge nahe. Doch gibt es auch schon einen Bericht vom Jahre 1055 aus dem Land zwischen Rhein und Maas, demzufolge die Bevölkerung derartige Leistungen vollbrachte. Hierbei dürften weder Kreuzzuggedanken noch nationale Euphorie motivierend gewirkt haben. Abt Adelardus II. berichtet da vom Transport monolither Säulen zum Kirchenbau Sankt Truiden: »Säulen, die von Worms zu Schiff auf dem Rhein bis Köln gebracht worden waren, und solche, die von anderswo mit Fuhrwerken (nach Köln) angefahren worden waren, und sozusagen von Köln bis zu uns über Land gezogen (gefahren) werden mußten, transportierte die Bevölkerung mit Feuereifer in Windeseile über Land, indem man an den Wagen Halte- und Zugtaue befestigt hatte. Ohne Zuhilfenahme von Zugtieren schleppte man sie, selbst durch das Bett der Maas, ohne eine Brücke zu benutzen. Ganze Scharen waren es, die, Preis- und Danklieder singend, sie zu uns brachten.« Ob bei dieser begeisterten Hilfe der Menschen auf einem 140 Kilometer langen Wege (Luftlinie) auch etwas vom Geiste des 1040 verkündeten Gottesfriedens mitschwang?

Bauhütten und schriftliche Ordnungen – Ihre Bedeutung für die Bauarbeiter

In Verbindung mit dem mittelalterlichen Baubetrieb wird oft der Begriff der »Bauhütte« gebraucht.[125] Wegen der Mehrdeutigkeit dieses Wortes gab es Mißverständnisse. Man weiß heute, daß es sich in der ursprünglichen Bedeutung des Wortes um eine Hütte auf der Baustelle handelte, zumeist als Provisorium in Holz gebaut, in der für den Bau wichtige Gerätschaften (Werkzeuge, Schablonen und auch Planunterlagen) aufbewahrt wurden, und in der, sofern es ihre Größe zuließ, Steinmetze auch Werksteine bearbeiteten (siehe Abb. 74, 88 und 184).

Als Folge jenes sprunghaft steigenden Baubedürfnisses im 12. und 13. Jahrhundert (vgl. S. 40, Anm. 43) entstand ein sehr großer Leistungsdruck auf die nun ebenfalls als Bauhütten bezeichneten Baubetriebe. Serienmäßige Herstellung von Werksteinen gleicher Form in großer Stückzahl als Vorfabrikation in zeitlicher Kontinuität – also ohne Winterpause – ließ bei der Arbeit der Steinmetze Merkmale der Fließbandarbeit aufkommen. Von einer Reflektierung dieser Form der

Bauproduktion in sozialer und politischer Hinsicht bei Steinmetzen und auch Arbeitern anderer Gewerke wurde bisher nicht berichtet. Diese Form hochentwickelter Vorfertigungstechnologie geriet in Vergessenheit, als im 16. Jahrhundert die Zeit der vielen großen Kirchenbauten weitestgehend der Vergangenheit angehörte.[126]

Hinsichtlich der im Rahmen einer Bauhütte tätigen Bauarbeiter ergaben sich wesentliche Vorteile. Die Bauhütte unterstand als Glied der Kirche *(familia ecclesia)* nicht der weltlichen Justiz. Insofern bedeutete es einen unerhörten Eingriff in die Schutzrechte der »Domfreiheit«, als der Regensburger Dombaumeister Wolfgang Roritzer (Roriczer), der Bruder jenes durch sein Traktat so bekannten Matthäus Roriczer, von kaiserlichen Schergen zum Ratsgefängnis geführt und wegen Teilnahme an einer kaiserfeindlichen Verschwörung am 30. Mai 1514 vor dem Rathaus enthauptet wurde.[127] Die Mitglieder der Hütte waren von Abgaben und Pflichten gegenüber kommunalen Institutionen befreit. Die allein schon dadurch gegebenen höheren Einkommen der Hüttenarbeiter konnten den Neid der dem Zunftverband unterstellten Arbeiter erwecken. Bei Arbeitskräftemangel an der Hütte strebten die Gesellen der städtischen Zunftmeister nach dort. Aus Prag zur Zeit Benedikt Rieds (um 1480) sind so motivierte Rivalitäten überliefert.

Die Hüttenorganisationen schufen in der Phase beginnenden Verfalls Schriftstücke, die die Rechte und Pflichten der Mitglieder fixierten: die Hüttenregeln. Während das älteste solcher Schriftstücke bis in das Jahr 1390 zurückreicht, gewann für den deutschsprachigen Raum das Regensburger von 1459 besondere Bedeutung. Von dieser Hüttenregel wurden weitere abgeleitet, so z. B. die Torgau/Rochlitzer Ordnung von 1462, die Straßburger von 1464 und die Admont/Tiroler von 1480.[128]

Die Zünfte als Zusammenschluß von Handwerksmeistern gleichen Gewerbes, je nach Territorium auch Innung, Bruderschaft oder Gilde genannt, faßten die vorhandene Baukapazität nach den Erfordernissen der Stadt zusammen. Sie entsprachen damit den Aufgaben, die von Stadtbürgern als jetzt etablierter Bauherrenschicht gestellt wurden. Die Zeit der vielen großen Kirchenbauten war vorbei. Das hierbei angereicherte Wissen drängte nach Anwendung in der nachmittelalterlichen Konsumtions- und Produktionssphäre. Der lange Zeitraum gleichzeitigen Bestehens von Hütten und Zünften ließ auch Mischformen entstehen.

Die sozialen Spannungsfelder

Die Geschichtsschreibung kennt den Grundwiderspruch zwischen Arbeit und der Nutznießung der geschaffenen Werte in den verschiedenen historischen Formen und seine Bedeutung für gesellschaftliche Veränderungen. Haben die großen Kirchenbauten des Mittelalters mit den vielen dabei beschäftigten Arbeitern keine diesbezüglichen Spuren hinterlassen? Könnten die Bauarbeiter hier Zeichen gesetzt haben? Man kann diese Frage verneinen. Die Bauarbeiter an solchen Objekten waren seit frühesten Zeiten so unmittelbar an weltliche oder geistliche Obrigkeit gebunden und genossen in deren Sold so viele Vorteile, daß ihnen die jeweils bestehende Ordnung als legitim und aus dem Geiste mittelalterlicher Religiosität auch als gottgewollt erscheinen mußte. So kann der Mangel an Nachrichten über Revolten und Aufstände als begründet erscheinen. Auseinandersetzungen lagen daher im wesentlichen im Spannungsfeld persönlicher Eigenarten, die sich insbesondere in den Personen der Beauftragten des Bauherren und des Werkmeisters polarisierten. Eine in der Fülle kunstgeschichtlicher Betrachtungen selten erwähnte mittelalterliche Sandsteinfigur, als Wasserspeier auf einem Strebepfeiler postiert, befindet sich seit etwa 470 Jahren am Münster zu Freiburg im Breisgau. Man interpretierte sie sowohl als Mann als auch als Frau mit »schwerem Stuhlgang« und vermerkte »aufgekratzten Humor« (Abb. 75), der jedoch ob seiner Vordergründigkeit verstimme. Nun unternahm es Swaan, der Entstehung dieser Figur den Zorn eines verärgerten Steinmetzen unterzulegen. Und er schloß auch auf den Gegenstand des Zornes und fand in Richtung des ausgestreckten Hinterteiles den ursprünglichen Standort des Hauses jenes Prälaten, der die Bauherreninteressen zu vertreten hatte. Sofern für den Steinmetzen der Hüttenmeister gesetzt wird, käme das auf die angedeutete Polarität hinaus. Eine weitere Plastik solcher Thematik führt zu Anton Pilgram, dessen Tätigkeit am Oberlauf des Nekkar verbürgt ist. Es dürfte außer Zweifel stehen, daß er nach Freiburg wanderte und das Münsterbauwerk studierte. Eine Figur an der Südseite des Turmes der Stadtkirche Sankt Jacob in Brünn weist rücklings zum Domberg, zum Sitz des Bischofs (Abb. 76). Sind hier Meinungsverschiedenheiten zwischen Stadt und Bischof manifestiert?[129]

Wesentlich ernster und grundsätzlicher sind solche Auseinandersetzungen zu sehen, an denen sich Bauleute klösterlicher Bauhütten in der Zeit zwischen dem 12. und 14. Jahrhundert beteiligten. Die Tatsache, daß die weltlich-feudale Schichtung im Kloster durchaus nicht aufgehoben sein mußte, fand bereits Erwähnung. Die zum Teil dem Adel entstammenden Klerikermönche, an ihrer Spitze der Abt, hielten alle Entscheidungs- und Machtbefugnisse in ihren Händen. Die zumeist dem niederen Adel und dem freien Bauernstand entstammenden Laienmönche bzw. Laienbrüder schufen aber durch ihrer Hände Arbeit einen nicht unerheblichen Teil der materiellen Grundlagen für das Leben im Kloster und waren sich dessen auch bewußt. Zwar wurde diese Gruppe der Klosterangehörigen durch das neutestamentliche Zeugnis der Frauen Maria und Martha (Luk 10, 38 f.) gehalten, die dienende Arbeit ohne Murren zu tun, jedoch wird solche Beziehung gegenüber gesellschaftlichen Widersprüchen nicht hinreichend tragfähig gewesen sein. Die aufbegehrenden und damit gegen das Gelübde des absoluten Gehorsams verstoßenden Benediktiner in Fulda (vgl. S. 44) gaben den Auftakt, wobei hier gesellschaftliche Brisanz vermutlich hinter die den Konflikt provozierende Eigenart des Abtes zurücktrat. Um 1108 verließen die Hirsauer Konversen die Baustelle von

Paulinzella, weil ihnen die Lebensbedingungen unzumutbar erschienen. In Heidelberg, Volkerode, Eberbach und Schönau wiederholten sich an der Wende zum 13. Jahrhundert derartige Meutereien. Die Schönauer Bewegung ging als »Stiefelrevolte« in die Geschichte ein.[130] Während die Konversen nach bisheriger Gewohnheit neue Stiefel nur dann erhielten, wenn sich die alten nicht mehr reparieren ließen, bestanden sie nun auf regelmäßiger Lieferung neuen Schuhwerkes. Es ist mit Sicherheit zu vermuten, daß die Stiefel nicht die Ursache waren, sondern bestenfalls als auslösendes Moment im Konflikt fungierten. Besonders markant traten beim Doberaner Aufstand 1336/37 gesellschaftliche Widersprüche zutage. Die vorwiegend »wendischen« Konversen begehrten hier dagegen auf, daß alle höheren Klosterämter mit Mönchen aus Niedersachsen besetzt wurden.

Bauorganisation und Baubetrieb, ökonomische und technische Planung und die Schicksale der Menschen, die die Bauabsicht in die Tat umsetzten, sind bisher nur selten aufeinander bezogen dargestellt worden. Die ausgewählten Beispiele können helfen, die Kirchenbauten des Mitelalters besser zu verstehen; denn
sie werden faßbarer, wenn man weiß, mit welchem Mut und Eifer die Planenden an die Lösung der Aufgaben herangingen und welches große Arbeitspensum sie bewältigten,
sie werden achtenswerter, wenn man berücksichtigt, wie oft politische, wirtschaftliche oder technische Schwierigkeiten die Ausführung der Aufgabe in Frage stellten, und
sie erhalten größere Nähe, wenn man in ihnen hervorragende Zeugnisse der Mühen vieler Bauarbeiter sieht.

51 Klosterplan von Sankt Gallen. Zeichnung auf Pergament, 775 × 1120 Millimeter, um 820. Stiftsarchiv St. Gallen. Dieser Klosterplan, sehr vielfältig gedeutet, enthält alle wesentlichen Eintragungen, um das Baugelände danach vermessen und abstecken zu können.

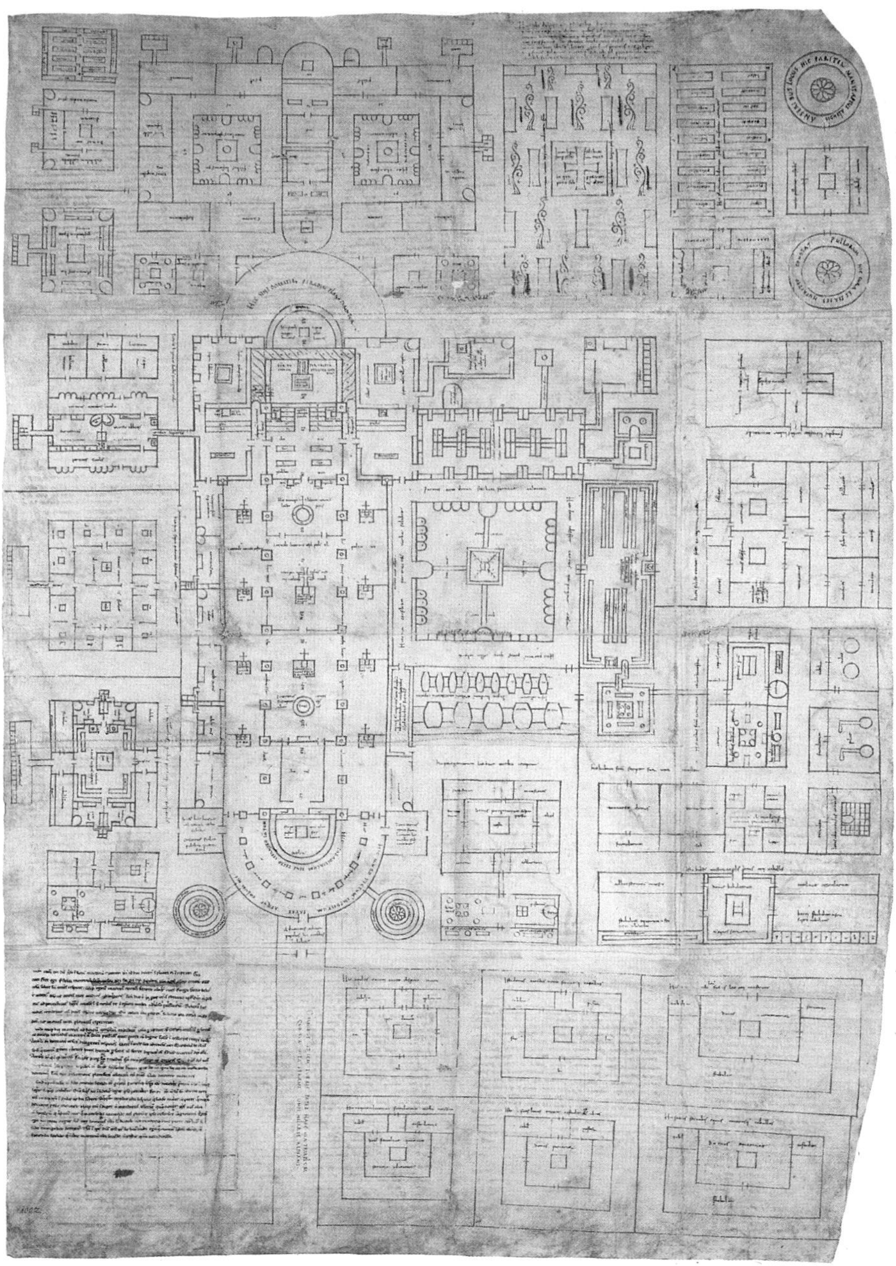

52 Grabplatte eines Architekten aus Rom. 4. Jahrhundert. Museo Nazionale, Rom. Die künstlerisch sehr schlichte Darstellung zeigt den Architekten mit seinem wichtigsten Arbeitsmittel, dem Zeichenbrett. Es ist in solcher Form dargestellt, wie es gelegentlich auch gegenwärtig noch in Gebrauch ist.

53 Widmungsbild des Goldenen Evangeliars Kaiser Heinrichs III. 1045/46. Escorial, Codex Vitrinas 17. In zeittypischer Weise vereinigt das Bild verschiedene Bauwerksdarstellungen. Der obere Teil zeigt eine Seitenansicht des Domes zu Speyer. Darunter sind im Inneren des Domes Maria und zu ihren Seiten Kaiser Heinrich III. und seine Gemahlin Agnes dargestellt.

SCA MARIA
AGNES REGINA

54 Riß der Westfassade des Kölner Domes. Zeichnung auf Pergament, ca. 4050 × 1700 Millimeter. Meister Johannes. Nach 1300. Dombauarchiv Köln. Der Fassadenplan F gilt als bedeutendste Architekturzeichnung des Mittelalters. Durch ihn wurden nicht unwesentliche Impulse für die Bauvollendung im 19. Jahrhundert ausgelöst.

55 Gewölbeplan der ehemaligen Dominikanerkirche in Wien. Zeichnung mit brauner Tusche auf Papier. 538 × 1093 Millimeter. Nach 1460. Planriß aus dem Bestand der Sammlung der Akademie der bildenden Künste in Wien, Inv. Nr. 170 50. Der dargestellte Gewölbegrundriß über einem zweischiffigen Grundriß zeigt in jedem der Felder ein anderes Schema der Rippenführung. Die an fast allen Knotenpunkten eingezeichneten Steinmetzzeichen deuten auf deren Zweck als Versetzzeichen für die fertiggestellten Rippenstücke hin.

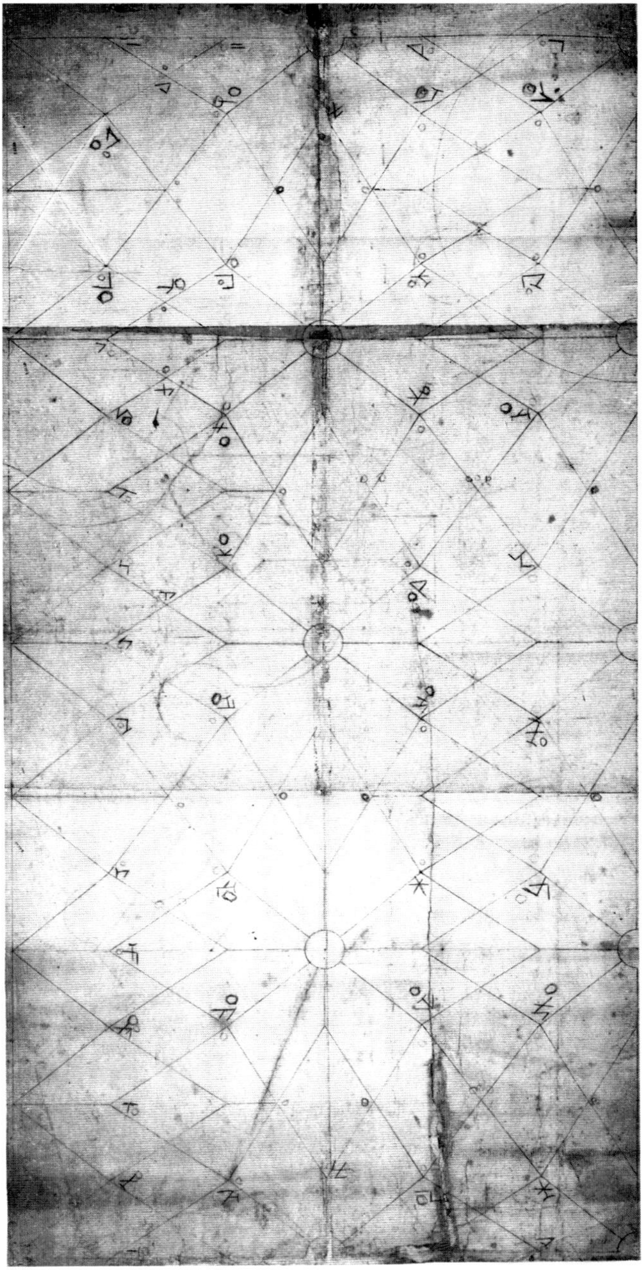

56 Dom St. Johannes d. Täufer und St. Laurentius zu Merseburg. Kaiser Heinrich II. als Stifter mit dem Dommodell am Westportal. Um 1515

57 Der heilige Sebaldus mit dem Modell einer Kirche. Sebaldusgrab in der Pfarrkirche St. Sebald in Nürnberg. Metallguß. Peter Vischer und Söhne. 1508 bis 1519

58 Papst Innozenz III. segnet das Modell des Klosters Schönau bei Heidelberg. Ausschnitt aus einer Zeichnung um 1590 nach älterer Vorlage. Germanisches Nationalmuseum Nürnberg, K.1532, Hz 195–204. Der Akt der Segnung entsprach etwa einer »Baugenehmigung«. Er erstreckte sich nicht nur auf die Kirche, sondern auf alle zum Kloster gehörenden Baulichkeiten, auch auf einen der außerhalb der Klostermauern liegenden Gutshöfe.

59 Der Werkmeister Frater Bertoldus Lapicida in der Deutschhauskirche zu Würzburg. 2. Hälfte des 13. Jahrhunderts. In dieser Darstellung des Werkmeisters mit dem Modell der von ihm entworfenen Kirche ist eines der wenigen Selbstzeugnisse klösterlicher Werkmeister zu sehen.

PONTIFICI SVMMO CLAVSTRVM OFFERT CONCIO PATRVM,
VT FOVEAT IVGI PAPA BEATVS OPE.

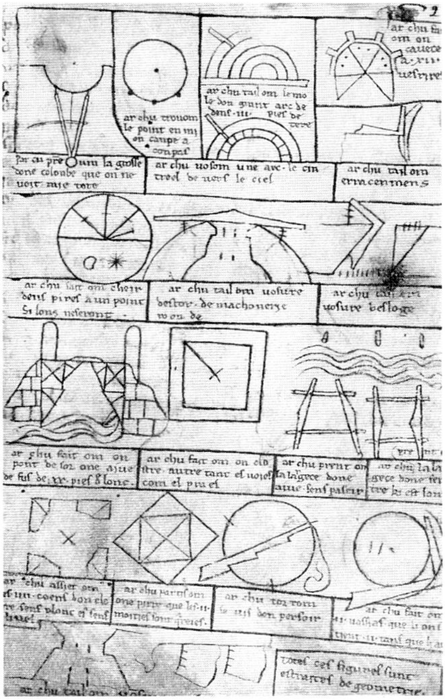

60, 61 Realität und Zeichnung der Türme der Kathedrale Notre-Dame in Laon. Villards Bauhüttenbuch. Um 1235. Bibliothèque Nationale Paris, Ms. fr. 19093. Bau der Türme um 1180 bis 1200. Die Zeichnung aus Villards Bauhüttenbuch entstand nach den bereits fertiggestellten Türmen.

62 Geometrische Aufgaben und Lösungen. Villards Bauhüttenbuch. Um 1235. Bibliothèque Nationale Paris, Ms. fr. 19093. Auf dieser Seite sind – bunt gemischt – Hinweise zur Lösung von Vermessungsaufgaben, zum Gewölbebau, zur Gestaltung eines Chores, zum Brückenbau und zur Steinmetzarbeit vereinigt. Die beigegebenen Texte sind knapp gehalten und hätten bei einer Wissensvermittlung erklärender Worte bedurft.

63, 64 Die Türme des Naumburger Domes (NW-Turm 13. bis 15. Jahrhundert, SW-Turm 19. Jahrhundert) und des Bamberger Domes (um 1235). In diesen Türmen glaubt man die Formenübernahme von Laon verwirklicht zu sehen.

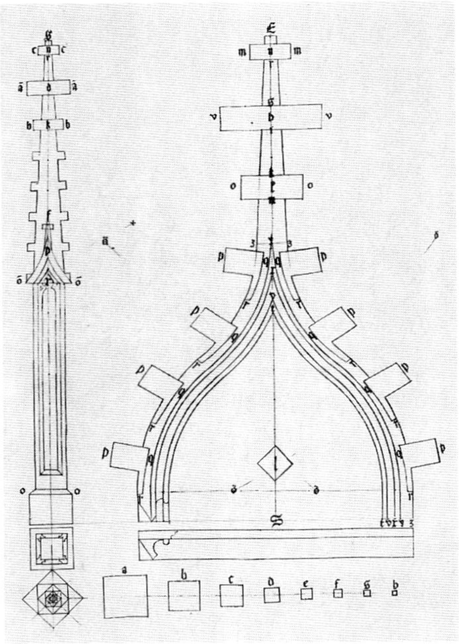

65 Seite aus Schmuttermayers Fialenbuch. Um 1486. Germanisches Nationalmuseum Nürnberg. An der Bildunterkante werden alle Maße von Wimperg und Fiale durch Halbieren von Seiten und Diagonalen eines Grundquadrates gefunden.

66 Geometrische Geräte und Werkzeuge für die Baustelle. Aus Walter Ryffs »Vitruvius Teutsch«, Nürnberg 1548 fol. XI r. Holzschnitt, 230 × 141 Millimeter. Im Bild der Renaissancezeit sind alle jene Gerätschaften und Werkzeuge dargestellt, über die der Werkmeister des Mittelalters verfügte.

67 Kathedrale Notre-Dame in Clermont-Ferrand. Blick auf die Dachfläche des südlichen Langchores. Ritzzeichnung. Bauzeit 1248 bis 1280. Der Werkmeister zeichnete den Wimperg des südlichen Querhausportals im natürlichen Maßstab auf diese Dachfläche.

68 Der Bau des Tempels von Jerusalem. Miniatur von Jean Fouquet. Ende 15. Jahrhundert. Bibliothèque Nationale Paris, Ms. fr. 247, fol. 163

69 Der Turmbau zu Babel. Gemälde von Pieter Bruegel d. Ä. 1563. Gemäldegalerie im Kunsthistorischen Museum Wien. Dieses Bild gibt ein anschauliches Zeugnis vom Treiben auf einer großen mittelalterlichen Baustelle.

70 Der Bau des Zisterzienserklosters Maulbronn bei Heidelberg. Bildnis auf der Stiftertafel von 1450. Kloster-Inventar

71 Westminster Abbey in London. Blick nach Osten. Chor und Querhaus 1245 bis 1269, Langhaus im 14. Jahrhundert vollendet

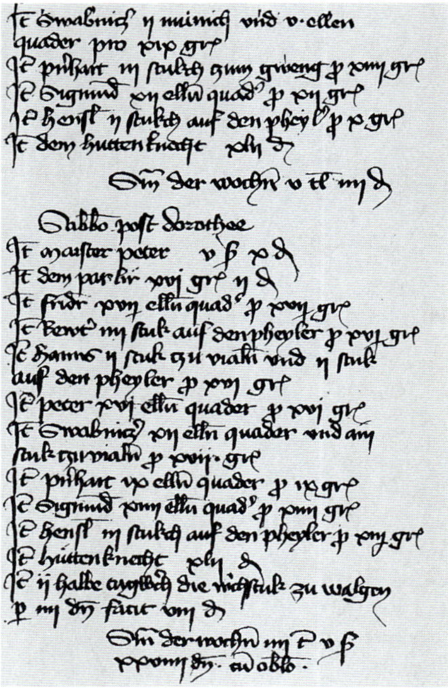

72 Wochenrechnung der Steinhütte zu St. Stephan in Wien vom 8. Februar 1416. Domarchiv. Die über viele Jahre erhaltenen Lohnlisten geben interessante Aufschlüsse über die Beschäftigtensituation. Infolge Winterbetriebes sind nur der Meister Peter von Prachatitz, der Polier, acht Steinmetze und der Hüttenknecht verzeichnet.

73 Das Bauwunder der heiligen Kunigunde. Altartafel in der Kunigundenkirche in Rochlitz. Unbekannter Meister. Um 1513. Neben der legendären Lohnzahlung als Hauptthema des Bildes stellte der Maler eine mittelalterliche Baustelle dar.

74 Zisterzienser bauen das Kloster Schönau. Zeichnung um 1590 nach älterer Vorlage. Germanisches Nationalmuseum Nürnberg, K 1532, Hz 195–204. Bei dieser Zeichnung handelt es sich um eine der lebendigsten Darstellungen einer mittelalterlichen Kirchenbaustelle mit hoher Detailtreue bei der Schilderung bauhandwerklicher Vorgänge.

75 Wasserspeier am Münster zu Freiburg im Breisgau. Anfang 16. Jahrhundert. Im allgemeinen ordnen sich auch figürliche Wasserspeier in ein Gestaltungsprogramm ein. Bei dieser Plastik scheint ein besonderes Ereignis zur außergewöhnlichen Aussage Anlaß gegeben zu haben.

76 Fensterschlußstein am Turm der Pfarrkirche St. Jacob in Brno (Brünn). 15. bis 16. Jahrhundert. Diese Figur, die im Gegensatz zum Freiburger Wasserspeier keine Bauwerksfunktion zu erfüllen hat, ist mit Gesicht und Gesäß zum Domberg ausgerichtet. Besteht hier inhaltliche Parallele zu Freiburg?

BAUHANDWERK UND BAUTECHNIK IM MITTELALTERLICHEN KIRCHENBAU

An der Bauaufgabe »Kirche« fanden die Bauschaffenden des Mittelalters in besonderer Weise Gelegenheit, sich entwickeln und ihre Fähigkeiten unter Beweis stellen zu können. Bei bedeutsamem gestalterischem Anspruch, ungewöhnlicher Größe und besonders kühner Konstruktion erforderte die Lösung der Aufgabe hohes handwerkliches Können, technisches Wissen und vor allem eine große Bereitschaft, für Neuerungen aufnahmebereit zu sein. In der für das Mittelalter üblichen, von Religiosität geprägten Denkweise der Menschen bedeutete das Mitarbeiten an einem Kirchenbau nicht nur Tätigkeit um des täglichen Broterwerbes willen, sondern auch gottesdienstliches Mitwirken. In einer Predigt belegte Eusebius von Cäsarea die Teile des Kirchenbaues mit symbolischen Werten. In diesem aus dem 4. Jahrhundert stammenden Zeugnis erhielten z. B. die Umfassungsmauern der Kirchen die Bedeutung eines Schutzmantels, der die Gemeinde mit Glauben wappnet. Desgleichen wurden Säulen zu Heiligengestalten und das Kirchenportal zur Himmelspforte. Diese Predigt war im Mittelalter bekannt und Gegenstand der Belehrung.[131] Man darf davon ausgehen, daß solche in allen Schichten des Volkes verwurzelte Geisteshaltung auf den baulichen Arbeitsgegenstand ausstrahlte und zu besonderen Leistungen anregte.

Im Bestreben, die bautechnischen Leistungen des als »Mittelalter« umschriebenen Zeitraumes im Zusammenhang mit vorangegangenen und nachfolgenden Epochen sehen zu wollen, stößt man, einschlägige Standardwerke zur Technikgeschichte zu Rate ziehend, auf Schwierigkeiten. Abgesehen von grundsätzlich stiefmütterlicher Behandlung der Bautechnik in Technikgeschichten kann man den Eindruck gewinnen, als hätten die Menschen des Mittelalters nur bescheidene Beiträge zur Technikentwicklung, insbesondere zur Bautechnikentwicklung, geleistet;[132] als hätte zwischen Spätantike und Renaissance technisches Desinteresse schöpferisches Denken und Arbeiten sehr stark gemindert. Dieses Bild ist falsch, und es wurde auch korrigiert.[133] Als Ausdruck für eine insbesondere die Bautechnik und ihre Entwicklung bejahende Grundeinstellung, die sich im 12. und 13. Jahrhundert auf besonders hohem Niveau bewegte, sei jenes Zeugnis des Erzbischofs von Mainz über Prämonstratenser-Chorherren, die er in einem verlassenen Kloster ansiedelte, zitiert: »Ich habe Männer nach meinem Herzen gefunden ... Sie legen nicht nur Zeugnis von untadeliger Gottgläubigkeit und einem heiligen Leben ab, sondern sie sind auch sehr rührig und bewandert im Bau von Straßen und Aquädukten, beim Trockenlegen von Sümpfen – die das dortige Kloster sehr behindert haben – und ganz allgemein in den mechanischen Künsten«. Auf die Wechselwirkung von Kirchenbau und Festungsbau hinsichtlich auslösender Impulse wurde hingewiesen.[134]

Im Zusammenhang mit der beschriebenen Technik-Sicht im Mittelalter sei noch einmal auf die Vitruv-Rezeption hingewiesen.[135] Selbstverständlich erhielt Vitruvs Werk seine so besondere und überragende Bedeutung für die europäische Kultur nach jener 1415 erfolgten »Wiederentdeckung« durch Gian Francesco Poggio im Kloster Sankt Gallen und die seit 1487 forcierte Verbreitung mittels Buchdruck. Bekannt war Vitruv jedoch während des ganzen Mittelalters durch die vielfältigen, in klösterlichen Schreibstuben gefertigten Abschriften. Das handwerklich-technische Wissen aus Vitruvs Büchern war, vermischt und angereichert durch selbständig gewonnene Erfahrungen der Bauleute und die Weitergabe von Generation zu Generation, quasi implizit gegenwärtig, auch dann, wenn ein Werkmeister den Namen Vitruv überhaupt nicht kannte. Aus dieser Sicht wollen die Vitruv-Zitate in den folgenden Abschnitten als Wurzeln mittelalterlichen technischen Wissens verstanden sein.

Bei der Bautechnikentwicklung des Mittelalters wirkte letztlich, wie zu allen Zeiten, jenes Bedürfnis, den Aufwand an Arbeitszeit und Material für die Lösung einer geforderten Aufgabe zu minimieren, jene immerwährende Potenz, der in technikgeschichtlichen Betrachtungen zu Recht so zentrale Bedeutung beigemessen wird. Besondere Aufmerksamkeit soll der Tatsache gewidmet sein, daß dem ständigen Suchen nach neuen Bauformen, Konstruktionen und Technologien eine zeitlich sehr lang währende Konstanz im Gewinnen, Transportieren und Bearbeiten der Baustoffe gegenüberstand.[136]

Die Transportarbeiten

Finden Transportleistungen in kunst- oder kulturhistorischen Abhandlungen Erwähnung, so beziehen sich diese zumeist auf einmalige oder selten ausgeführte, besonders große und schwere Objekte. Man behandelt unter solchen Gesichtspunkten die Zeugnisse der Megalithkultur der Jungsteinzeit, die als Statuen, Säulen und Obelisken verwendeten Monolithe der ägyptischen und vorderasiatischen Kulturen bis hin zum Deckstein auf Theoderichs Grabmal in Ravenna. Zweifellos beweisen diese Transporte, über welch hohes Maß an handwerklichem Geschick, technischem Wissen und Organisationstalent die Baumeister dieser Epochen verfügten. In solchen Betrachtungen wird aber nur ein Teil der Problematik der Transportleistungen erfaßt. Wichtiger erscheint für das Zustandekommen eines großen Bauwerkes, wie sich tausendfach wiederholende Transportvorgänge mittlerer und kleinerer Steine oder Schüttgutmassen zuverlässig und mit möglichst geringem Energieaufwand beherrscht wurden. Zweifellos führte die Betrachtung der aus Tausenden von Steinblöcken bestehenden ägyptischen Pyramiden schon zu derartigen Überlegungen. Im Hinblick auf die Entwicklung des mittelalterlichen Bauens vor allem nach der Jahrtausendwende ist eine solche Fragestellung ebenfalls bedeutungsvoll.

Der sehr hohe Arbeitsaufwand für die Ausführung der notwendigen Transportleistungen ist ein besonderes Merkmal von Bauarbeiten. Er übersteigt das für das Herrichten und Einbauen des Materials am Objekt notwendige Maß an Arbeit ganz erheblich. Mit dem Motto »Alles hing einmal am Haken«[137] wurde versucht, auf diesen meist übersehenen Aspekt der Transportaufwendungen beim Bauen aufmerksam zu machen. Da dieser Titel zuerst an den Vertikaltransport unmittelbar am Bauwerk denken läßt, bleibt zu ergänzen, daß jeder Stein und jeder Balken mehrfach verladen und über weite Strecken transportiert werden mußte, ehe er überhaupt im Baustellenbereich an diesem Kranhaken befestigt werden konnte.

Die Energiequellen

Transportleistungen bedürfen bedeutender Energiegiequellen. Das Mittelalter kannte tatsächlich nur die menschliche und tierische Muskelkraft, das bewegte Wasser und den Wind, wobei letztere wegen der kaum möglichen Energieübertragung bei Transportleistungen nicht oder nur bedingt in Betracht kamen. Die hauptsächliche Bedeutung des Wassers für den Transport lag somit nicht in der Nutzung der dort gespeicherten Energie, sondern in den vergleichsweise außerordentlich geringen Reibungsverlusten beim schwimmenden Transport. Das Wasser wirkte primär als Transportbahn und erst sekundär als Energieträger. Im Zeitraum zwischen Antike und dem 18. Jahrhundert ließen sich keine weiteren Energieressourcen nutzen. Es gab lediglich hinsichtlich des Einsatzes der Pferdekraft einen qualitativen Wandel: in der Erfindung des Kummetgeschirres im 9./10. Jahrhundert. Dadurch wurde es möglich, die Zugkraft eines Pferdes auf das Drei- bis Vierfache zu steigern, weil das alte, das antike Geschirr bei Einwirkung der Zugkraft die Atemwege des Tieres einengte. Durch diese Erfindung wurde der Einsatz des Pferdes neben dem Rind für den Lastentransport überhaupt erst in größerem Ausmaße möglich.

Die Transporte zur Baustelle

Die Transportleistungen, deren es bedurfte, um das Baumaterial heranzuschaffen, sind in solche zwischen dem Gewinnungsort und der Baustelle – zumeist horizontal über weitere Entfernungen – und zwischen Baustellenlager bzw. Bearbeitungsplatz und dem Einbauort – sowohl horizontal über kurze Entfernungen als auch vertikal – zu unterscheiden. Beim Übergang vom einen zum anderen wechselten die Transportmittel und auch die Menschen. Und häufig begann mit diesem Wechsel erst jene die Kosten erfassende Buchführung, sofern Materialgewinnung und Transport bis dahin als Frondienste verrichtet wurden.

Der Landtransport Bei der Gewinnung der Steine bemühte man sich, schon weitestgehend die Größen herzustellen, die der Werkmeister auf der Baustelle wünschte. Bei den vorwiegend kleinformatigen Steinen vorromanischer und frühromanischer Bauten konnten diese sofort auf die Traggeschirre von Tieren (Abb. 77) oder auf Wagen verladen werden. Die größeren Steinformate, aus denen vorwiegend spätromanische und gotische Bauten entstanden, wurden zuerst mittels Rollen oder Schleifen von der Abbaustelle wegtransportiert (Abb. 78). Daß mit solch primitiven Hilfsmitteln enorme Leistungen vollbracht wurden, zeigen die erhaltenen Reliefs aus ägyptischer und vorderasiatischer Kultur. Sobald wie möglich wird man auf Wagen mit offenbar ganz beträchtlicher Tragfähigkeit umgeladen haben (Abb. 79 und 80). Recht anschaulich ist der Steintransport vom Gewinnungsort zur Baustelle in Abbildung 74 vom Bau des Klosters Schönau dargestellt. Geht man davon aus, daß eine Wagenladung aus zwei Steinblöcken mit einem Volumen von je einem Kubikmeter bestanden haben mag, so betrug die Transportmasse immerhin etwa vier Tonnen. Die offenbar recht schweren Wagen, mit Hilfe derer in Tausenden von Ladungen die Steine zum Bau einer großen Kirche herangefahren wurden, lassen eine gut ausgebaute und befestigte Straße als unabdingbar notwendig erscheinen. Solches klingt bei dem allgemeinen Bild von Art und Zustand mittelalterlicher Straßen unwahrscheinlich. Zügiger Baufortschritt setzte kontinuierliche Materialzufuhr voraus, und diese war nur möglich, wenn Straßen zur Verfügung standen, die sich bei jedem Wetter und auch bei häufiger Beanspruchung durch große Lasten in brauchbarem Zustand erhielten. Sicher darf man hierbei nicht generell vom allgemein niedrigen Niveau des überregionalen Straßennetzes auf einen solch stark frequentierten Verkehrsweg zwischen Baustelle und Steinbruch schließen. Solche Straßen verloren bei nachlassender Bautätigkeit ihre Bedeutung und werden sich nur in Ausnahmefällen in das allgemeine Straßennetz haben integrieren lassen. Wenn aus dem 14. Jahrhundert aus dem Raume Pirna, südöstlich Dresdens, der Begriff einer *via lapidea* (d. h. Steinstraße) überliefert ist, so scheint hinsichtlich der Namensgebung eine doppelte Deutung möglich: es kann sich um eine Straße gehandelt haben, auf der Hausteine z. B. für den Bau des Domes in Meißen vom Steinbruch zur Elbe gefahren wurden und weiterhin, daß deren Fahrbahn durch Steinpflaster oder zumindest Schotter befestigt gewesen ist.

Die Mühen um Steintransporte auf von Ochsen gezogenen Wagen fanden bei den Türmen der Kathedrale Notre-Dame in Laon in Stein gehauene Gestalt (siehe Abb. 60 und 61). Die dort aufgestellten 16 Ochsen beziehen sich auf eine Baulegende, derzufolge auf wunderbare Weise ein solches Zugtier in Erscheinung trat, als der Transport einer Steinladung infolge Unfalls zu scheitern drohte.[138]

Der Wassertransport Angesichts der großen Aufwendungen für einen Straßentransport der Steine überrascht es nicht, daß Wasserwege in Anspruch genommen wurden, wo immer sich eine solche Möglichkeit anbot (Abb. 81). Der Transportaufwand sank dann erheblich, auch wenn davon auszugehen ist, daß sich die Flußläufe keineswegs in dem Zustand befanden, der heute üblich ist. Schon im 10. Jahrhundert gelangten die Grauwacke-Hausteine über eine Strecke von rund 100 Kilometern auf der Elbe zum Dombau nach Havelberg, ebenso wie etwa zur gleichen Zeit die Steine des Elbsandsteingebirges über rund 30 Kilometer zur Meißner Grenzfeste. Selbstverständlich war man bemüht, das Gesteinsvorkommen so auszuwählen, daß die Lastkähne oder Flöße im beladenen Zustand mit der Strömung trieben. Der Eifeltuffstein, bei Andernach auf Schiffe verladen, kann bei vielen Bauten rheinabwärts bis zur 250 Kilometer entfernten Rheinmündung angetroffen werden. Die Besonderheit seiner sehr geringen Dichte und der dadurch bevorzugten Nutzung für den Gewölbebau führte dazu, solche Steine auch zu den Dombauten nach Worms und Speyer (II), also bis zu 150 Kilometer stromauf zu befördern. Im übrigen herrschte dort als Baumaterial der Sandstein aus Odenwald und Haardt vor. Es wird keinen ein Natursteinvorkommen berührenden Fluß gegeben haben, auf dem solche Transporte nicht stattfanden. Beim Bau des Domes zu Speyer nutzte man darüber hinaus einen vermutlich in provinzialrömischer Zeit angelegten, zu diesem Zwecke im 11. Jahrhundert wieder instand gesetzten Kanal, um die Sandsteine aus dem Haardt heranzutransportieren. Der Fund von Floßrelikten, deren Tragkraft mit bis zu 3, 4 Tonnen rekonstruiert wurde, erhärtete die Richtigkeit dieser Vermutung. Auch beim Dombau in Mailand nutzte man für den Transport der am Lago Maggiore gebrochenen Steine neben dem Tessin den im 13. Jahrhundert angelegten Kanal Naviglio Grande. Für derartige Transporte eigene Schiffe zu unterhalten, war eine Besonderheit der Regensburger Dombauhütte.[139]

Die Steintransporte auf Flüssen muten bescheiden an, wenn von Frachten auf hoher See berichtet wird. Dabei lag solches mittelalterlichen Bauherren und Werkmeistern gar nicht so fern. Auch hier hatte das antike römische Reich bei Obeliskentransporten mit Massen bis zu 450 Tonnen von Alexandria her Maßstäbe gesetzt, die von Ostrom aus auch noch auf das Reich Theoderichs des Großen ausstrahlten. Abgesehen vom berühmten, etwa 250 Tonnen schweren Deckstein des Theoderich-Grabmals, der aus Istrien über die Adria hinweg gebracht wurde, gelangten auch die marmornen Säulen und Kapitelle mehrerer Kirchenbauten Ravennas des 5. und 6. Jahrhunderts aus den Steinmetz- und Bildhauerwerkstätten Konstantinopels nach Ravenna. Derartige Lieferungen gingen auch in andere Länder, wie die aus Kapitellen und Säulen bestehende Ladung eines Wracks vermuten läßt, das unweit der sizilianischen Küste auf dem Grund des Ionischen Meeres ruht. Bausteine für die Kathedralen von Pisa und Canterbury und die Marienkirchen von Rostock und Stralsund (Abb. 82) wurden ebenfalls über Meere herangeholt, wobei die Seestrecke von Gotland bis Rostock (rund 300 Seemeilen) besonders weit erscheint. Das Verladen der großen und schweren Blöcke dort, wo der Wasserstand gezeitenabhängig stark schwankt, muß besondere Probleme verursacht haben. Der Chronist berichtet von Meister Guillaume de Sens, der Kalksteine von den Brüchen bei Caen in der Normandie nach Canterbury über den Kanal holen ließ: »Mit phantastischen Maschinen ließ Meister Wilhelm die Steinblöcke auf das Transportschiff laden und an Land bringen. Zur Bewegung sämtlichen Baumaterials wurden nur von ihm selbst konstruierte Maschinen benutzt.«[140]

Transporte von Spolien Im Zusammenhang mit den Transportaufwendungen müssen auch solche Steine Erwähnung finden, die aus aufgegebenen Bauten oder von Ruinen gewonnen wurden und erneut zum Einbau gelangten. Einschlägige Lexika bezeichnen derartige Baumaterialien bzw. Bauteile mit dem Begriff »Spolie«, sofern sie besonderen materialmäßigen, dekorativen oder symbolischen Wert verkörpern. Wenn damit die Bauteile gemeint sind, die Karl der Große und Kaiser Otto I. aus Ravenna und Rom nach Aachen und Magdeburg (Abb. 83) holen ließen, wären die dazu notwendigen Transportleistungen tatsächlich extrem hoch. Faßt man aber den Spolienbegriff weiter und sieht darin auch ein Gewinnen und Herantransportieren von Massenbaustoffen aus aufgelassenen Bauten in unmittelbarer Nähe und damit bei geringstem Aufwand, so ist die Einordnung eine andere. Die großen Kirchen Roms aus dem 4. Jahrhundert wurden zu nicht unerheblichem Teil mit Steinen in Sekundärverwendung errichtet.[141] Solcher Brauch erhielt sich während des ganzen Mittelalters und darüber hinaus.

Transporte von Säulenmonolithen Säulenmonolithe spielten in der Geschichte des Kirchenbaues eine besondere Rolle. Unter Bezug auf alttestamentliche Texte und im Hinblick auf die Bedeutung der Säulen in der hellenistischen Architektur fanden diese Bauteile eine besonders vielseitige symbolische Bedeutung. Dadurch, daß derartige Säulen die Räume der frühchristlichen Kirchen in Rom prägten (Abb. 84), konnte man sich lange Zeit kein repräsentatives Kirchengebäude ohne diese Elemente denken (Abb. 85). Die Schwierigkeit ihrer Herstellung umging man anfangs vor allem in Rom durch Gewinnung als Spolien. Im transalpinen Raum war solcher Rückgriff mangels Substanz stark eingeschränkt. Das Finden geeigneter Natursteinvorkommen, das Lösen und Bearbeiten solcher großer Monolithe und der Transport dieser bei ihrer großen Masse doch so zerbrechlichen Glieder muß sehr schwierig gewesen sein. Eine dieser Produktionsstätten befand sich bei Miltenberg am Main. Von hier gelangten vermutlich solche über 7 Meter lange und etwa 13 Tonnen schwere Säulen im 11. Jahrhundert auch zu dem Mainzer Dombau und zur Kirche Sankt Truiden im belgischen Limburg. Die schriftlichen Zeugnisse, präzisiert durch örtliche Gegebenheiten, lassen ahnen, wie solche Transporte vor sich gegangen sein mögen. Für den Weg am steilen Hang vom Bullauer Berg hinab zum Mainufer lag wohl das Schleifen (siehe Abb. 78) nahe. Der Wasserweg zwischen Miltenberg und Köln betrug auf Main und Rhein rund 270 Kilometer, vorbei an jenem Loreleifelsen und durch den dort damals so gefährlichen Stromabschnitt. Der Landweg von Köln nach Sankt Truiden war etwa 150 Kilometer weit. Dem Bericht des Abtes Adelardus II. über diesen Transport zufolge (siehe Seite 93) kann die Benutzung von Wagen, die von Menschen statt von Tieren gezogen wurden, vermutet werden. In diese Abfolge begründeter Annahmen wollen Vitruvs Bericht[142] und das von Walter Ryff bei seiner Übersetzung und Kommentierung 1547 herangezogene Bild (Abb. 86) nicht recht passen: erstens ist dabei die Bruchgefahr für die Säule sehr groß, und zweitens hätte eine Rollbahn außerordentlicher Ebenheit und Breite geschaffen werden müssen. Vitruvs Hinweise auf die topografischen Besonderheiten (geringe Entfernung und große Ebenheit) scheinen die eingeschränkte Bedeutung dieser Transportweise zu bestätigen. Ob der Schwierigkeiten mit der Beschaffung der Säulen für seinen Bau berichtete Abt Suger von seiner Absicht, »... sie aus Rom – wo wir prächtige Säulen im Diokletians-Palast und anderen Thermen häufig gesehen hatten – mit gesicherter Flotte über das Mittelländische und Englische Meer, dann durch den vielfach gewundenen Seinefluß hierher zu bringen, unter großem Aufwand von Freunden und unter Mitwirkung der nächst benachbarten, allerdings feindlichen Sarazenen«. Um so verständlicher erscheint die Freude, als sich letztendlich doch noch Säulen aus einem nahegelegenen Steinbruch beschaffen ließen.[143]

Sonstige Transporte Der Transport von Steinblöcken ist durch die relativ große Verladeeinheit geprägt. Alle anderen Materialien für das Mauerwerk, wie Ziegel, meist als Alternative bei fehlendem Naturstein, Kalk und Sand wurden ebenfalls in sehr großen Mengen benötigt, jedoch ließ sich die Lademenge ohne weiteres auf jedes beliebig kleinere Fördermittel bemessen. Der Holztransport, für die großen Dachstühle und die Lehrgerüste der Gewölbe bedurfte es häufig genug der Stammlängen von 15 Metern und auch mehr, erwies sich oft deswegen als besonders problemreich, weil trotz großen Waldreichtums Mangel an langen und geraden Stämmen herrschte. Der scheinbare Widerspruch löst sich dadurch, daß der Wald des Mittelalters nicht die forstwirtschaftliche Pflege erfuhr, die die Wuchsqualitäten der Bäume so positiv beeinflußt. Auch in dieser Hinsicht klagte Abt Suger und erwog die Beschaffung von 12 besonders langen Stämmen aus dem Gau von Auxerre, etwa 180 Kilometer von Saint-Denis entfernt. Den wohl größten Transportweg für Bauholz mußte Giacomo della Porta, Bauleiter von Sankt Peter in Rom, um 1587 in Kauf nehmen. Die 23 Meter langen Stämme für das Lehrgerüst der Kuppel wurden in den Wäldern Kalabriens, im Süden der Apenninhalbinsel, geschlagen. Es bedurfte eines Floßtransportes im Tyrrenischen Meer über eine Entfernung von 450 Seemeilen.

Der Horizontal- und Vertikaltransport auf der Baustelle

Eine große Zahl zeitgenössischer Darstellungen mittelalterlichen Baustellenbetriebes vermitteln sehr eindrucksvoll, wie der Transport innerhalb der Baustelle stattfand.[144] Beim Betrachten solcher Bilder fällt auf, daß sehr viel des Materials von Mensch und Tier zum Bau getragen wurde (Abb. 87). Dabei dienten als Tragbehälter sowohl für Ziegel als auch Mörtel kleine Holzfässer, Körbe, flache Mulden oder Bretter, die man auf der Schulter trug (siehe Abb. 16, 77, 96 und 130). Steine, deren Masse die Tragkraft eines Mannes überstiegen, wurden zu zweit auf einer Trage zum Bau gebracht (vgl. Abb. 88 und 181). Das für eine Kleinbaustelle der Gegenwart typische Transportmittel, die Schubkarre, spielte im Mittelalter eine eigentümlich anmutende Rolle. Zuerst will es verwundern, wieso es erst im 12. Jahrhundert nachweisbar ist und auch danach keinesfalls spontan Verbreitung findet (Abb. 88).[145] Diese zögernde Nutzung eines Gerätes, das die Leistungsfähigkeit eines Transportarbeiters zumindest verdoppeln konnte, ist u. U. durch deren für damalige Zeiten sehr aufwendige Herstellung und geringe Haltbarkeit zu erklären. Bei der aus Holz gefügten Schubkarre verhielten sich wohl auch Eigenmasse zu Nutzmasse in einem ungünstigen Verhältnis.

Der Transport in die Höhe fand ebenfalls in erstaunlich hohem Maße durch Tragen statt. Die Arbeiter liefen über Gerüstrampen oder stiegen über Leitern oder Treppen bereits fertiggestellter Bauteile nach oben (Abb. 91, vgl. auch Abb. 74, 93, 138 und 184). Auch Tiere – vor allem Esel – setzte man für solchen Transport ein und ermöglichte das dadurch, in dem man in den Bauten statt der Wendeltreppen gewendelte Laufbahnen ausbildete. Belegt sind solche Anlagen, sie werden Eselstürme genannt, bei den romanischen Domen in Regensburg, Speyer und Worms, aber auch beim Renaissancebau von Sankt Peter in Rom und auch, in abgewandelter Form, bei der barocken Frauenkirche in Dresden. Bei all diesen Bauten sind natürlich auch Maschinen für den Vertikaltransport zum Einsatz gelangt. Als mechanisches Wirkprinzip dienten dabei Hebel und Rolle, als Antrieb wiederum die Muskelkraft von Mensch und Tier. Entsprechend der zu hebenden Massen gab es Gerätevarianten, und man darf wohl davon ausgehen, daß es hinsichtlich der Nutzung solcher Hebezeuge eine Kontinuität im Übergang von der römischen Technik zu der des Mittelalters gegeben hat. Die einfachsten Formen, die Seilrolle (siehe Abb. 15) und die Winde (siehe Abb. 38) gehörten wohl als Selbstverständlichkeiten zu jeder mittelalterlichen Ansiedlung. Hubmassen bis 50 Kilogramm sind damit ohne weiteres bewältigt worden. Die Mittel, durch die bei gleichem Prinzip die möglichen Hubmassen gesteigert werden konnten, sind die Verlängerung des Krafthebelarmes und die Vergrößerung der am Kraftarm wirkenden Kraft. Auch solches wird aus täglicher Erfahrung durchgängig bekannt gewesen sein. Bei der Haspel wurde der Hebelarm verlängert. Eine Krafterhöhung ergab sich zusätzlich dadurch, daß nicht nur Armkraft, sondern auch Körpermasse eingesetzt werden konnte. Eine nochmalige Erhöhung der Hubkraft war durch das Tretrad möglich (Abb. 90, vgl. auch Abb. 68, 70, 73, 81, 92, 93 und 181). Hier konnten bei entsprechend großer Bauweise bis zu 10 Männer mit ihrer Körpermasse als Kraft wirksam werden. Ein besonders großes Tretrad blieb im Turm der Marienkirche in Stralsund erhalten, sein Durchmesser beträgt etwa 7 Meter.

Bisher fand der Flaschenzug als ein Mittel, die Hubkraft zu erhöhen, keine Erwähnung. Auch in den mittelalterlichen Darstellungen von Baustellen ist er kaum zu finden.[146] Das erscheint um so verwunderlicher, als doch Vitruv in seinem 10. Buch so detailliert über *trispastos, pentaspastos* und *polyspastos* als zeitgenössische Hebezeuge für Baustellen schreibt. Die Ursache hierfür scheint in den Schwierigkeiten zu liegen, die die Herstellung eines langen Seiles bereitete. Beim Flaschenzug bedurfte es ja der mehrfachen Seillängen zwischen Auslegerspitze und Last. Seile gehörten zu den Kostbarkeiten einer mittelalterlichen Baustelle. Die sicher nicht unvermögenden Stiftsherren von Xanten am Rhein liehen sich für ihren Bau die Seile aus der Stadt Nymwegen und von der Gräfin von Kleve. Aber es bedurfte im allgemeinen des Flaschenzuges nicht, denn auch ohne ihn war man in der Lage, Massen bis zu 6 Tonnen zu heben. Mithin stand das Instrumentarium bereit, auch die größten benötigten Steine nicht nur zum Bau, sondern auch an dessen höchsten Ort zu transportieren (Abb. 89).

Die bisher betrachteten Antriebe bedurften der Gerüste und Ausleger, um als Maschinen wirksam werden zu können. Dabei entstanden technische Meisterwerke, denn mit Rücksicht auf die notwendige Manövrierfähigkeit war es unumgänglich, den Ausleger so zu konstruieren, daß er unter Last über einen Grundrißbereich schwenken konnte. Erhaltene Zeichnungen solcher Gerüste lassen ahnen, welcher Erfahrungsschatz in ihnen gespeichert ist (Abb. 92).

Interessant sind auch die Varianten über den Ort des Tretrades am Bau. Es ließ sich in Geländehöhe sicher am leichtesten montieren und bedienen (siehe Abb. 70, 73 und 81), man bedurfte aber einer Seillänge, die mehr als das Doppelte der Hubhöhe betrug. Bei zunehmender Höhe der Arbeitsebene verschlechterte sich dabei die Verständigung über auszuführende Bewegungen. Das Tretrad, das mit zunehmender Bauwerkshöhe mit nach oben genommen wurde, wies diese Nachteile nicht auf. Daher erscheint es glaubwürdig, wenn auf mittelalterlichen Baustellenbildern die Treträder häufig in Höhe der Arbeitsebenen zu sehen sind (Abb. 93). Eine Zwischenlösung stellt das Tretrad in einer Turmhalle in halber Höhe dar (vgl. Abb. 90). Auch diese Anordnung ist realistisch, weil die Hebezeuge vielfach nach Ende der Bauarbeiten ihren endgültigen Standort in Turmkammern fanden, um für weitere Baumaßnahmen oder Reparaturen bereit zu stehen. Es lag im Ermessen eines Bauherren, das Tretrad u. U. auch abbauen und verkaufen zu lassen.

Die Leistungsfähigkeit der mittelalterlichen Hebezeuge läßt sich abschätzen. Bei einer anzunehmenden Hubgeschwindigkeit einer Winde mit 6 Metern pro Minute würde ein Hubvorgang bis zu einer Höhe von 15 Metern 2 bis 3 Minuten Zeit in Anspruch genommen haben. Mit Befestigen und Lösen der Last, dem Zurückgeben des Seiles und einer Ruhezeit für die Windenknechte – so nennen die Rechnungsbücher die Männer, die die Hebezeuge betrieben – sind im Dauerbetrieb kaum mehr als 5 bis 10 Lastspiele pro Stunde möglich gewesen. Mit Hilfe des Tretrades ließen sich größere Massen heben, jedoch betrug hier die Hubgeschwindigkeit nur etwa 1 Meter pro Minute. Bei schweren Steinen sind demnach pro Stunde höchstens zwei Hübe möglich gewesen. Sofern auf einer Baustelle hohes Tempo erwünscht war, stellte der Vertikaltransport die begrenzende Größe dar. Man hat sich sicher bemüht, durch entsprechend viele Windenknechte die notwendigen Ruhezeiten zu reduzieren oder mehr Hebezeuge zu installieren. Deren verhältnismäßig großer Platzbedarf setzte aber auch hier enge Grenzen. Als Ausweg sah man die Arbeitsteilung, mit den Hebezeugen die schweren Steine zu befördern und alles übrige Material nach oben tragen zu lassen.

Eine schon bei Villard de Honnecourt angedeutete und seitdem oft wiederholte Methode der Lasthebung sei noch erwähnt: die Spindel bzw. Schraubenpresse. Villard verspricht von dieser Art der Lasthebung: »Auf dieser Weise macht man eine der stärksten Maschinen zum Heben von Lasten, die es gibt.«[147] Sicher wendete man dieses Prinzip im Mittelalter dann an, wenn vor allem bei stationärem Betrieb und kleinen Wegen große Kräfte vonnöten waren. Auf Baustellen sind derartige Hebezeuge vermutlich nicht zum Einsatz gelangt.

All die Mühen mit dem Transport des Baumaterials faßte Vitruv in die kurzen Worte zusammen: »... und ihr Transport ist schwierig und kostspielig«.[148] Überlieferte Aussagen von Bauherren, die dankbar sind, daß sie die Baustoffe in unmittelbarer Nähe fanden und solcher, die stolz sind, daß sie über die Kraft verfügten, die Materialien von weither zu holen, werden durch die Kenntnis um die Probleme, die der Transport verursachte, transparenter.

Die Vermessungs- und Ausschachtungsarbeiten

Das zuerst in der Vorstellung der Planenden entwickelte und dann in einer Zeichnung dargestellte Kirchenbauwerk mußte schließlich in Originalgröße auf dem Baugelände abgesteckt werden. Erst danach konnten Ausschachtungsarbeiten vorgenommen werden, um so die Bauwerkssohle zur Aufnahme der Fundamente schaffen zu können. Da von solchen Arbeiten nach Bauvollendung nichts sichtbar bleibt, wäre es naheliegend, sich ihrer später nicht mehr zu erinnern. Jedoch verweisen nicht wenige mittelalterliche Schriftzeugnisse ausdrücklich auf solche Tätigkeit.[149]

Vermessungsarbeiten und Priestertum

Die Übertragung des Grundrisses einer zu errichtenden Kirche in das Baugelände ist eine handwerkliche Arbeit, bar jeglichem Schöpfertum. Wenn dieses Ereignis in alten Quellen so ausdrücklich betont wird, so hat das Ursachen, die erwähnenswert erscheinen. Das Vermessen des Grundrisses im Gelände ist die erste, das Aussehen des Gebäudes unmittelbar betreffende Arbeit. Alle vorangegangenen Aktivitäten, z. B. das Beräumen des Bauplatzes, das Errichten von Arbeits- und Lagerplätzen oder das Heranschaffen von Materialien betraf die bauliche Gestalt noch nicht direkt. Zum anderen bekamen die mit der Planung des Baues nicht unmittelbar in Berührung stehenden Menschen hierbei einen ersten Begriff von den Ausmaßen des Bauvorhabens. Von entscheidender Bedeutung ist aber wohl die Tradition, auf die solche Vermessungsarbeiten zurückzuführen sind und die lebendig geblieben war. Schon etruskische Priester vermaßen das *templum* als den Ort des Kultes und den Platz für öffentliche Handlungen. »Von Anfang an waren auch in Rom die vermessungstechnischen Arbeiten durch religiöse Kulthandlungen geschützt ...«[150] Mit dem Vermessen von Armeelagern, Siedlungen und landwirtschaftlichen Anbauflächen *(limitationes)* als auch von Grenzen größerer Territorien galten die diese Arbeiten leitenden Männer als Priester des Friedens, weil man in feststehenden, nach dem Recht und genau vermessenen Grenzen eine Garantie für den Frieden sah. Dieser Brauch ging auf die Priester des Christentums über und wurde aus zwei Quellen gespeist. Die auch Vermessungsarbeiten betreffenden Ausführungen Vitruvs (verstreut im 1. und 8. Buch enthalten) und später die Werke der Agrimensoren blieben im Schutz der Klöster erhalten. Sie wurden dort durch Abschriften vervielfältigt und hinsichtlich der Anwendung des in ihnen enthaltenen Wissens lebendig erhalten. So waren es zwangsläufig die Männer der Klöster, die im frühen und hohen Mittelalter Vermessungsarbeiten ausführen konnten. Die andere Quelle bestand in jener seit Boethius (ca. 480 bis 524) erneut schriftlich gefaßten Überzeugung, daß Gott das Universum nach Maß, Gewicht und Zahl geschaffen und sich dabei der Regeln der praktischen Geometrie bedient habe. Roswitha von Gandersheim (um 935 bis 1002) faßte jenen Text der Apokryphen weiter: »Je deutlicher der Mensch erkennt, wie wunderbar des Herrn Gesetze in Zahl, Gewicht und Maß das All regieren, je größere Liebe wird er zu Gott spüren ...«.[151] Auch Gerbert, der wohl hervorragendste Gelehrte der Jahrtausendwende, Mathematiklehrer in Reims und seit 999 als Papst Sylvester II. die Kirche führend, vertrat diese Auffassung. So lagen die Vermessungsarbeiten nicht nur aus Gründen der Verfügbarkeit des Wissens, sondern auch aus religiöser

Berufung im Zuständigkeitsbereich der Geistlichen. Legenden, denen zufolge Baugrundrisse durch Wunder in das Baugelände projiziert worden waren, z. B. Mariä Schneewunder von Hildesheim vom Jahre 852, Ende des 11. Jahrhunderts schriftlich niedergelegt und den Hildesheimer Dom betreffend, bestätigen diesen Tatbestand in überhöhter Form.[152]

Wenngleich das Wissen um das Bild von der Erde im späten Mittelalter in Bewegung geriet und vermesssungstechnische Probleme in den Erdball betreffenden Größen diskutiert wurden, so schlug sich solches nicht in den für das Abstekken von Gebäudekomplexen gefundenen Regeln nieder. Selbstverständlich hatten sich im hohen und späten Mittelalter die Bürger der Städte dieses Wissens bemächtigt, und es gehörte zum Standardkönnen des nun nicht mehr an ein Kloster gebundenen Werkmeisters.

Zentrum und Richtung – die Ausgangsgrößen der Vermessung

Zu Beginn der Vermessungsarbeiten galt es, zwei Ausgangsgrößen festzulegen: den Ort des Kreuzungspunktes der Gebäudehauptachsen oder des Apsidenmittelpunktes und die Richtung, in der sich der Kirchenbau erstrecken sollte. Der Zentralbau bedurfte solcher Ausrichtung für Bauwerksgliederung und Gestaltung ebenfalls. Diese geometrischen Orientierungen ergaben sich ebenfalls aus antiker Tradition und christlichem Brauch. Bei den konstantinischen Stiftungsbauten in Bethlehem und Jerusalem waren die Orte durch die Lage der Geburtsgrotte und das Grab Jesu und bei Alt-Sankt-Peter in Rom durch das Grab des Apostels Petrus gegeben. Bei späteren Kirchenbauten markierten häufig vorchristliche Kultstätten[153] oder Märtyrergräber den Ausgangspunkt. Bei Nachfolgebauten wurden diese Orte zumeist beibehalten und bauliche Reste in den Neubau integriert. Für die Festlegung der Hauptrichtung besaß die Ost-West-Richtung seit jeher eine besondere Bedeutung, die sich letztlich auf Bräuche älterer Sonnenkulte zurückführen läßt. Dabei ist nicht uninteressant, daß sowohl bei der Grabeskirche in Jerusalem als auch bei der Peterskirche in Rom der Ort der Anbetung im Westen und nicht im Osten liegt. Hier wirkte noch antiker Brauch. Diese Gewohnheit wurde durch jene von Rom ausgehende christliche Symbolisierung überdeckt, der zufolge die Anbetung mit Blick in Richtung Jerusalem, also Osten, zu erfolgen habe. Für die Festlegung der Himmelsrichtungen kannte man in der Praxis der Antike zumindest zwei Verfahren. Das eine bestand im Anvisieren des Mittelpunktes der Sonne beim Aufgang am Horizont an den Tagen der Tag-und-Nacht-Gleiche, das andere in geometrischen Konstruktionen mit Schattenpunkten eines Gnomon (Schattenstab), die während eines ganzen Tages festgestellt wurden. Das letztgenannte Verfahren beschrieb Vitruv.[154]

Die Tatsache, daß die Längsachsen der meisten Kirchenneubauten bis zu 24° nach Norden und 12° nach Süden abweichen, ließ eine Reihe von Vermutungen über die jeweils gebräuchliche Methode der Ostung aufkommen.[155] So gilt als sicher, daß es auch üblich war, den Bau zum Punkt des Sonnenaufganges am Namenstag des Titularheiligen auszurichten. Damit stand tatsächlich ein großer Spielraum für »Ost«-Richtungen bereit. Beim Betrachten nicht weniger Kirchengrundrisse fällt auf, daß die Längsachsen Knicke aufweisen. Sie sind als Meßfehler oder aber als Folge veränderter Patrozinien erklärt worden.[156] Aus dem schon erwähnten Vermächtnis des Lorenz Lechler geht weiter hervor, daß auch der Kompaß zur Festlegung der Kirchenachse diente: »... so nimb ein Khumbast (Kompaß), setz den auf ein winckelmaß, vnd laß den magnad (Magnet) auf die mitdaglinie (Mittaglinie) stehn, vnd nimb den die Zwerglinien, die gegen den aufgang stehn vnd schlag Pfel nach einer schnuer ...«.[157] Ob dieser Brauch schon seit der Jahrtausendwende üblich war, erscheint fraglich, und ebenso ungewiß ist, ob und wie die Werkmeister mit dem an sich bekannten Problem der Mißweisung der Magnetnadel umgingen. Lorenz Lechler berücksichtigte es nicht.

Ein Nachfolgebau übernahm sehr häufig Ort und Richtung notwendigerweise, wenn alte Bauteile (z. B. Fundamente, siehe Abb. 18) erneut verwendet werden sollten. Sie blieben auch dann unverändert, wenn der Folgebau wesentlich größer um einen Altbau herum errichtet wurde (Abb. 94). Die Achsen des Magdeburger Dom-Neubaues nach 1209 scheinen durch zwei Orte bestimmt: das zu dieser Zeit angenommene Grab der Königin Edith und einen erst 1960 entdeckten Raum, der als Krypta eines Westwerkes der alten Anlage gedeutet werden könnte. Dadurch

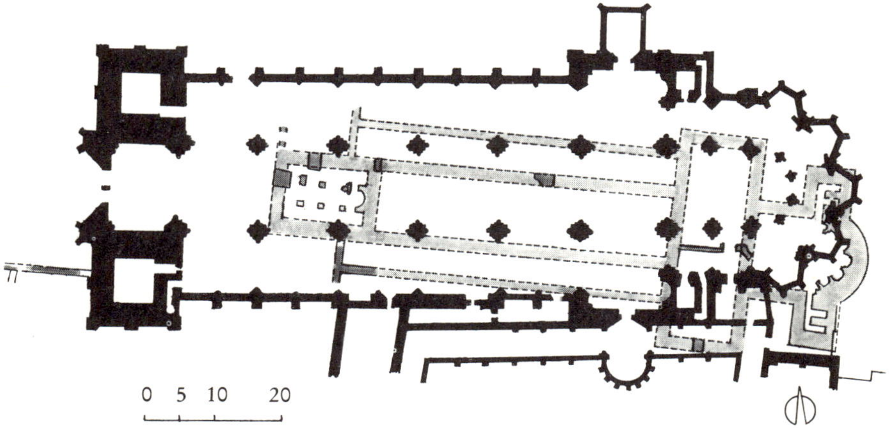

Die Grundrisse der Magdeburger Dombauten. 10. und 13. bis 16. Jahrhundert. Die Drehung der Längsachse des gotischen Domes nach Nordosten kann durch die Lage von Grabanlagen im Altbau erklärt werden.

wäre die Drehung nach Norden erklärbar (Textabb. S. 129). Örtliche Gegebenheiten zwangen hier und da auch zu erheblichen Abweichungen von der Ostrichtung. Der Dom in Erfurt ist nach Süd-Südost gerichtet. Die Architekten späterer Zeiten ordneten die Richtung der Kirchenneubauten städtebaulichen Gesichtspunkten unter.

Die Ausführung der Vermessungarbeiten

Für die Ausführung der Vermessungsarbeiten standen leicht bedienbare Gerätschaften zur Verfügung.[158] Die Himmelsrichtungen (die Nord-Süd-Richtung als Mittagslinie oder *cardo* und die Ost-West-Linie als Aufgangslinie oder *decumanus* bezeichnet) fand man mit Hilfe von Fluchtstäben, eines Gnomon oder eines Kompaß. Für Höhenmessungen (Nivellement) kannte man den Diopter, die Wasserwaage oder den Chorobat. Rechte Winkel legte man mit der Groma oder einem »ägyptischen« Winkel – aus Brettern in Längsverhältnissen 3:4:5 gefügt – fest. Für beliebige Winkel, z.B. der Fixierung der Raumdiagonalen *(crux decussata)* bediente man sich wiederum des Diopter.[159] Die Längenmessung erfolgte mit Meßseilen (gelegentlich durch Knotenmarkierungen unterteilt – Abb. 95), Meßlatten (meist 10 Fuß lang) und Fußmaßen. Mit diesen Meßmitteln wurden Sollmaße mit einem Fehler von etwa 1% übertragen. Die Seiten des Quadrats der Westvierung in der Michaeliskirche in Hildesheim messen 8,45, 8,51, 8,53 und 8,56 Meter, die Maßabweichung vom exakten Quadrat beträgt damit etwa ± 6 Zentimeter. Aus den Bauakten des Mailänder Domes kann entnommen werden, »daß es als Kunstfehler galt, ein Sollmaß an der Baustelle um 0,05 bis 0,10 Meter zu verfehlen«.[160] Man kannte durchaus die Fehler, die sich vor allem aus dem Umgang mit dem Meßseil ergeben konnten. Hauptsächlich aus Hanf bestehend, veränderte sich dessen Länge bei Feuchteeinwirkung. Indem man bei Herstellung der Seile dem Hanf noch Tierhaare, Bast oder Flachs beigab oder die fertigen Seile mit Wachs, siedendem Öl oder Schwefel behandelte, glaubte man, diese Fehlerquellen ausschalten oder zumindest mindern zu können. Man erkannte ebenso, daß es sehr wichtig sei, die Seile beim Messen mit einer konstanten Kraft zu spannen und sie bei gleichmäßiger Feuchte zu lagern und zu benutzen. Schwieriger gestalteten sich diese Arbeiten bei einem Anbau. Abt Suger erwähnte die beim Chorneubau von Saint-Denis notwendigen Vermessungsarbeiten ausdrücklich und betonte, daß Bauwerksabmessungen und Säulenstandorte »mit Hilfe geometrischer und arithmetischer Instrumente« bestimmt wurden.[161]

Die Übertragung der auf der Zeichnung festgelegten Grundrißmaße erfolgte nun in der Reihenfolge der Arbeitsschritte, die der Werkmeister schon bei Erstellen der Zeichnung angewandt hatte. Die auf das Gelände übertragenen Linien und Punkte wurden durch in das Erdreich eingeschlagene Pfähle fixiert. Auf Grund der ausgewerteten Quellen (vgl. Anm. 106) konnte eine Hypothese für die

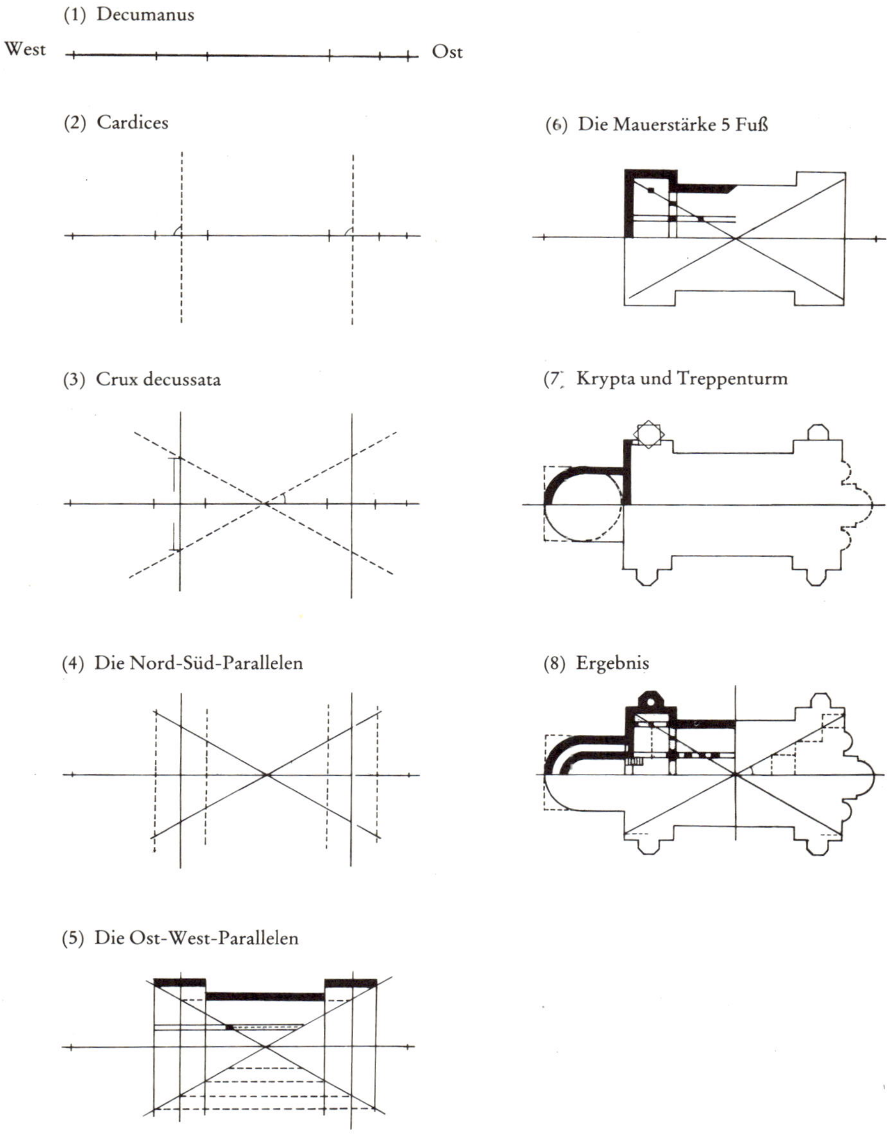

Die Vermessung der Michaeliskirche in Hildesheim nach Roggenkamp. Die Skizzen deuten an, in welchen Arbeitsschritten der Grundriß der Michaeliskirche im Jahre 1010 auf das Baugelände übertragen worden sein könnte.

Verpflockung der Michaeliskirche in Hildesheim erarbeitet werden (Textabb. S. 131). Da bei Beginn der Erdarbeiten die Markierungen verloren gehen würden, bestand die nächste Aufgabe darin, außerhalb des Schachtungsbereiches Schnurböcke zu errichten und dadurch Linien und Punkte dauerhaft zu fixieren. Dabei galt es zu berücksichtigen, um welchen Betrag die Fundamentmauern dikker als die aufgehenden Mauern sind und welcher Böschungswinkel bei der Baugrube notwendig sei, damit der Aushub störungsfrei verlaufen könne. Derartige Schnurböcke sind aus karolingischer Zeit schriftlich überliefert, von Bauten des Klosters Cluny aus dem 11. Jahrhundert sind sie festgestellt worden. Die beschriebenen Arbeiten verliefen bei einer Kirche um die Jahrtausendwende mit geometrisch einfacherem Grundriß sehr viel leichter als z. B. bei einem gotischen Bau mit polygonalem Chorabschluß und Kapellenkranz (vgl. hierzu Textabb. S. 129).

Die Erdarbeiten

Der Arbeit des Meisters und weniger, jedoch qualifizierter Vermessungsgehilfen folgte die Tätigkeit, die zwar keiner Ausbildung, aber sehr vieler Hände bedurfte: das Ausschachten der Baugrube. Spätantike und Mittelalter kannten als Werkzeuge für solche Arbeiten nur die, die auch in Landwirtschaft und Steinbruchbetrieb Verwendung fanden. Der Spaten wurde aus Holz geschnitzt und bestenfalls an der Schneide mit Eisenblech beschlagen. Zum Lösen oder Zerteilen größerer Steinbrocken im Baugrund benutzte man Hämmer, Meißel, Keile und Brechstangen. Den gelösten Boden trugen die Arbeiter mit geflochtenen Mulden und Körben zum angewiesenen Ort. Ein auf dem Rücken zu tragendes Gefäß mit Tragegestell stellte sicher schon eine Besonderheit dar (Abb. 96). Das Leistungsvermögen der Erdarbeiter war gering. Bei der *fossa carolina*, jener Großbaustelle Karls des Großen zwischen Schwäbischer Alb und Fränkischem Jura, rechnete man nachträglich mit einer Fördermenge von 0,3 Kubikmeter pro Mann und Stunde.[162] Sofern der gelöste Boden in größere Entfernung getragen werden mußte oder aus der Tiefe der Fundamentgrube über Arbeitsbühnen oder gar mittels Hebezeugen nach oben befördert wurde, sank die Durchschnittsleistung noch ganz erheblich.

77 Die heilige Humilitas führt Steine zum Bau des neuen Klosters heran. Gemälde von Pietro Lorenzetti. Um 1341. Galleria degli Uffizi, Florenz. Das Bild zeigt die Verrichtung von Baustofftransporten auf elementarster Stufe. Tieren wurden eigens dafür angefertigte Tragtaschen aufgelegt.

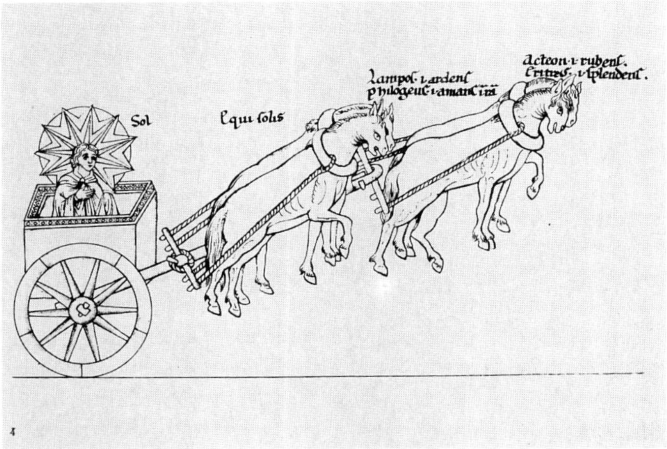

78 Steinschleife aus dem Westerwald, vermutlich 19. Jahrhundert. Mit diesem Gerät blieb Jahrtausende alte Technik in stetigem Gebrauch.

79, 80 Wagen aus dem 12. und 18. Jahrhundert. Zeichnung aus dem Hortus deliciarum der Herrad von Landsperg. Um 1180, Nachzeichnung. – Steintransportwagen nach Zabaglio, Tafel XVI, 1743. Die Darstellungen der Wagen umspannen einen Zeitraum von 600 Jahren. Im leistungsfähigen Fuhrpark war eine der wesentlichsten Voraussetzungen für schnellen Baufortschritt gegeben.

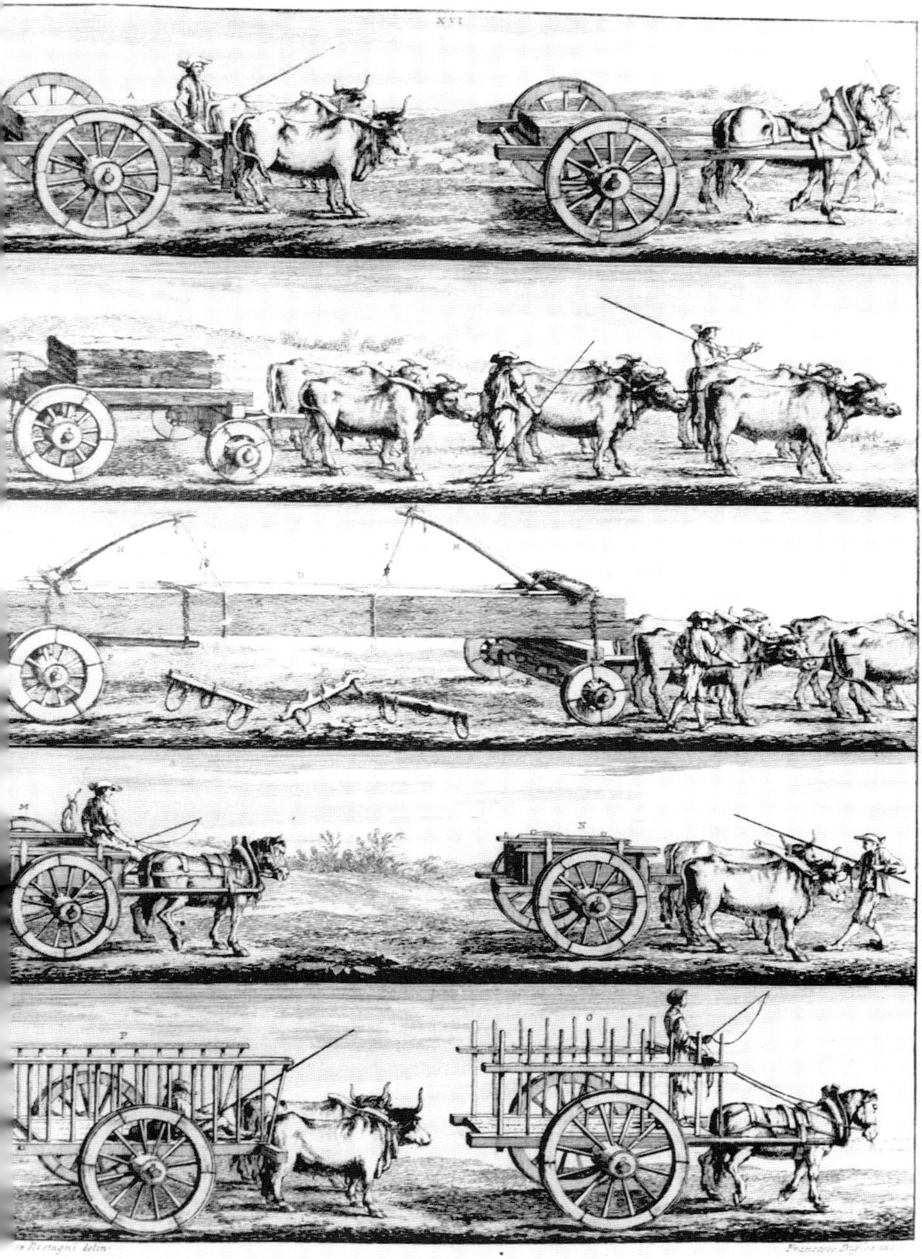
XVI

81 Steintransport mit Schiffen. Buchmalerei (Ausschnitt). Spiezer Bilder-Chronik. Diebold Schilling. 1484. Burgerbibliothek Bern, Mss. hist. helv. I. 16, S. 78. Als Beiwerk zum historischen Ereignis beschreibt der Zeichner das Entladen eines Steines aus einem Schiff. Der Wassertransport von Steinen spielte eine wesentlich größere Rolle, als aus mittelalterlichen Darstellungen erkennbar ist.

82 Pfarrkirche St. Marien in Stralsund, Westfassade. 15. Jahrhundert. Die dem Ziegelmauerwerk der Westfassade vorgelagerten Treppentürme sind aus weißem Kalkstein errichtet. Die Steine wurden von der Insel Gotland herantransportiert.

83 Spätantike Säulen im Chor des Magdeburger Domes. 13. Jahrhundert. Die Säulen und auch andere Bauteile wurden auf Befehl Kaiser Ottos I. aus Ravenna nach Magdeburg zum Dombau transportiert. Nach der Brandkatastrophe des Jahres 1207 und dem Abriß der Bauwerksreste fanden diese Teile nach 1209 einen ihrer Bedeutung gemäßen Platz im neuen Domchor.

84 Inneres der Laterankirche vor dem Umbau des Jahres 1650. Gemälde von Philippo Gagliardi. Um 1640 bis 1650. S. Martino ai Monti, Rom. Das Bild zeigt, daß die Säulen verschieden lang und die Kapitelle unterschiedlich gestaltet sind. Offenbar wurden die Teile von verschiedenen Abrißbauwerken herangeschafft.

85 Klosterruine Paulinzella. 12. Jahrhundert. Blick in das ehemalige Mittelschiff nach Osten. Die Säulen, deren jede eine Masse von etwa 4 Tonnen besitzt, wurden von Steinbrüchen aus unmittelbarer Nähe herangeschafft.

86 Der Transport von Säulen nach dem Bericht Vitruvs. Aus Walter Ryffs »Vitruvius Teutsch«, Nürnberg 1548, fol. CCXCVIII r. Holzschnitt, 230 × 141 Millimeter. Die Illustration der Transportvorgänge folgt durchaus dem Text Vitruvs, in der Baupraxis wird dies jedoch nur selten angewandt worden sein.

87 Transport von Steinen. Miniatur vom Bau der Kathedrale von Modena. Frühes 13. Jahrhundert. Modena, Archivio Capitolare, Ms. O, II. 11. Der Transport der Baustoffe erfolgte auf der Baustelle so lange durch Tragen, wie die verarbeiteten Steingrößen solches ermöglichten.

88 Bau der Sainte-Madeleine in Vézelay. L'Histoire de Charles Martel et ses Successeurs. Buchmalerei. 1448 bis 1465. Bibliothéque Royale Brüssel, Ms. 6, fol 554 v. Rechts im Vordergrund sind Bauarbeiter mit Transportarbeiten beschäftigt. Es erscheint erstaunlich, wie gleichberechtigt die Schubkarre, hier schon mit Entlastungsgurt, neben der Trage gezeigt ist, obwohl erstere doch eine erhebliche Produktivitätssteigerung ermöglichte.

noble et vertueuse duchesse berthe de bourgongne
Comment berthe duchesse de bourgongne fist encomen

89 Die nördliche Turmspitze des Magdeburger Domes. Turmvollendung 1520. Die den Turm bekrönende Kreuzblume wurde aus einem Stein mit den Abmessungen 2,05 × 2,05 × 0,70 Meter gehauen. Auch nach der steinmetzmäßigen Grobbearbeitung dürfte seine Masse noch immer etwa 3 Tonnen betragen haben.

90 Pfarrkirche St. Nikolai in Stralsund, Tretrad im Turm. Das Tretrad als Kranantrieb bezeugt hervorragende Zimmermannsarbeit. Die Konstruktionsprinzipien blieben über Jahrhunderte unverändert.

91 Der Bau des Turmes zu Babel. Mosaik in der westlichen Vorhalle des Domes S. Marco in Venedig. 2. Viertel des 13. Jahrhunderts. Das sehr mühsame Tragen der Baustoffe über Leitern oder schiefe Ebenen nach oben blieb auch dann vorherrschend, als Kräne zum Einsatz kamen. Den Kränen wurden die Steine zugeordnet, die die Tragkraft der Menschen überstiegen.

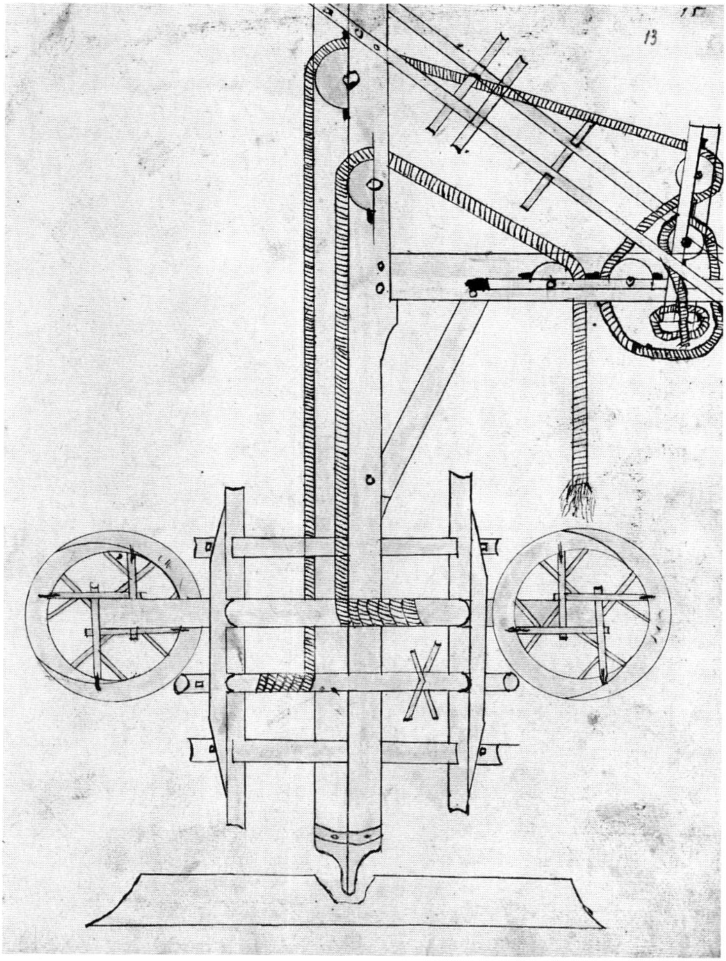

92 Zeichnung eines Kranes. Um 1470. Öffentliche Bibliothek der Universität Basel. Handschrift L II 22. Die Zeichnung zeigt einen für seine Zeit sehr weit entwickelten Kran. Als Antriebe dienen Winde und Treträder. In zeitgenössischer Manier sind unterschiedliche Projektionsebenen zusammengefaßt.

93 Bau des babylonischen Turmes. Buchmalerei aus der Wenzel-Bibel. Ende 14. Jahrhundert. Österreichische Nationalbibliothek Wien. Cod. 2759, fol. 10 v. Am Turm sind drei durch Treträder angetriebene Kräne im Einsatz. Das Bild zeigt deutlich, daß sich durch Platzmangel erhebliche Probleme für den Bauablauf ergeben. Trotz der drei Kräne werden Baustoffe auch über Leiter und Treppe nach oben getragen.

ist die tzunge aller erden vnd

94 Blick in den Chor von St. Dionysius in Eßlingen am Neckar. Die bei Ausgrabungen freigelegten Bauteile von Vorgängerbauten reichen bis in das 8. Jahrhundert zurück. Die Neubauten wurden unter Beibehaltung der Ostrichtung um die Altbauten herumgebaut.

95 Vermessung des Grundrisses der Klosterkirche von Cluny. Buchminiatur. Ende 12. Jahrhundert. Bibliothèque Nationale Paris, Ms. lat. 17716, fol. 43. Das Bild zeigt die Apostel Petrus und Paulus und den Märtyrer Stephanus im Umgang mit Meßseilen. Sie erscheinen dem kranken Mönch Gunzo in einer Vision und beauftragen ihn, Abt Hugo zum Neubau einer größeren Klosterkirche zu bewegen.

96 Ausschachtungsarbeiten und Erdtransport. Miniatur vom Bau der Kathedrale von Modena. Frühes 13. Jahrhundert. Modena. Archivio Capitolare, Ms. O, II, 11. Die Arbeiter graben mit Spaten und tragen das Erdreich in Körben auf dem Rücken aus der Baugrube. Der Werkmeister Lanfrancus überwacht die Arbeiten wohl auch, um die Entscheidung über die Ausschachtungstiefe fällen zu können.

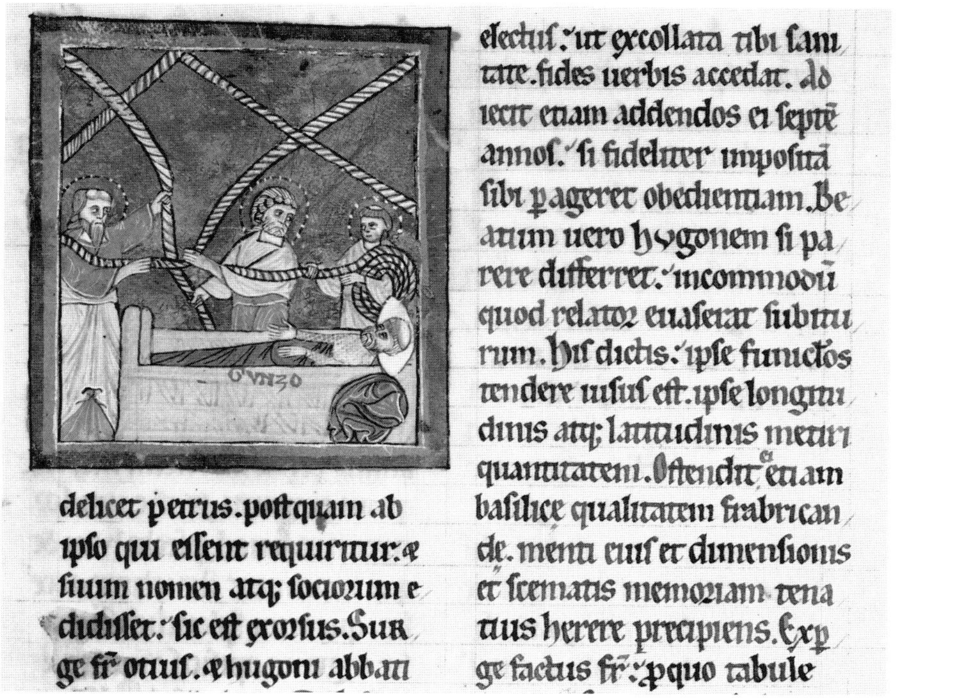

delicet petrus. postquam ab
ipso qui essent requiritur: &
suum nomen atq; sociorum e
dixisset: sic est exorsus. Sur
ge fr otius. & hugoni abbati

electus: ut excollata tibi sani
tate. fides uerbis accedat. Ad
iecit etiam addendos ei septē
annos. si fideliter impositā
sibi prageret obedientiam. Be
atum uero hugonem si pa
rere differret: incommodū
quod relator euaserat subitu
rum. His dictis: ipse funiculos
tendere uisus est. ipse longitu
dinis atq; latitudinis metiri
quantitatem. Ostendit etiam
basilice qualitatem fabrican
de. menti eius et dimensionis
et scematis memoriam tena
tius herere precipiens. Exp
ge factus fr: p quo tabule

97, 98 Die Klosterkirche Neuzelle an der Oder. Ansicht aus Süden und Blick auf Inschrift am früher frei sichtbaren Turm. Spätes 13. bis Mitte 14. Jahrhundert. Umbau 18. Jahrhundert. Bis über die Höhe des Hauptgesimses reichte hier ein Höhenzug, der vor Baubeginn abgeschachtet wurde. An diese Leistung erinnert eine früher weit sichtbare Inschrift, die durch den Anbau mit der Turmuhr aus dem 18. Jahrhundert verdeckt ist.

99 Ein Grundstein der Michaeliskirche in Hildesheim. Diesen Grundstein aus dem Jahre 1010 fand man 1908 bei Erneuerungsarbeiten am Fundament des südwestlichen Treppenturmes.

Es bedarf nur sehr grober Überschläge, um sehr schnell in die Größenordnungen der Hunderte oder Tausende von Kubikmetern des Erdreichs zu gelangen, das zu lösen, zu heben und wegzuschaffen war.[163]

Der Erdarbeiten bedurfte es aber nicht nur zur Herstellung der Fundamentgräben. In manchen Fällen mußte durch bedeutende Erdtransporte erst eine Bezugsebene im Baugelände geschaffen werden. Solches erwähnt die Vita des Bischofs Benno II. von Osnabrück für den seit 1080 betriebenen Bau des Klosters Iburg bei Osnabrück: »Als er darauf begann, die Fundamente des Klosters zu legen, stellte er fest, daß der Beginn des Werkes sehr schwierig sei, da das Gelände selbst in der Mitte sehr stark erhöht war und nach beiden Seiten abfiel. Er aber, in dieser Aufgabe sehr erfahren, ließ die höheren Stellen abtragen und die niederen mit Erde anfüllen und erzielte so, wie man jetzt sehen kann, eine Fläche, die aufgrund der Weite zur Aufnahme des Klosters und der Werkstätten ausreichte ...«[164] Bei der Anlage zisterziensischer Klöster werden solche Arbeiten in erhöhtem Maße notwendig geworden sein, man denke nur an den »heiligen Damm« beim Kloster Doberan – er gab dem Ende des 18. Jahrhunderts angelegten ersten Ostseebad seinen Namen – oder gar an Neuzelle. Dort trug man einen Bergrücken von 17 Meter Mächtigkeit ab, um mit den gewonnenen Erdmassen eine Sumpfniederung aufzufüllen und gleichzeitig geeignetes Bauland zu erhalten. Am Turm der Klosterkirche – früher weithin sichtbar, seit dem 18. Jahrhundert durch einen Anbau verdeckt – befindet sich eine Inschrift, die von diesem Vorhaben berichtet (Abb. 97 und 98): »Am Ort der Kirche, so ich (der Turm) stehe, und im ganzen Umkreis ist ein Berg gewesen. So groß war er wie die Höhe dieser Inschrift.«[165]

Die Entscheidung darüber, wie tief zum Anlegen der Fundamentsohle zu graben sei, lag im Ermessen von Werkmeister und Auftraggeber. Vitruv hatte sich hierzu nur sehr unverbindlich geäußert: »Die Baugruben ... müssen vom festen Boden, wenn er sich finden läßt, und im festen Boden gegraben werden, so groß es auf Grund der Größe des Bauwerkes angemessen erscheint ...«[166] Und so lag die Entscheidung über die hinreichende Tiefe für die Fundamentsohle in der Auslegung dieses Textes oder anderweitiger Erfahrungen. Bei einer Reihe von Bauten ließen die Werkmeister erstaunlich weit in die Tiefe graben, bis sie eine hinreichend tragfähige Grubensohle gefunden zu haben glaubten. Drängten ungeduldige Bauherren den Werkmeister, so endeten die Ausschachtungsarbeiten sehr bald, gelegentlich schon nach dem Abtragen des Mutterbodens. Die Westtürme der Stiftskirche in Gernrode waren kaum einen Meter tief gegründet, die Hauptpfeiler des Mailänder Domes ebenfalls. Während letztere auf Empfehlung des Meisters Jean Mignot sofort abgerissen und auf tiefer gegründeten Fundamenten neu aufgeführt wurden, hielten erstere, jeder Baugrundtheorie zum Trotz, bis zum Beginn des 20. Jahrhunderts. Erst zu dieser Zeit wurden die Türme im Rahmen einer umfassenden Rekonstruktion des ganzen Bauwerks abgerissen und hinreichend gegründet neu errichtet.

Die Feierlichkeiten zu Baubeginn

Der Beginn von Arbeiten für ein neues Bauwerk von gesellschaftlichem Rang wird in der Gegenwart durch den »ersten Spatenstich« als Beginn der Ausschachtungsarbeiten und die »Grundsteinlegung« als Beginn der Maurerarbeiten feierlich begangen. Bei den Kirchenbauten der Spätantike und des Mittelalters bietet sich ein differenziertes Bild.[167] Man kannte die Einsegnung des Bauplatzes. Dabei wurde im Zentrum des Grundrisses ein Kreuz errichtet und der gesamte Grundrißbereich mit Weihwasser besprengt. In einem Gebet bat der Bauherr um Reinigung des Ortes, um glückliche Bauvollendung und um Segen für alle Menschen, die in der Kirche später beten werden. Dieser Brauch ist vor allem für das 10. und 11. Jahrhundert belegt. Er setzte voraus, daß zu diesem Zeitpunkt die Vermessungsarbeiten beendet gewesen sein mußten. Das Ereignis des ersten Spatenstiches ist als Legende von Kaiser Konstantin und seinen Stiftungsbauten in Rom (Alt-Sankt-Peter) und Jerusalem aus dem 4. Jahrhundert überliefert. Danach trug er zwölf Körbe Erdreich aus dem Fundamentbereich heraus. Solches fand im 12. Jahrhundert Nachahmung. Das seit dem 11. Jahrhundert am häufigsten genannte Ereignis ist die Grundsteinlegung, jedoch in der Form, daß vom Bauherrn und seinen Gästen mehrere Grundsteine oder gar mehrere Körbe voller Steine, über den ganzen Bauabschnitt verteilt, in die Baugrube getragen und verlegt wurden. Hinsichtlich der Anzahl der Steine oder der mit Steinen gefüllten Körbe war die Zahl Zwölf besonders fixiert. Der im Fundament der Michaeliskirche in Hildesheim gefundene Grundstein (Abb. 99) legt durch seine Beschriftung mit den Namen »Benjamin« als eines der zwölf Stämme Juda und »Matthäus« als einem der zwölf Apostel diesen Bezug nahe (Offb 21, 14). Der Bau erster Fundamentabschnitte fand auch dadurch besondere Akzentuierung, daß, ebenfalls durch biblischen Text begründet, Edelsteine eingemauert wurden (Offb 21, 19 und 20). Besonders anschauliche Berichte von Grundsteinlegungen sind durch Thietmar von Merseburg aus dem Jahre 1015 und Abt Suger von Saint-Denis um 1140 überliefert.[168] Dieser Brauch blieb über die Jahrhunderte am weitesten verbreitet. Es war dabei durchaus üblich, das herbeigeströmte Volk an diesen Feiern aktiv zu beteiligen und nicht unerhebliche Transportleistungen an Erdmassen aus der Grube bzw. an Steinmassen in die Grube schon während oder sofort nach der Feier vollbringen zu lassen.

Der Mauerwerksbau

Mittelalterliches Mauerwerk ist Gestalt gewordene Geschichte. Unter den Zeugnissen dieser Zeit widerstand es noch am ehesten den zerstörenden Einflüssen der Jahrhunderte, wenn es an pfleglicher Obhut mangelte. Seit etwa 150 Jahren weiß man um die Aufgabe, solche Sachzeugen zu erkennen, zu pflegen oder auch wiederherzustellen (Abb. 100). Betrachter nehmen solche Bauwerke oder auch Ruinen vor allem intuitiv wahr. Der folgende Text will die einzelnen Arbeitsschritte, deren es bedurfte, einen Mauerwerkskörper zu schaffen, verfolgen und die Tendenz der Entwicklung darlegen. Dabei erscheint es wesentlich, die nebeneinander verlaufenden und beeinflussenden Entwicklungslinien bei den Mauerwerksarten einmal hinsichtlich des verwendeten Materials einschließlich deren Herstellungsweise und zum anderen die Art der geschaffenen Mauerwerkskörper im Rahmen des Gesamtbauwerkes zu verfolgen.[169] Aus Mauerwerk entstanden im Kirchenbau monumentale Baukörper kühnster Konstruktion mit vollendeter künstlerischer Gestaltung. Und es wurde vor allem durch den Kirchenbau zur allgemein beherrschenden Bauweise.

Die Materialgewinnung

Die Materialien für den Mauerwerksbau bieten sich zumeist an der Erdoberfläche in vielfältigster Weise zur Gewinnung dar. Das bezieht sich durchaus nicht nur auf die zu vermauernden Steine, sondern in gleichem Maße auch auf die aus bestimmten Gesteinen zu gewinnenden mineralischen Bindemittel für den Mörtel (Kalk, Mergel, Gips), den dazu ebenfalls notwendigen Sand und den Lehm für die Ziegelherstellung. Aber nicht jedes dieser Vorkommen ist für Bauzwecke geeignet. Für das mittelalterliche Bauen im Raum nördlich der Alpen griff man auf Lagerstätten aus provinzialrömischer Ära zurück und war durch den Zustand der aus solchen Baustoffen errichteten Bauten in der Lage, auf die Eignung der Stoffe rückschließen zu können. Bei der Erkundung neuer Lagerstätten für Mauerwerksbaustoffe nutzte man allgemeine Erfahrungen oder auch die schriftlichen Hinweise aus Vitruvs 2. Buch.

Die Gewinnung natürlicher Bausteine Natursteine müssen, sofern man sie als Bausteine verwenden will, einer Reihe von Anforderungen entsprechen. Vitruv hatte als notwendige Eigenschaften die leichte Bearbeitbarkeit, hinreichende Festigkeit, die Witterungsbeständigkeit und die Feuerbeständigkeit hervorgehoben.[170] Daß es darüber hinaus wünschenswert gewesen ist, daß der Stein auch schön aussehe, mag als selbstverständlich empfunden worden sein. Ganz entscheidend für die Auswahl blieb aber immer der möglichst günstige Transportweg zwischen Steinbruch und Baustelle.

Als Gesteinsarten bevorzugten die Meister die schon von Vitruv als »weich« oder »mittelhart« bezeichneten. Er meinte hierbei vor allem Tuff und Travertin, die sich leicht bearbeiten ließen, bei der Austrocknung manchmal infolge eines Karbonatisierungseffektes fester und härter wurden und durchaus als witterungsbeständig bezeichnet werden konnten. Im mitteleuropäischen Raum gewannen

Sand- und Kalkstein eine bedeutende Rolle. Alle diese Gesteine ließen sich durch Eintreiben von Keilen in Klüfte und Schichtungsfugen verhältnismäßig leicht vom Massiv lösen. Durch Ausspitzen schmaler Spalte konnten derartige natürliche Bildungen für leichteren Abbau ergänzt werden (Abb. 101 und 102). Es war meist möglich, die größeren Blöcke ohne große Verluste in orthogonale Stücke der Größe zu zerteilen, die für Transport, Bearbeitung und Vermauern wünschenswert erschienen. Entsprechend dem Stand der Mauerwerkstechnik wurden bis zum 12. Jahrhundert noch Steine ohne einheitliche Maße und Maßbezüge so gebrochen, daß das gelöste Gesteinsvolumen höchstmöglich ausgenutzt wurde, während andererseits seit dem 11. Jahrhundert mit zunehmender Tendenz Steine von einheitlichen Maßen zum Vermauern hergestellt wurden. Der Vorteil dieser Entwicklung lag auf der Hand: Bei der Bearbeitung der Steine auf der Baustelle fiel weniger Bauschutt an, es ließ sich ein regelmäßigerer Steinverband im Mauerwerk herstellen und das Mauern verlief schneller. Die Realisierung von Wunschvorstellungen hinsichtlich der Steinformate blieb jedoch immer von den Eigenarten des Gesteinsvorkommens (Klüftung, Schichtung) abhängig. Der Sandstein des Elbsandsteingebirges ließ sich jederzeit in prismatische Gestalt der Seitenverhältnisse 1:1:3 zubereiten, bei der Baustelle Bernwards in Hildesheim mußten die Bauleute mit sehr plattigen Steinen im Seitenverhältnis von etwa 1:5:5 Vorlieb nehmen. Letztere ließen sich wesentlich schwieriger vermauern. Gewann man Steine im großen Umfange und über lange Zeiträume, so erhielt die Landschaft dadurch u. U. ein verändertes Aussehen. Der Drachenfelsen am rechten Rheinufer südlich Kölns oder die steil aufragenden Wände im Stromtal des Elbsandsteingebirges zeugen von solcher Tätigkeit. Steine, die im Steinbruch auf Ungefähr-Maße zugearbeitet wurden, nannte man vielfach »Hausteine«. Die Steingewinnung erfolgte nahezu ausschließlich im Tagebau, nur selten setzte man sich der Gefahr und Mühe einer Untertagegewinnung aus. Die von solcher Gewinnung im Kalksteinmassiv verbliebenen Hohlräume vor den Toren des mittelalterlichen Paris bereiten in der Gegenwart große Sorgen. Sie verursachen nicht voraussehbare und plötzlich auftretende Setzungen an später errichteten Gebäuden und Defekte an Versorgungsleitungen.

Für große und hoch beanspruchte Bauteile mußte besonders sorgfältig nach geeigneten Natursteinvorkommen gesucht werden. Von den Nöten des Abtes Suger hinsichtlich der benötigten Säulen wurde bereits berichtet (siehe Seite 123). Die Kopplung von Steinbruch und Steinmetzbetrieb für die Herstellung der Sandsteinsäulen am Bullauer Berg bei Miltenberg am Main weist sehr deutlich auf die Problematik einer Arbeitsteilung zwischen Steinbruch und Baustelle hin (Abb. 103). Je genauer die Steinbrecher und Steinmetze bereits am Steinbruch arbeiteten, um so kleiner wurde die zu bewältigende Transportmasse und um so geringer der Schuttanfall auf der Baustelle.

Besondere Aufmerksamkeit erregten jene Bauten der Romanik, in denen durch Einsatz verschiedenfarbiger Steine besondere ästhetische Wirkungen erzielt wurden. Hierdurch erhöhte sich jedoch der Aufwand für Organisation, Planung und Transport erheblich. Bauten wie die Dome von Speyer und Pisa sowie die Klosterkirchen von Maria Laach, Vézelay (Abb. 105) und Bélapátfalva in Nordungarn (siehe Abb. 127) seien als Beispiele für solche Auswahl und Anordnung verschiedenfarbigen Gesteinsmaterials genannt. Bischof Bernward von Hildesheim strebte ebenfalls eine solche Lösung an. Die Materialfunde schienen solcher Absicht auch dienlich gewesen zu sein, denn der hellgraue Sandstein für die Hauptmasse des Mauerwerks stand südwestlich Hildesheims am Steinberg an und der rote Sandstein im Hildesheimer Wald in unmittelbarer Nähe der Baustelle. Das rote Material erwies sich aber als von nicht hinreichend festem Gefüge, und man sah bis auf wenige Ausnahmen von dessen Verarbeitung ab. Um aber den Plan nicht ändern zu müssen, färbte man nun einzelne aus hellem Gestein hergestellte Werksteine mit gebranntem Ocker rot ein. Die Einfärbung erwies sich als dauerhaft und wirkte so natürlich, daß sie nicht im Kontrast zu den wenigen wirklich roten Sandsteinen standen. Die zur Bauzeit vorgenommene Einfärbung blieb lange Zeit unerkannt.[171]

Stand kein gut bearbeitbares Weichgestein zur Verfügung, so griff man zu anderen Arten. Die dafür in Frage kommenden Gesteine, es handelte sich vor allem um Pläner, Grauwacke, Schiefer und Quarzite, waren durch die Verwitterung geklüftet und ließen sich wohl lösen und zerteilen, mit den bekannten Werkzeugen jedoch nicht maßgenau bearbeiten und schon gar nicht Profile oder Verzierungen anarbeiten. Das aus solchem Gestein errichtete Mauerwerk (Abb. 104) war schwierig herzustellen und befriedigte in ästhetischer Hinsicht nicht. Es brachte zudem in statischer Hinsicht Probleme mit sich, die der Werkmeister u. U. als Risse wahrnahm.[172]

Die Ziegelherstellung[173] Die Ziegelproduktion ist in der Menschheitsgeschichte sehr weit zurück verfolgbar und war immer dort besonders angesiedelt, wo Mangel an geeigneten Natursteinen herrschte, dagegen Ton- und Lehmvorkommen und – zumindest nördlich des Mittelmeeres – Brennstoffe zur Verfügung standen. Im römischen Bauwesen fanden die Ziegel bei der Errichtung von Mauerwerk etwa gleichberechtigt neben dem Naturstein Verwendung. Vitruv betont sogar deren besonders hohe Lebensdauer. Häufig wurde das Ziegelmauerwerk durch Putz oder Natursteinplatten-Verkleidung dem Blick des Betrachters entzogen und dadurch hinsichtlich seiner ästhetischen Wertung dem Naturstein untergeordnet. Für den frühen Kirchenbau stellten Ziegel ein selbstverständliches Baumaterial dar. Die Kenntnisse zu deren Herstellung blieben über das Römische Reich hinaus erhalten. Dem Schriftkundigen standen die Ausführungen der Vitruv-Abschriften zur Verfügung.[174] Römischer Technologie-Transfer hatte auch in den nordalpinen Provinzen leistungsfähige Ziegeleien, in friedlichen Zeiten von Legionären betrieben, entstehen lassen. Es standen dort im Mittelalter bedeutende ungenutzte Bauwerke bzw. Ruinen, die zum Bauen mit Ziegeln anregten und die bei Abbruch als Vorratslager für dieses Material dienten. Die Zweckmäßigkeit dieses Baustoffes wird dazu angeregt haben, neue Produktionsstätten entstehen zu lassen. Darf man die Bauten Ravennas aus dem 6. Jahrhundert (z. B. Sant' Apollinare in Classe und Sant' Apollinare Nuovo) noch vollkommen in römischer Bautradition entstanden sehen, so liegen die Verhältnisse bei den episodenhaft auftretenden Ziegelbauten des 9. bis 11. Jahrhunderts im Norden differenzierter: die Einhard-Bauten in Steinbach (zwischen 815 und 827) und Seligenstadt (nach 830 begonnen) entstanden vielleicht noch aus Ziegeln in Zweitverwendung,[175] die Gewölbe der Krypta von St. Maria auf dem Münzenberg in Quedlinburg (1015 bis 1017) notwendigerweise aus neuer Ziegelproduktion. Mit zunehmender Bautätigkeit im 10. und 11. Jahrhundert wurde die Ziegelbauweise stärker verbreitet. Die Anstöße kamen aus der Lombardei, und Kirchenbauten in Mailand, Verona und Modena künden von jener Phase, die sich mit nur knapp 100jähriger Verzögerung im nordalpinen Raum auszubreiten begann (Abb. 108). Schwierigkeiten bei der Einführung der Ziegelbauweise ergaben sich durch die Besonderheiten der Ziegelherstellung. Sie sei kurz geschildert.[176] Ein geeignetes Lehm- oder Tonvorkommen wurde erschlossen, das Material abgegraben, mit Wasser vermischt und in Haufen solcher Größe gelagert, die im Winter vollkommen durchfrieren konnten. Dieser Prozeß blieb unverzichtbar, weil es neben der Handarbeit auch der Klimaeinwirkung bedurfte, um das Material zu homogenisieren. Das Formen der Ziegelrohlinge bedurfte nur geringen Zeitaufwandes. Es wird eine Leistung von 50 bis 100 Rohlingen pro Ziegler und Stunde für möglich gehalten. Als Methoden für das Formen kannte man das Herausschneiden eines Rohlings aus einer ausgewalzten Schicht des Rohmaterials, das Sandstreichen in einer Kastenform oder das Wasserstreichen in einem Rahmen. Der Rohling mußte nun, sollten sich beim Brennen keine Risse einstellen, mindestens ein Jahr trocknen. Vitruv berichtete sogar von fünfjähriger Trockenzeit. Das Brennen erfolgte in Meilern oder auch in Einkammeröfen und dauerte mehrere Tage (Abb. 106 und 107). Von den zum Brand eingesetzten Rohlingen gelangen vielleicht 60 % zu gut aussehenden, festen und maßgerechten Ziegeln. Ungleiche Temperaturen in diesen aus heutiger Sicht unvollkommenen Brandstätten ließen den Rest nicht hinreichend oder übermäßig brennen. Die einen Ziegel waren nicht beständig gegen Wasser- und Frosteinwirkung, andere hatten sich infolge Schmelzebildung stark verformt. Diese schlecht geratenen Ziegel wurden an nicht sichtbarer Stelle im Inneren von Mauern und Pfeilern verarbeitet. Besonderer Sorgfalt bedurfte die Herstellung profilierter bzw. verzierter Ziegel (Abb. 109). Man bearbeitete getrocknete Rohlinge steinmetzmäßig oder formte die Rohlinge in entsprechend ausgebildeten Kastenformen. Die Ziegelproduktion fand meist in unmittelbarer Nähe des zu errichtenden Bauwerkes statt.[177]

Die Beschreibung der Ziegelproduktion deutete die sich dabei ergebenden Probleme an: es bedurfte insbesondere für Materialaufbereitung und Brennen großer Erfahrung. Die Ziegelherstellung wurde damit zu einem sehr arbeitsteiligen Vorgang. Die andere Schwierigkeit bestand darin, daß es der genauen Materialbilanz bedurfte, da zu spät bemerkter Mangel an Ziegeln eines Formates ehestens mit Jahresfrist behoben werden konnte. Solche Schwierigkeiten kannte man vom Bau mit Naturstein nicht. Dort konnte der Steinmetz in kurzer Zeit ein fehlendes Paßstück für das Mauerwerk zuarbeiten. Die Rolle, die der Ziegelmauerwerksbau bei der Veränderung und Qualifizierung der Bauplanung zwangsläufig hat spielen müssen, wurde bisher keiner Betrachtung unterzogen.[178]

Steinmaterial aus Sekundärverwendung Es war schon immer ein lohnendes Unternehmen, Steine für das Mauerwerk aus Ruinen oder nicht mehr genutzten Bauten zu gewinnen. Die Steine ließen sich im Mauerwerk leichter lösen als vom natürlichen Fundort, die Transportentfernung war in der Regel sehr klein, und vom Stein wußte man, wie er sich unter Witterungs- und Krafteinwirkung verhalten hatte. Die Vorteile solchen Handelns lagen jederzeit offenbar, und so verwundert es nicht, die Sekundärverwendung von Steinen schon bei der Akropolis in Athen nachgewiesen zu finden. Seit den Konstantinischen Stiftungen, noch stärker seit 391, da Theodosius das Christentum zur Staatsreligion erhoben hatte, bestand ein großes Bedürfnis zum Kirchenbau. Es lag schon zu dieser Zeit nahe, nicht genützte Gebäude, auch Tempel, abzureißen und die gewonnenen Baustoffe zum Bau der Kirchen zu verwenden. Als in den Jahrhunderten nach dem Zusammenbruch des großen Reiches die einstmals stolze Millionenstadt Rom nur noch 25000 Einwohner zählte, fanden viele Gebäude keine Nutzung mehr und verfielen. Aus dieser Sicht wird verständlich, wenn Papst Gregor I., genannt »der Große«, empfahl, heidnische Kultstätten als Kirchen zu weihen oder aus den beim Abriß gewonnenen Materialien Kirchen zu bauen. Solches blieb in Rom bis zum 17. Jahrhundert Brauch.[179] Für eine Reihe vorromanischer bzw. romanischer Kirchen Kölns sind Baustoffe und Bauteile von Bauten aus der Zeit der provinzialrömischen Stadt Colonia Agrippina nachgewiesen.[180] Es kam aber auch die Phase, daß erbaute Kirchen sich nach einiger Zeit als zu klein oder nicht mehr standsicher erwiesen und der Neubau beschlossen wurde. Auch hier blieb die Wiederverwendung des Materials naheliegend (vgl. Abb. 119). »Das alte Material wurde in den Fundamenten des neuen Bauwerkes mitverwandt, da man die durch die Kirchenweihe Gott zugeeigneten Steine zu profanen Zwecken nicht mehr gebrauchen durfte – eine Vorschrift, die in der ›*Summa*‹ von Pierre le Chantre Ende des 12. Jahrhunderts enthalten ist.«[181] Gerade diese Aussage berechtigt, den Begriff »Spolie« zu Recht auch für Massenbaustoffe anwenden zu dürfen.

Zu Entscheidungskriterien für die Auswahl von Gesteinsbaustoffen Im Abwägen für oder wider einen bestimmten Naturstein oder im Entscheiden zwischen Naturstein und Ziegel gab es sehr unterschiedlich motivierte Begründungen. Ziegelmauerwerk beim Kirchenbau des Bergerklosters der Reichsstadt Altenburg im Pleißenland

(Baubeginn 1172), einer Landschaft, in der infolge Vorkommens geeigneter Natursteine die Hausteinbauweise für Kirchenbauten als allgemein galt, wurde auf die Einflußnahme des Stifters jenes Augustiner-Chorherrenstiftes, Kaiser Friedrich I. Barbarossa, zurückgeführt. Die Bezüge zu den ihm nahestehenden, in Ziegelmauerwerk errichteten Bauten Oberitaliens, vielleicht auch der roten Farbe der Ziegel auf das dem Kaiser vorbehaltene Purpur, lassen sich als Beweggründe für die Wahl des zu dieser Zeit und an diesem Ort ungewöhnlichen Baustoffs anführen. Im 12. und 13. Jahrhundert entstanden die Kirchenbauten der Mark Brandenburg dann aus Ziegelmauerwerk, wenn die Landesherren als Auftraggeber oder Förderer auftraten. Man mußte auf Feldsteinmauerwerk mit all seinen Problemen (vgl. Exkurs 1, S. 289) zurückgreifen, wenn solche Unterstützung ausblieb. Ist auch hierin eine durch den Herrschaftsanspruch ausgelöste Baustoffwahl zu sehen? Am Niederrhein fällt auf, daß die der Romanik zuzuschreibenden Bauten aus Eifeltuffstein entstanden, die der Gotik dagegen aus Ziegeln. Andererseits führte das Festhalten an Hau- und Werksteinmauerwerk beim Bau des Wiener Stephansdomes dazu, daß die große Menge der Steine aus dem 35 Kilometer entfernt liegenden Leitha-Gebirge herangeschafft wurden, während im unmittelbaren Baustellenbereich bester Ziegelton anstand. Die Wetterbeständigkeit von Sandsteinen ließ die Bauherren seit dem 16. Jahrhundert in und um Leipzig zu der Erkenntnis gelangen, den bis dahin vorwiegend verwendeten Weißenfelser Sandstein aus dem Saaletal durch den viel weiter zu transportierenden und dadurch kostenaufwendigeren Stein des Elbsandsteingebirges abzulösen.[182] Bauwerke, an denen mehrere Baustufen nachgewiesen und durch Baustoffwechsel erkennbar sind, zeigen deutlich, wie sich Auswahlkriterien für die zu verwendenden Steine infolge veränderter Verfügbarkeit oder wirtschaftlicherer Gewinnbarkeit im Laufe der Zeiten veränderten (Abb. 110).

Die Mörtelherstellung Der Mörtel ist jenes Medium, das einzelne Steine zu großen Körpern verbindet. Nicht das Aufschichten von Steinmassen gilt danach als Kriterium für einen Mauerwerksbau, sondern der als Verbindungsmittel zwischen den Steinen wirkende Mörtel.

Die Bereitstellung des Kalkmörtels stellt sich, ähnlich der Ziegelherstellung, kompliziert und arbeitsteilig dar und bedurfte ebenfalls eines hohen Zeitaufwandes. Die Hinweise Vitruvs zur Mörtelbereitung gaben dem Praktiker keine allzugroße Hilfe[183]. Dieser mußte den geeigneten Kalkstein finden, ihn brennen und löschen und danach den gewonnenen Kalkteig mit Sand vermischen. Da die Eigenschaften des Kalkteiges von Beimengungen im Kalkstein, vom Brennprozeß und vom Löschen abhängig sind, die Zusammenhänge auf der Grundlage der Naturphilosophie zwar plausibel, aber nicht den Tatsachen entsprechend interpretiert und daher unbekannt waren, blieb die sich einstellende Qualität des Kalkteiges scheinbar von vielen Zufälligkeiten abhängig.[184] Aber auch die Merkmale des Sandes (Größtkorn, Kornzusammensetzung und Kornform) beeinflußten die Eigenschaften des Mörtels. Es stand ein weites Feld zum Spekulieren offen. Berichte über Eier, Milch, Quark, Molkewasser oder Ochsenblut, auch Bier, Honig, Zucker, Wein, Essig, Salz oder auch Urin als Zutaten zum Mörtel widerspiegeln diese Situation als eine besondere Form mittelalterlicher Alchemie. Bei den hier betrachteten Bauten benötigte man jedoch derart viel Mörtel, daß ein spürbares Versetzen mit den genannten Stoffen nicht möglich war und eher als symbolische Handlung erfolgte.[185] So weiß man heute nicht mehr, wieviel des Heurigen-Weines des Jahrganges 1450 zum Löschen des Branntkalkes für den Bau von Sankt

Mittelalterliches Mörtelmischwerk in der Rekonstruktion nach Gutscher. Es wird davon ausgegangen, daß mit Hilfe dieses Mörtelmischwerkes die Produktivität gegenüber dem Mischen mit Spaten oder Hacke vervielfacht werden konnte.

Stephan in Wien wirklich zugegeben wurde. Anders verhielt es sich mit dem Zusatz zerstoßener Ziegel zum Mörtel. Bereits von Vitruv empfohlen, hatte man erkannt, daß so zubereiteter Mörtel eine neue Qualität bekam: er erhärtete, wenn auch sehr langsam, unter Wasser. Hierbei sah man eine Möglichkeit, die von Vitruv erwähnte Besonderheit der Puteolanerde[186] erzeugen zu können. Leute, die Kalk brannten, Branntkalk löschten und Mörtel bereiteten, galten als Spezialisten, die gegebenenfalls als selbständige Gewerbetreibende (Speismacher, Mörtelmacher) die Baustellen mit Kalkteig oder Kalkmörtel versorgten. Die Kalksteine zum Brennen wurden üblicherweise in Steinbrüchen gewonnen, aber auch Spolien wanderten, hinreichend klein geschlagen, in die Brennöfen. Teile des römischen Tempels, der am Ort der Kirche Sankt Maria im Kapitol in Köln gestanden hatte, dienten so für die Mörtelherstellung zum Kirchenbau. Auch provinzialrömische Bildhauerarbeiten der römischen Stadt Carnuntum (heute Deutsch Altenberg in Österreich) wurden zu Branntkalk verarbeitet. Nach dem Brennen der Kalksteine bei Temperaturen von 800 bis 1200 °C und dem ersten spontanen Löschen des Branntkalkes mit Wasser in flachen Holzmulden floß die sich bildende Kalkmilch in sogenannte »Sumpfgruben«, um noch vollständig zu löschen. Der für den Bau des Stephansdomes in Wien verwendete Kalk lagerte so mindestens zwei Jahre, ehe er zur Verarbeitung gelangte. Um den Löschvorgang zu beschleunigen, sollte der Kalk in der Löschgrube auch durchgearbeitet werden. Diese von Vitruv überlieferte Empfehlung ließ sich nur schwer in die Tat umsetzen und entfiel wohl in den meisten Fällen. Mit Mischhacke oder Schaufel, seltener mit Spaten, mischten dann die Mörtelknechte Kalkteig und Sand zu dem Mörtel, den die Maurer zum Versetzen der Steine benötigten. Das Mischen war eine besonders schwere und eintönige Arbeit, die auf Bildern von der Spätantike bis in das späte Mittelalter unverändert dargestellt ist (Abb. 111, vgl. auch Abb. 68, 70 und 74). Um so erstaunlicher will es erscheinen, daß in Ergebnissen archäologischer Forschung für das 9. und 10. Jahrhundert ein mechanisches Mörtelmischwerk beschrieben wurde (Textabb. S. 157). Die Funde von »Mörtelscheiben« als Grundplatte dafür bei großen Kirchenbauwerken dieser Zeit in Zürich (Schweiz), Wellin (Belgien), Schutern und Mönchengladbach (BRD) und Poznan und Wiśliza (Polen) wurden so gedeutet.[187]

Der erhebliche Aufwand, die hohen Temperaturen für den Kalkbrand zu erzeugen, ließ nach energieärmer erzeugbaren Bindemitteln suchen. Freilich konnte es dem Werkmeister gefallen, über das Bindemittel Gips zu verfügen, das zu seiner Herstellung nur einer Brenntemperatur von etwa 200 °C und damit weit weniger Brennmaterials bedurfte und das darüber hinaus schon nach wenigen Stunden ganz deutlich größere Festigkeit aufwies. Aber was halfen diese scheinbaren Vorteile, wenn sich der erhärtete Gipsstein bei häufiger Durchfeuchtung zersetzte? Bauwerke, mit solchem Mörtel errichtet, gab es überall dort, wo Gipsstein (Anhydrit) leicht gewinnbar anstand: von Holstein über Lüneburg, den Harz und Thüringen bis nach Süddeutschland und weiter über das Lahngebiet bis nach

Paris. Die Sorge mit diesen Bauten beschäftigte bereits Generationen von Bauingenieuren, die sich um die Erhaltung alter Bauten bemühten.[188]

Die Mauerwerksarten

Mauerwerk in Vitruvscher Beschreibung Der mittelalterliche Bauherr, bemüht, den Neubau seiner Kirche in Mauerwerk auszuführen, jedoch nicht über handwerklich geübte Arbeiter verfügend, besaß zwei Möglichkeiten, sich selbst über diese Bauweise zu informieren, bevor er die Anwerbung der Arbeitskräfte in die Wege leitete: er reiste, um sich bestehende Mauerwerksbauten anzusehen und dadurch auch Kontakte zu Handwerkern aufzunehmen, und er studierte den Vitruv, insbesondere das 8. Kapitel im 2. Buch. Dabei mußten schon deswegen Zweifel beim Lesen entstehen, weil die Vitruvschen Texte, im 1. Jahrhundert v. u. Z. entstanden, durchaus nicht jenes römische Mauerwerk des 3. und 4. Jahrhunderts u. Z. widerspiegelten, das im Mittelalter so starke Vorbildwirkung ausübte. Gerade in dieser Zeitspanne hatte sich römische Mauerwerkstechnik ganz bedeutend weiterentwickelt.

Als beim Mauerwerk unbestritten notwendig galt, daß Fugen zwischen Steinen einer Lage durch darüberliegende Steine überdeckt werden mußten. Solcher »Verband« war an der Mauerwerksaußenfläche sichtbar und damit auch kontrollierbar und fand vermutlich damals schon so wie heute – ungeachtet seiner festigkeitsbildenden Funktion – vornehmlich in ästhetischer Hinsicht Beachtung.[189] Es bedurfte solchen Verbandes aber auch hinsichtlich der Richtung der Mauerwerksdicke und war dort nach Vollendung der Maurerarbeiten nicht kontrollierbar. Aus solcher Erfahrung heraus nannte und beschrieb Vitruv die folgenden Mauerwerksarten:
Opus reticulatum, ein Ziegelmauerwerk, bei dem Ziegel mit zumeist quadratischem Querschnitt mit einer Fugenneigung von 45° gegen die Waagerechte vermauert wurden. Dieses Mauerwerk erfreute sich zu Vitruvs Zeit besonderer Beliebtheit. Vitruv warnte jedoch vor der starken Gefährdung solchen Mauerwerks infolge Rißbildung.
Opus incertum, ein Bruchsteinmauerwerk, das Vitruv als »altertümlich« bezeichnete und dessen Festigkeit er als hoch einschätzte. Die Lagerfugen mußten nicht unbedingt waagerecht verlaufen.
Bei diesen beiden Mauerwerksarten empfahl Vitruv die Verwendung von sehr viel Mörtel und begründete dies mit Argumenten, die er aus der griechischen Naturphilosophie ableitete.
Opus isodomum und *opus pseudoisodomum*, Mauerwerke aus orthogonal zugehauenen Steinen, die bei waagerechter Lagerfuge in gutem Verband versetzt wurden. Beide Arten unterschieden sich lediglich durch die Höhen der aufeinander folgenden Schichten. Bei *opus isodomum* waren alle Schichten gleich hoch, bei *opus*

pseudoisodomum wechselten verschieden hohe Schichten. Dieses Mauerwerk, als Bauweise der Griechen bezeichnet, lobte Vitruv als sehr dauerhaft.
Opus implectum als Mauerwerksart beschrieb nun den Aufbau hinsichtlich der Mauerwerksdicke. Dabei ging Vitruv davon aus, daß der Aufbau der vorerwähnten Mauerwerksarten nicht durchgängig in der beschriebenen Weise ausgebildet sei, sondern nur eine äußere, sichtbare Mauerwerksschale betraf, der Mauerwerkskern dagegen aus »Mörtelmauerwerk« (Vitruv nennt es *calcata structuris* und meint ein regelloses Bruchsteinmauerwerk mit viel Mörtel) bestand. Hierbei sollten die Außenschalen durch verbleite Eisenklammern miteinander verankert werden. Es sei, so Vitruv, jedoch besser, den Mauerwerkskern mittels Natursteinen oder Ziegeln lagerhaft auszumauern. Vitruv unterschied beim *opus implectum* hinsichtlich der Ausführung eine griechische und eine römische Bauweise. Bei der griechischen folgten auf zwei oder drei in Längsrichtung vermauerte Steine (Läufer) jeweils ein in den Mauerkern hineinreichenden oder gar die Mauerdicke durchschießenden Stein (Binder – *Diatonoi*). Bei der römischen Bauweise, von Bauherren bevorzugt, die besonders schnellen Baufortschritt wünschten, verzichtete man auf diese durchgehenden Bindersteine. Eine so errichtete Mauer bestand demzufolge aus drei nur lose miteinander verbundenen Mauerschalen.
Als *materia Caementis* bezeichnete Vitruv jenes Füllmauerwerk aus Bruchsteinen und Mörtel (in der Anordnung als Hinterfüllung schon als *calcata structuris* benannt), neben dem sich bei Verwendung von Puteolanerde[190] als Bindemittel der Begriff *opus caementitium* noch nicht herausgebildet hatte. Eine Reihe anderer Termini ließ hier fließende Grenzen entstehen.

Die nicht sehr übersichtliche Beschreibung der Mauerwerksarten und weitere, in späteren Jahrhunderten geprägte Begriffe führten zu Unklarheiten bei der Deutung alter Texte oder gar bei der praktischen Anwendung der darin enthaltenen Hinweise. Die Probleme mit der Textverständlichkeit offenbarten sich insbesondere, als den seit dem 15. Jahrhundert gedruckten Vitruv-Ausgaben Illustrationen beigegeben wurden. Sie sind kaum verständlich, und auch noch in Perraults Ausgabe von 1684 gelang – wie Abb. 112 beweist – keine widerspruchsfreie Text-Bild-Beziehung.

Die Mauerwerksarten im Baubefund Mag es schwer gelungen sein, nach Vitruvs Beschreibungen ein Mauerwerk zu errichten, so fällt es wohl leichter, bestehendes Mauerwerk in dessen Kategorien einzuordnen.

Beim Bruchsteinmauerwerk (siehe Abb. 17) kam es darauf an, die nicht bearbeitbaren, nur zu Ungefähr-Größen zerschlagbaren Steine nach den Regeln der mörtellosen Steinsetzung (der ausgewählte Stein soll mit möglichst kleinem verbleibendem Hohlraum auf seiner Unterlage abgesetzt werden und nicht kippeln – die Hohlräume sind mit kleineren Steinen auszufüllen) trotzdem noch in ein Mörtelbett zu verlegen. Man darf hierin das *opus incertum* sehen.

Beim Hausteinmauerwerk wurden aus bearbeitbaren Gesteinen orthogonale

Kuben herausgearbeitet und deren Sicht- und Fugenflächen nur grob bearbeitet (siehe Abb. 104). Es bedurfte einer Mörtelfuge, die 1 bs 3 Zentimeter breit war.

Beim Werksteinmauerwerk wurden die leicht bearbeitbaren Gesteine sehr genau und mit großer Ebenflächigkeit zugearbeitet und mit kleinen Fugendicken versetzt. Hierbei diente als Fugenmaterial Kalkteig ohne Sandzusatz oder Mörtel mit sehr feinem Sand (Abb. 113 und 114).

Sowohl im Haustein- als auch im Werksteinmauerwerk ist *opus isodomum* und *opus pseudoisodomum* erkennbar und bei Betrachtung der Mauerwerksansicht oft genug nicht festzustellen, ob die Mauer so durchgehend oder als *opus implectum* errichtet wurde.

Beim Ziegelmauerwerk fand das *opus reticulatum* schon in den spätrömischen Jahrhunderten kaum noch Anwendung. Es ergab sich hier eine Entwicklung, die den Merkmalen des *opus isodomum* und des griechischen *opus implectum* folgte und zu einer Vielzahl von Mauerwerksverbänden führte.

Im Feldsteinmauerwerk entstand eine durch örtliche Vorkommen rundgeschliffener Hartgesteinsblöcke nördlich der Vereisungsgrenze und bei Vitruv nicht genannte Bauweise. Es bedurfte hierbei einer besonders sensiblen Arbeitsweise, um aus diesen abgerundeten Steinen Mauern zu errichten, (Abb. 115) bzw. eine besonderes Geschick erfordernde Steinbearbeitungstechnik, um aus diesen Steinen annähernd orthogonale Körper herauszuarbeiten (Abb. 116).

Die Fundamente – Konstruktionen und Bauweisen

Das Vorhandensein und Funktionieren von Fundamenten unter aufragenden Gebäuden wird allgemein als selbstverständlich angenommen, Hinweise darauf erscheinen überflüssig. Den Fundamenten wurde jedoch zu allen Zeiten dann besondere Aufmerksamkeit zuteil, wenn ein Bauwerk durch starke Rißbildung oder Schiefstellung nur noch eingeschränkt genutzt werden konnte oder gar einstürzte.

Zur Fundamentanordnung Der architekturgeschichtlichen Forschung verhalfen archäologische Untersuchungen an Fundamenten zu Aussagen über Ausdehnung und – mit Einschränkungen – Aussehen eines über dem Erdreich nicht mehr existierenden Bauwerkes, aber auch über baugeschichtliche Details bei bestehenden Bauten. So wurde der Begriff von der »verborgenen Architektur« geprägt.[191]

Der mittelalterliche Werkmeister hatte beim Bau eines Fundamentes zwei Aufgaben zu lösen, die für dauerhaftes Bestehen des Bauwerkes entscheidende Bedeutung besaßen: Er mußte entscheiden, bei welcher Tiefe der Baugrund hinreichend tragfähig sei und wie das Fundament zu konstruieren sei. Die Grabungen und Bauwerksuntersuchungen beim Dom zu Speyer in den Jahren 1957 bis 1966, in Verbindung mit umfassenden Erneuerungsarbeiten ermöglicht,[192] gewährten interessante Einblicke (Textabb. S. 162) und legten es nahe zu versuchen, die Denkweise des mittelalterlichen Werkmeisters nachzuvollziehen. Dort befinden sich unter den Seitenschiffwänden und Pfeilerreihen mächtige, etwa 2 Meter breite und 4 bis 5 Meter hohe (tiefe) Mauerwerksstreifenfundamente. Bedurften die Pfeiler des durchgehenden Mauerwerksstreifens? Hätten für die Pfeiler nicht Einzelfundamente gereicht? Die Frage drängt sich bei den Krypta-Säulen noch stärker auf. Diese stehen auf nur 0,5 Meter tiefen Fundamentstreifen, die sich wie Balkenroste kreuzen. Als bei den Umbauarbeiten nach 1080 das Mittelschiffgewölbe eingebaut werden sollte, bedurfte es für die Pfeilerdienste, auf denen sich die Gurtbögen der Kreuzgewölbe erhoben, zusätzlicher Fundamentblöcke neben dem eigentlichen Streifenfundament. Warum hielt es der Werkmeister darüber hinaus für notwendig, zwischen diesen Fundamentblöcken quer zum Schiff durchgehende Streifenfundamente anzuordnen, obwohl auf ihnen keine Bauteile lasteten? Diese überflüssig erscheinenden Fundamentteile wurden dahingehend gedeutet, daß der mittelalterliche Meister im Fundament die Grundrißprojektion des gesamten Bauwerkes, also auch der durchgehenden Mittelschiffwände über den Arkaden und auch die Gurtbögen zwischen den Kreuzgewölben gesehen haben mag und deshalb diese Fundamentkörper als notwendig erachtete. Überlegungen der Werkmeister, denen zufolge die durchgehenden Streifenfundamente die Bauwerkslasten aus den Pfeilern gleichmäßig auf den Baugrund übertragen könnten, scheinen wenig wahrscheinlich und im Falle der Fundamentroste in der Krypta auch keinesfalls naheliegend. Beim Bau der Kathedrale Notre-Dame in Amiens wurde ein mächtiger Gitterrost aus Mauerwerk geschaffen (Abb. 117), das

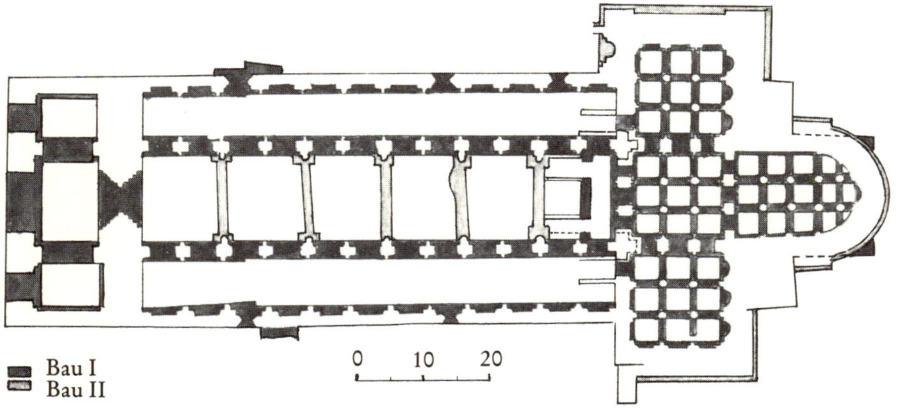

Der Grundriß der Fundamentkrone vom Dom St. Maria und St. Stephan zu Speyer (Baustufen I und II) 11. Jahrhundert. Der Fundamentverlauf zeigt auch dort Mauerwerkskörper, wo diesen keine Aufgabe bei der Weiterleitung von Kräften aus dem Bauwerk in den Baugrund zufällt.

sehr wohl in der Lage war und ist, die Bauwerkslast auf eine große Fläche nahezu gleichmäßig zu verteilen. Die erwähnten Beispiele dürfen nicht zu der Annahme verleiten, jeder mittelalterliche Kirchenbau stünde auf so wohlüberlegt geplanten Fundamenten. Da diese Bauteile nach Vollendung nicht sichtbar blieben, lag vielerorts die Versuchung nahe, Fundamente nicht tief genug zu gründen, sie nicht in solcher Übereinstimmung mit den Bauteilen des Aufgehenden zu planen und sie mit ungeeigneten Baustoffen auszuführen.

Die Ausführung der Arbeiten am Fundament Die Ausschachtungsarbeiten hatte der Werkmeister beenden lassen, wenn er den Boden der Baugrubensohle als hinreichend tragfähig einschätzte. Solches legte er willkürlich und gefühlsmäßig fest. Auf Grund sehr unterschiedlicher Einflußfaktoren (wie man heute weiß – vgl. hierzu Exkurs 2) und der Seltenheit, mit der solche Entscheidungen zu treffen waren, konnten sich hier aus beruflicher Erfahrung keine so qualifizierten Handwerksregeln herausbilden wie bei anderen Tätigkeitsbereichen. Die Westtürme der Stiftskirche in Gernrode ruhten auf einer nur knapp 50 Zentimeter tief abgeschachteten Baugrubensohle, bei anderen Kirchen reichten die Fundamente viel tiefer in den Baugrund hinein (z. B. Kathedrale in Amiens etwa 8 Meter, Elisabethkirche in Marburg etwa 12 Meter, Dom zu Köln etwa 19 Meter). Dann wurden die Materialien für das Mauerwerk in die Grube transportiert und die Steine nach den Regeln des anzuwendenden Verbandes möglichst schichtenweise in das Mörtelbett verlegt. Ein wohlgefügtes Fundamentmauerwerk ließ sich um so leichter herstellen, je gleichartiger in Form und Abmessung die Hausteine zur Verfügung standen. Bei Bauwerksuntersuchungen konnten viele vorzüglich gebaute Fundamentkörper festgestellt werden (Abb. 118). Es geschah aber auch häufig, daß durch Einsatz ungeeigneter Baustoffe und nicht hinreichend bearbeiteter Hausteine ein Mauerwerk entstand, das den Erfordernissen im Laufe der Jahrhunderte nicht entsprach. Hierzu führte auch jener bereits zitierte Brauch, die Steine eines Vorgängerbaues wieder zu verwenden (vgl. S. 155). Das führte dazu, daß Steine mit uneinheitlichen Maßen vorhanden waren, die gute Schichtenbildung und Verbände nicht zuließen (Abb. 119). Im Bestreben, auch Bruchstücke und wohl gar auch Schutt in die Fundamente einzubauen, entstanden gelegentlich Bauteile, die schon während der Herstellung des Bauwerkes versagten.[193] Besonders schlimm wirkte es sich aus, wenn Gipsmörtel zur Herstellung des Fundamentmauerwerkes verwendet wurde. Die Wasserlöslichkeit des Gipssteines führte, sofern sich das Fundament in stehendem oder gar fließendem Grundwasser befand, zur Zerstörung des Mauerwerkes, es wirkte danach lediglich als Steinpackung und verursachte im Bauwerk sehr große Bewegungen.[194]

Sofern auch in größerer Tiefe des Erdreiches keine festen Bodenschichten angetroffen wurden, half man sich auch damit, spitze Bruchsteine in den Boden einzudrücken oder einzurammen. Man erzielte damit zweifellos eine Verdichtung und dadurch auch eine geringe Tragfähigkeitserhöhung des Bodens im Bereich der Fundamentsohle und begann, auf so befestigten Schichten das Fundamentmauerwerk zu errichten. Bei Zweifeln an der Solidität solchen Handelns oder gar bei zutage tretendem Grundwasser gab es weitere von Vitruv vermittelte antike Empfehlungen, aber mit ihrer Realisierung verbanden sich große Aufwendungen. »Findet sich aber kein fester Boden, sondern ist das Gelände bis tief unten locker oder sumpfig, dann soll der Platz abgegraben und leer gemacht werden und mit angekohlten Pfählen aus Erlen- oder Oliven- oder Eichenholz festgemacht werden, und Tragpfähle sollen möglichst dicht nebeneinander mit Maschinen eingerammt werden. Die Zwischenräume zwischen den Pfahlreihen sollen mit Holzkohle ausgefüllt und dann die Grundmauern mit sehr festem Mauerwerk aufgebaut werden«.[195] Die beschriebene Situation wurde bei Untersuchungen unter Fundamenten des Mainzer Doms angetroffen (Abb. 120). Die für das Einschlagen der Pfähle notwendigen Maschinen waren zweifellos bekannt (Abb. 121), wenngleich zeitgenössische Darstellungen auch manuelles Schlagen zeigen. Für den Fall, daß es nicht gelang, die Pfähle hinreichend tief einzuschlagen, kannte man eine Sägemaschine, mit deren Hilfe sie auch unter dem Wasserspiegel auf eine geforderte Länge gekürzt werden konnten (Abb. 122). Auf diese Pfahlreihen wurden Balken bzw. Balkenroste aufgelegt und darauf mit dem Mauerwerk begonnen. Beachtlich erscheint jener Hinweis, wonach mittels Röhrensystem für eine konstante Grundwasserhöhe gesorgt werden sollte, da man wußte, daß Holz im Bereich wechselnder Wasserstände bald verfault.[196] Für das Bauen im Wasser lagen ebenfalls Hinweise vor, die praktikable Anleitungen zum Handeln enthielten. Bei Untersuchungen an den Fundamenten von Sankt Alban in Mainz aus dem 5./6. Jahrhundert hat sich solche Bauweise nachweisen lassen. Die Fundamentkörper bestehen dort aus sehr festem *opus caementitium*. Abdrücke von Brettern und halbrunden Pfosten in etwa 1,60 Meter Abstand bewiesen die Existenz einer Holzverschalung. Die Stellung der Pfosten deutet auf einen Kastenfangdamm hin, der im allgemeinen dann angewendet wurde, wenn die Fundamentsohle unter dem Grundwasserspiegel lag.[197] Bei den Fundamentverstärkungen am Dom zu Speyer zu Beginn jener zweiten Bauphase nach 1080 stellte man den Betonkörper dergestalt her, daß man größere Steine von oben in die Baugrube warf und darüber dünnflüssigen Mörtel goß. Die seitliche Begrenzung des Fundamentes war in diesem Falle durch das alte Fundament und das stehende Erdreich gegeben.

Das Eindringen in die Theorie des Tragverhaltens von Mauerwerken und Baugrund läßt heute durchaus erkennen, warum gelegentlich festgestellte Bauschäden geradezu gesetzmäßig auftreten mußten (siehe Exkurse 1 und 2). »Wer die Sorgen der technischen Denkmalspflege kennt, der weiß, daß sie meist den Fundamenten gelten.« Dieser Ausspruch eines Prominenten dieses Fachgebietes soll die Bedeutung, die diesen Bauteilen zukommt, unterstreichen. Gleichzeitig ist diesen Worten zu entnehmen, daß eine Reihe großer Kirchen auf gar nicht so festem Fundament steht, wie das ihr Aussehen annehmen läßt. Die Häufigkeit von

Bauwerksschäden vor allem an gotischen Kirchen, die auf mangelhafte Fundamente zurückzuführen sind, ließen das Wort vom »schwachen Punkt gotischen Konstruktionsvermögens«[198] entstehen.

Das aufgehende Mauerwerk

Mit der Bezeichnung »Aufgehendes« meint man das über Gelände bzw. über Fußboden liegende Mauerwerk, an das neben den raumbildenden und tragenden Aufgaben auch noch ästhetische Forderungen gestellt wurden. Kam es beim Mauerwerksbau im Fundamentbereich vor allem darauf an, jene Flächen zu bearbeiten, an denen der Fugenmörtel den Verbund zum benachbarten Stein gewährleisten sollte, so galt es insbesondere im mittelalterlichen Kirchenbau, auch die Ansichtsflächen der Steine möglichst eben und glatt herzustellen. Auch hierfür gab es eine geistlich symbolisierte Erklärung, der zufolge ein so glatt bearbeiteter Stein jenem Menschen gleiche, der durch die Lehre Christi geläutert sei und sich gemeinsam mit vielen anderen Gläubigen in eine Mauer der Kirche, die das Reich Gottes bedeutet, einfüge.[199] Tatsächlich sind mittelalterliche Mauerwerkskörper, bei denen die Schauseite des Steins nicht oder nicht vollkommen bearbeitet wurde (als Bossen- oder Buckelquadermauerwerk bezeichnet), vor allem bei weltlichen Repräsentations- und Wehrbauten anzutreffen.

Der Bauherr, der über Lagerstätten von Sandstein, Tuff oder bestimmten Arten von Kalkstein verfügte, ließ die Steine für das Mauerwerk an den Schauseiten glatt bearbeiten (vgl. Abb. 113). Wo nur Material für Bruchsteinmauerwerk zur Verfügung stand, bemühten sich Bauherr und Werkmeister darum, wenigstens für Eckverbände, Gesimse und Umrahmungen für Türen und Fensteröffnungen bearbeitbare Steine herbeizuschaffen und fügten das Bruchsteinmauerwerk zwischen die so ausgezeichneten Bereiche. Das Bruchsteinmauerwerk trat gewöhnlich in der Mauerwerksflucht gegen die Werksteine zurück und wurde dann verputzt. Damit besaßen auch diese Flächen die auf den mittelalterlichen Menschen umgedeutete Abgeschliffenheit (Abb. 123). Häufig wurden in den Putz Fugen eingearbeitet oder aufgemalt, um auch diesen Mauerwerksbereichen das Aussehen eines wohlgefügten Werksteinmauerwerkes zu geben.[200]

Die Steinbearbeitung Das Zuarbeiten eines Gesteinsblockes oder grob zugearbeiteten Hausteines zu einem glattflächigen Werkstein einfachster Form stellte bereits eine achtbare handwerkliche Leistung dar. Der Steinmetz begann damit, eine der Lagerflächen zu bearbeiten. Er schlug, um eine Ausgangslinie festzulegen, zuerst eine Kante, den Saumschlag. Mit einer zweiten, winkelrecht dazu liegenden Kante war die Fläche fixiert. Jetzt fluchtete er den vierten Punkt der Fläche ein: er »versah« diese Fläche und führte danach die zwei restlichen Kanten aus. Danach begann er, die stehengebliebene, noch rauhe Fläche, den Bossen, abzuarbeiten. Am Übergang vom Randschlag zur inneren Fläche erkennt man nicht selten noch heute Bearbeitungsspuren, die den Werkzeugwechsel nachweisen. Diesem Kennzeichen mißt der Forscher gelegentlich besondere Bedeutung bei. Abgesehen von dem für die Gotik typischen Verzierungsreichtum, der den zum Bildhauer qualifizierten Steinmetz erfordert, ist die Technologie der Steinbearbeitung im allgemeinen schon in der Zeit der Romanik zu höchster Vollendung gediehen. Große Werksteine fügen sich mit bis zu 1 Millimeter schmalen Fugen aneinander, und die Steinflächen zeigen große Ebenheit (siehe Abb. 113). Als Werkzeuge für solche Arbeiten dienten Schlagwerkzeuge unterschiedlicher Form (Textabb. unten). Von Bearbeitungsspuren am Stein und aus zeitgenössischen Darstellungen sind sie bekannt, und es fehlt nicht an Versuchen, die Art der Steinbearbeitung als Datierungshilfsmittel für Bauwerke heranzuziehen. So kannte man um die Jahrtausendwende hauptsächlich den Meißel (siehe Abb. 9) und den Zweispitz und nur in seltenen Fällen die Fläche (siehe Abb. 38). Während des 11. Jahrhunderts nahm das Arbeiten mit der Fläche zu, und es entstand die Werkzeugkombination der Spitzfläche (Abb. 124, siehe auch die Abb. 8 und 74). Die Verwendung eines breiteren Meißels statt der Fläche führte etwa im 12. Jahrhundert zu einer höheren Gleichmäßigkeit der bearbeiteten Steinflächen und deutet den Übergang zum Scharriereisen, einem bis zu 12 Zentimeter breiten Meißel, an (siehe Abb. 73). Es fand im 15. Jahrhundert allgemeine Verwendung. Etwa im

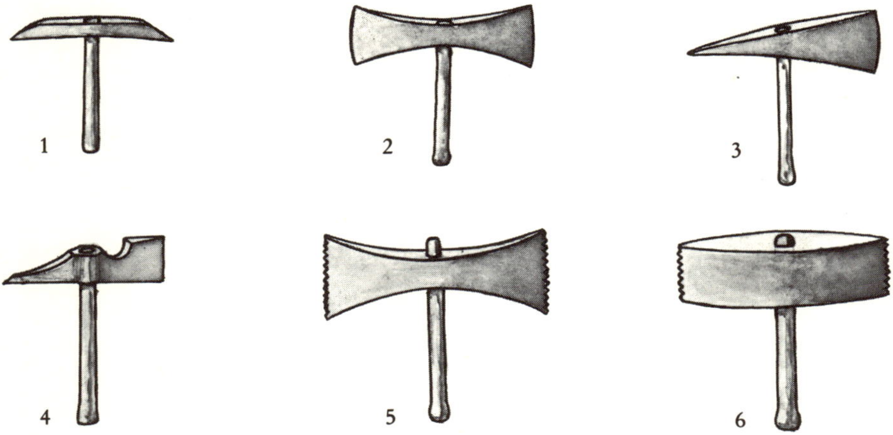

Formen der Hiebwerkzeuge zur Bearbeitung weicher Gesteine nach Kieslinger: 1 Doppelspitzhacke, 2 Doppelglattfläche, 3 Spitzfläche in älterer schwerer Ausführung, 4 Spitzfläche in jüngerer leichter Ausführung, 5 Doppelzahnfläche in leichter Ausführung, 6 Doppelzahnfläche in schwerer Ausführung

13. Jahrhundert breitete sich die Zahnfläche aus, bei der die Meißelschneide unterbrochen war und so wirkte, als ob mehrere kleine Spitzeisen nebeneinander angeordnet seien. Anhand zweier ähnlicher Werkzeuge, dem zuerst genannten Spitzeisen und dem Scharriereisen, wurde so nicht nur eine lange Entwicklung, sondern auch der Bezug zur Gegenwart beschrieben. Beide Eisen, mit dem Holzhammer, dem Klepfel (die Bezeichnung ist örtlich verschieden), geschlagen, gehören noch heute zum Handwerkzeug des Steinmetzen. Das Auftreten der einzelnen Werkzeugformen darf jedoch keineswegs der gegebenen Zeitgliederung zu streng zugeordnet werden. Man kennt in diesen Jahrhunderten unterschiedlichste Traditionsbezüge und Gewohnheiten.[201]

Nicht unerwähnt soll das Zerteilen von Steinen mittels Sägen bleiben. Die Technik ist aus römischer Zeit bekannt, Schriftzeugnisse berichten von Maschinensägen, die Wasserkraft antrieb. Die in frisch gebrochenem Zustand leicht bearbeitbaren Gesteinsarten wie Travertin und Tuff wurden im Mittelalter ebenfalls gesägt.

Des sauber und genau bearbeiteten Quaders bedurfte es auch dann als Grundform, wenn stärker gegliederte oder zu verzierende Werksteine zuzurichten waren. An ihm riß der Parlier die auszuhauenden Formen an. Bei Profilstücken, die sich häufig wiederholten (Fensterpfosten, Gewölberippen, Pfeilerquerschnitte u. ä.), dienten dazu Schablonen. Wegen des am häufigsten benutzten Schablonenmaterials, der Bretter, bekam dieser Arbeitsgang den Namen »Abbrettern« (siehe Abb. 74 und 124). Dieses Anreißen mag bei einfachen Werksteinformen nicht schwierig gewesen sein, es erforderte aber ein hohes Maß geometrischer Abstraktion, wenn es sich um Teile der Wange oder Spille von Wendeltreppen, um in zwei Ebenen geneigte Gratstücke für Turmhelme oder gar um die sich räumlich durchdringenden Gewölberippen handelte (Abb. 125). Vielfach blieb es unumgänglich, ganze Bauteile wie Portale, Maßwerkfenster oder Gewölbebögen im originalen Maßstab aufzuzeichnen, die Steine auf dieser Zeichnung auszulegen, danach anzureißen und deren Paß nach Zuarbeitung auch zu kontrollieren. Es bedurfte vieler Arbeitsgänge, ehe dann der »Laubhauer« – ein besonders qualifizierter Steinmetz oder gar ein Bildhauer – daranging, letzte Verzierungen herauszuarbeiten.

Die Kennzeichnung der Steine (Steinmetzzeichen) Die an bearbeiteten Werksteinen häufig, aber nicht regelmäßig auftretenden Steinmetzzeichen bedürfen der Erwähnung und Erklärung. Sie gaben, solange deren Sinn und Zweck nicht bekannt waren, gelegentlich Anlaß zum Spekulieren. Heute sieht man in ihnen Kennzeichnungen zum Zweck der Lohnabrechnungen, Kennzeichnungen für das richtige Versetzen und auch persönliche Markierungen von Steinmetzen als Ausdruck zunehmenden Persönlichkeitsbewußtseins.

Die Vielzahl festgestellter und gesammelter Steinmetzzeichen und deren Deutung warfen so manches Problem auf. Um die Kompliziertheit des Themas anzu-

deuten, seien einige der vor jeder Aussage zu prüfenden Gesichtspunkte genannt:
Sind die an einem Bauwerk sichtbaren Steinmetzzeichen wirklich die einzig vorhandenen am Stein? Fünf, mindestens jedoch drei ebenfalls bearbeitete Seiten eines Werksteines sind im Mauerwerk nicht sichtbar!
Eine Kennzeichnung der Steine mit dem Steinmetzzeichen zum Zwecke der Lohnabrechnung mußte nicht zwangsläufig sichtbar und bei einfachen Steinformen, die auf Vorrat hergestellt und auf Stapel gelagert wurden, auch nicht an jedem Stein angebracht sein.
Eindeutig als Versetzmarken erkannte Zeichen sind nicht in jedem Falle sichtbar angebracht und erst bei Um- und Wiederaufbauarbeiten entdeckt worden. Gelegentlich markierte der Werkmeister solche Versetzzeichen schon auf Zeichnungen (siehe Abb. 55) oder an Skizzen für Maßwerk- und Rippenprofile (Abb. 126). Die Handhabung wird verständlich, wenn man bedenkt, daß die Steinmetze oft im Winter Werksteine zurichteten und im Frühjahr mit den Versetzarbeiten begannen oder dafür gar Maurer eingestellt wurden. Da mußte jeder Stein unzweideutig gekennzeichnet sein, wollte man richtiges Versetzen garantieren.
Bei der Vielzahl der bei Lehrabschluß zuerkannten personengebundenen Zeichen sind Verwechslungen nicht auszuschließen.

Will man Steinmetzzeichen deuten, so scheint tatsächlich das größte Problem darin zu bestehen, deren Zugehörigkeit zu einer der beschriebenen Gruppen zweifelsfrei festzustellen. Nur dann sind daraus abgeleitete Schlüsse (z. B. das Verfolgen von Schaffens- und Lebenswegen einzelner Steinmetze und Steinmetzgruppen oder auch Zeitbestimmungen von Bauwerken) zuverlässig. Mit Sicherheit sind solche Zeichen zu erklären, die als Wappen angeordnet wurden. Hierbei handelt es sich um Meisterzeichen, die zum Zweck der Repräsentanz des Meisters an markanten Bauwerkspunkten angebracht sind (siehe Abb. 47 und 49). Steinmetzzeichen sind keinesfalls nur im mittelalterlichen Europa in Gebrauch gewesen. Die an den Kirchen im spätantiken Ravenna gefundenen Zeichen gaben Anlaß zu besonderen Studien, die auf griechische Tradition hinweisen. Auch sie ließen sich unterschiedlich deuten.[202]

Die Entwicklung der Mauerwerkstechnologien Bei der Herstellung von Mauerwerk zeichneten sich im wesentlichen zwischen dem 10. und 13. Jahrhundert, vor allem gegen Ende des umschriebenen Zeitraumes, Entwicklungstendenzen ab, die darauf hinausliefen, die notwendige Arbeitszeit zu senken und den gleichzeitigen Einsatz einer größeren Zahl von Arbeitskräften auch über den Winter hinweg zu gewährleisten. Dieses Ziel wurde durch Rationalisierung und Serienfertigung erreicht. Die enormen Bauleistungen und das große Bautempo, Begriffe, durch die den gotischen Kirchenbauwerken des 13. Jahrhunderts genau so der Rang des Außergewöhnlichen zuzusprechen ist wie durch Gestaltung und Ästhetik, wären ohne diesen Entwicklungsweg nicht denkbar gewesen. Die technologischen Veränderungen ergaben sich aber im Zusammenhang mit den zu errichtenden Mauerwerkskörpern, mit dem Weg von wenig gegliederten massigen Wänden zu stark gegliederten skelettartig angeordneten Pfeilern und Bögen. Stark vereinfacht lassen sich etwa folgende Stufen abheben:[203]

1. Die früheste Form der Werksteingewinnung zeichnete sich dadurch aus, daß der gebrochene Gesteinsblock mit größtmöglichem Volumen zum Hau- oder Werkstein bearbeitet wurde. Solche Steine mußten dem Ort im Mauerwerk angepaßt werden. Das Versetzen eines jeden Steines bedurfte gleichzeitig des Steinmetzen und des Maurers, die Arbeit beider Berufe wurde in Personalunion ausgeführt. Das Bautempo war gering und eine Arbeitsteiligkeit zwischen Steinmetz und Maurer hätte keinen Vorteil erbracht. Durch Winterarbeit konnten zwar Steine gebrochen und bearbeitet werden, das Versetzen im Mauerwerk ließ sich aber durch solche Vorarbeit nicht beschleunigen. Mauerwerk dieser Epoche ist leicht dadurch zu erkennen, daß keine durchgehenden Lagerfugen existieren (Abb. 19, linke Apsis).

2. In der Erkenntnis, Werksteine gleicher Höhen herzustellen und damit durchgehende Mauerwerkschichten zu erzielen, bestand ein wesentlicher Fortschritt. Hier ermöglichte eine Zubereitung von Werksteinen auf Vorrat im Winter für die Zeit von Frühjahr bis Herbst durchaus eine wesentliche Beschleunigung beim Bauen (Abb. 19, rechte Apsis).

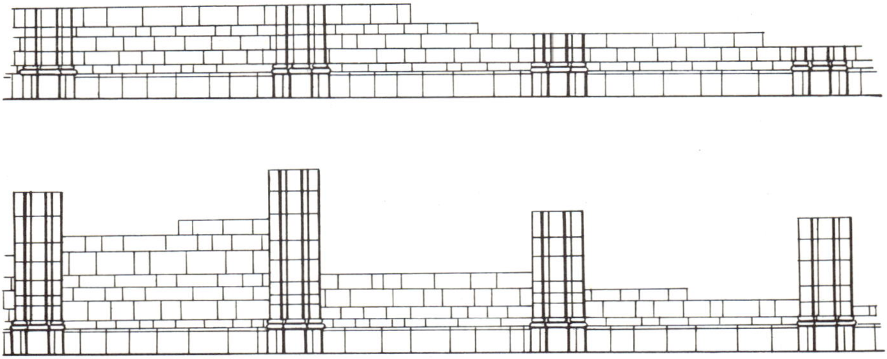

Schematische Darstellung einer Seitenschiffwand in Horizontalbauweise (oben, so z.B. in Chartres) und in Skelettbauweise (unten, so z.B. im Langhaus von Saint-Denis) nach Kimpel. Die veränderte Technologie ermöglichte zunehmende Arbeitsteilung und ein höheres Maß an Vorfertigung. Der Übergang von der Horizontalbauweise zur Skelettbauweise ermöglichte schnelleres Bautempo, höhere Arbeitsproduktivität und den Einsatz einer größeren Zahl von Arbeitskräften.

3. Eine besondere Bedeutung besaß der Mauerwerksverband im Bereich der Wandvorlagen (so werden pfeilerartige Verstärkungen einer Wand bezeichnet) und der Pfeiler. Die für diesen Bereich vorgesehenen Werksteine wurden sehr wahrscheinlich nach Pfeilerschablonen hergestellt, wobei die Fugenanordnung zwar so zu wählen war, daß jeweils darunter liegende Fugen überdeckt sein mußten, sich jedoch die Fugenbilder in den jeweils übernächsten Steinschichten nicht gleichen mußten. Die hierfür notwendigen Werksteine, mit zunehmender Profilierung ständig arbeitsaufwendigere Steinmetzarbeit erfordernd, ließen sich so vorfertigen. Steinmetze und Maurer konnten unabhängig voneinander arbeiten, erstere auch im Winter. Die bearbeiteten Steine einer jeden Lage mußten jedoch gesondert gestapelt werden. Die Wände wurden dann einschließlich der Wandvorlagen in Schichten gleicher Höhe durchgehend aufgemauert (Horizontalbauweise – Textabb. S. 169). Der Vorteil gegenüber der älteren Technologie war erheblich.
4. Ein weiterer großer Vorteil ergab sich daraus, daß die Wandvorlagen als selbständige Pfeiler steinmetzmäßig vorgefertigt wurden und auch beim Mauern dem sie verbindenden Füllmauerwerk vorauswuchsen (Skelettbauweise – Textabb. S. 169). Jetzt wurden die Werksteine bei gleicher Form in großer Stückzahl vorgefertigt und eine Schar von Steinmetzen konnte jahreszeitenunabhängig arbeiten. Die bearbeiteten Steine wurden als Einzelpositionen gelagert, wodurch sich die Lagerhaltung auf der Baustelle wesentlich vereinfachte.
5. Die Werkmeister bemühten sich nun, die Anzahl unterschiedlicher Werksteinformen zu reduzieren, weil das die Bevorratung, vor allem aber die Lagerung nach Sorten, vereinfachte (Textabb. rechts).
6. Zuletzt seien die Bestrebungen genannt, solche Werksteinformen zu finden, bei denen der Abhau, also jene Steinmasse, die vom vorbereiteten orthogonalen Quader abzuschlagen war, minimiert wurde. Man bemühte sich damit, Arbeitszeit, Transport und Schuttanfall gering zu halten. In Villards Säulenquerschnitt spiegelt sich solcher Ideengehalt noch nicht wider.

Nicht zufällig verdichten sich die beschriebenen Entwicklungsstufen an den französischen Bauten der Kathedralgotik des 12. und 13. Jahrhunderts. In dieser Zeit sah man in der Anwendung der beschriebenen Erkenntnisse den Weg höchstmöglicher Produktivitätssteigerung. Mit der Serienfertigung in großen Stückzahlen erhielt die Arbeit der Steinmetze Merkmale der Manufakturarbeit. Diese Art der Bauproduktion bedingte eine Qualifizierung der Bauplanung. Der Werkmeister mußte nun seine Ideen viel detaillierter und vorausschauender zu Papier bringen als vorher[204].

Serienfertigung stellte sich aber auch in anderer Hinsicht dar. Selbständige Steinmetzunternehmer, von Bauhütten unabhängig, spezialisierten sich darauf, besonders leicht zu typisierende Bauteile wie Säulentrommeln, Kapitelle oder auch Fensterrosen auf Bestellung anzufertigen oder gar zum Angebot vorrätig zu haben[205]. Wie anders sollte erklärt werden, daß die Fensterrose der Zisterzienserabtei Bélapátfalva in Nordungarn so ungenau in die dafür ausgesparte Mauerwerksöffnung hineinpaßt (Abb. 127)? Bei Fertigung der Rose am Bauort hätte sich solcher Meßfehler wohl kaum eingestellt.

Der Transport der Werksteine zum Versetzen Über den Transport der Werksteine vom Arbeitsplatz der Steinmetze zum Ort des Versetzens wurde bereits berichtet, nicht dagegen über die Art der Verbindung zwischen Hubseil und Stein und die dabei zu verwendenden Gerätschaften. Bei dieser im modernen Sprachgebrauch

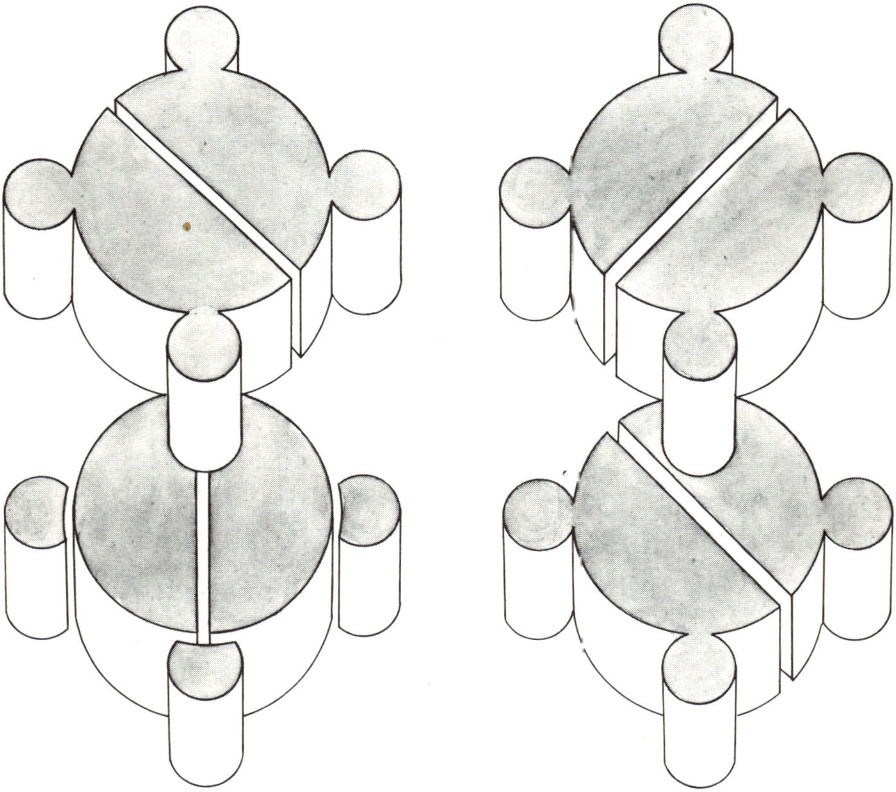

Steinschnitte der Langhauspfeiler der Kathedrale von Amiens nach Kimpel. Bauzeit des Langhauses um 1220 bis 1235. Die links dargestellte ältere Art des Verbandes erforderte das Herrichten dreier unterschiedlicher Steinformen. Dagegen bedurfte es bei dem rechts dargestellten neueren Verband nur noch einer Steinform.

mit »Anschlagen« bezeichneten Tätigkeit wird die Arbeit der Steinmetze berührt. Grundsätzlich standen für das Aufziehen größerer Steine schon seit der Zeit griechischer Tempelbauten drei Methoden bereit, die sich – zeitlich, räumlich und abhängig von Steingröße und Gesteinsart unterschiedlich bevorzugt – auch im Gebrauch befanden.[206] Die sicher älteste Methode, einen Stein mittels Seilschlingen am Hubseil zu befestigen, war wenig zweckmäßig, weil er nach erfolgtem Vertikaltransport nicht direkt in das Mörtelbett verlegt werden konnte, denn die Seile klemmten nach dem Absetzen in der Lagerfuge. Beim Entfernen der Seile entstand gegebenenfalls Schaden am gehobenen Stein oder im darunter befindlichen Mauerwerk. Beim Aufziehen von Gewölberippen, Maßwerkteilen oder größeren Stücken von Bildhauerarbeit ließ sich das Seil günstiger um Kanten oder durch Öffnungen schlingen, so daß die Lagerfuge für ein direktes Versetzen in ein Mörtelbett frei blieb. Die großen Säulen der vorromanischen und romanischen Kirchen wurden grundsätzlich am Kopfende mit Seilschlingen gefaßt. Stehengebliebene Bossen an den Säulen (siehe Abb. 103) verhinderten, daß das Seil beim Hub abrutschte. Die Bossen wurden später abgearbeitet, diesbezügliche Spuren sind an den Säulen der Michaeliskirche in Hildesheim erkennbar.

Mit dem Begriff »Wolf« bezeichnete man konische Stücke aus Schmiedeeisen, die in sich nach innen verbreiternde Löcher (Wolfslöcher) im zu hebenden Stein eingeführt wurden und in der Lage waren, die Masse dieses Steines zu tragen (Abb. 128). Die Größen der Teile und Löcher ergaben sich in Abhängigkeit von Steinmasse und Gesteinsfestigkeit aus handwerklicher Erfahrung. Über Bolzen und Kettenglieder ließ sich der Wolf am Hubseil befestigen. Der Vorteil dieser Methode bestand darin, daß sich der so am Seil befestigte Stein direkt in das Mörtelbett absetzen ließ und daß das vom Steinmetzen in die obere Lagerfläche gehauene Wolfsloch vom Mörtel der darauffolgenden Lagerfuge geschlossen wurde. Als Variante des Wolfes kannte man die Spreizklaue, bei der Steinmasse und Hebelwirkung das feste Eingreifen von Klauen in ein Wolfsloch bewirkten. Die Steinzange als weiteres Anschlagmittel konnte dadurch einen Werkstein fest pakken, daß Zangenspitzen ebenfalls durch Steinmasse und Hebelwirkung in Löcher an den Seiten eines Steines eingepreßt wurden und so der Stein fest hielt (siehe Abb. 68, 74, 81, 93 und 128). Dem Vorteil der wiederum freien Lagerfläche stand hier der Nachteil der Zangenlöcher in einer Ansichtsfläche entgegen. Wieso erfreute sich die Steinzange angesichts dieses Nachteiles so großer Verbreitung?

100 Rievaulx Abbey, Yorkshire. Um 1230. Mittelalterliches Mauerwerk ist Gestalt gewordene Geschichte.

101 Steinbruchbetrieb. Kupferstich nach Nicolo Zabaglio. 1743. Tafel XIV. Das Bild zeigt alle bei der Gewinnung von Bausteinen zu verrichtenden Arbeiten in einer seit dem Mittelalter unveränderten Weise.

102 Abbaustätte des Rochlitzer Quarzporphyrtuffes. Von dieser Abbaustätte wurden über Jahrhunderte gut bearbeitbare und witterungsbeständige Bausteine für den nordsächsischen Raum, vor allem für die Stadt Leipzig, gewonnen.

103 Sandsteinsäulen am Bullauer Berg bei Miltenberg am Main. Diese als »Heunesäulen« bekannten Zylinder haben die achtbaren Abmessungen von etwa 7,40 Meter Länge und 1,10 Meter Durchmesser. Sie sind grob zugehauen, um nach dem Versetzen im Bauwerk die endgültige Oberflächenbearbeitung zu erfahren.

104 Colchester Priory, Essex. Es ist außerordentlich schwierig, mit Bruchsteinen so ungünstiger Seitenverhältnisse tragfähiges Mauerwerk herzustellen.

105 Klosterkirche Sainte-Madeleine in Vézelay. Mittelschiff nach Westen. 1120–1150. Durch Wahl verschiedenfarbiger Steine und deren gezielten Einsatz gelang ein wesentlicher Beitrag zur Raumgestaltung.

106 Die Ziegelherstellung. Buchmalerei aus einer niederländischen Bibel. Um 1450. British Library, London, Add. Ms. 38122, fol 78 v. Im Bild sind alle wesentlichen Arbeitsgänge für die Ziegelherstellung gezeigt. Als Brennstätte dient hier ein als Burg stilisiert dargestellter Einkammerofen.

107 Feierabendziegel vom ehemaligen Franziskanerkloster aus Torgau. Vermutlich 14. Jahrhundert. Kreismuseum Schloß Hartenfels, Torgau. Das Hineindrücken des Lehmes in die Holzform und das Abziehen überstehender Masse brachten es mit sich, daß an der Ziegeloberfläche häufig Fingerspuren sichtbar blieben – daher Handstrichziegel. Es war Brauch, in den letzten Ziegelrohling des Tagewerkes die ganze Hand einzudrücken.

108 Stiftskirche St. Marien und St. Nikolaus in Jerichow. Mittelschiff nach Osten. 2. Hälfte des 12. Jahrhunderts. Bei diesem Bau, es ist der älteste märkische Ziegelbau, beeindruckt besonders die handwerklich so vollendet beherrschte Ziegelbauweise.

109 Schmuckformen im Ziegelbau. Der Giebel der Südkapelle der Pfarrkirche St. Katharinen in Brandenburg/Havel. Um 1430. Zur Herstellung solcher Schmuckformen im Ziegelbau bedurfte es einer Reihe unterschiedlicher Ziegelformen. Solcher Gestaltungswille stellte an Bauplanung und Bauvorbereitung völlig neue Anforderungen.

110 Marienkirche in Berlin. Ansicht aus Südwest. Mauerwerk aus dem 13. bis 15. Jahrhundert. Der Bau zeigt Mauerwerk mit unterschiedlichem Gesteinsmaterial: Feldsteine, Ziegel und Kalksteine. Die Kriterien, nach denen die Steine ausgewählt wurden, änderten sich offenbar von Bauabschnitt zu Bauabschnitt.

111 Der Turmbau zu Babylon. Aus einer Historienbibel. Um 1440. Sächsische Landesbibliothek Dresden, Mscr. Dresd. A 50, Bl. 21 v. Das Mörtelmischen bedurfte eines besonders großen Arbeitsaufwandes und fehlt auf fast keiner der mittelalterlichen Baudarstellungen.

Planche. VI.
G
F
G
G
H
F
F
D
D
D
E
E
E
M
C
C
K
K
K
M
B
B
A
A
A
B
Tournier sculp.

112 Die Darstellung der Mauerwerksarten nach Vitruv in der Ausgabe von Perrault. 1684, S. 43. Perraults Bildlegende gibt folgende Deutungen:
A = *opus reticulatum*,
B = *opus incertum*,
C = Bauweise der Griechen,
D = *opus isodomum*,
E = *opus pseudoisodomum*,
FGHI = *opus implectum*,
KLM = Verklammertes Mauerwerk.
Der Vergleich mit dem beschreibenden Text verdeutlicht, welche Schwierigkeiten Vitruvs Text Perrault bereitete.

113 Mauerwerk der romanischen Basilika auf dem Petersberg in Erfurt. 1. Hälfte des 12. Jahrhunderts. Die Steine dieses Mauerwerkes sind so genau bearbeitet, daß die Breite der Fugen weniger als 5 Millimeter beträgt. Die unterschiedliche Bearbeitung der Steinansichtsfläche – Randschlag und abgearbeiteter Bossen – ist stellenweise noch deutlich zu erkennen.

114 Das Errichten von Werksteinmauerwerk. Zeichnung zum Hortus deliciarum der Herrad von Landsperg. Buchmalerei. Um 1180, Nachzeichnung

115, 116 Mauerwerk aus Feldsteinen der spätromanischen Kirche in Groß-Wokern und bei St. Nikolai in Berlin. 13. Jahrhundert. Die Bilder zeigen, wie unterschiedlich Feldsteine im Mauerwerk verarbeitet wurden. In Groß-Wokern erhielten die Feldsteine nur in geringem Maße Lager- und Stoßflächen angearbeitet. In Berlin wurden die Feldsteine zu fast vollkommenen Kuben bearbeitet.

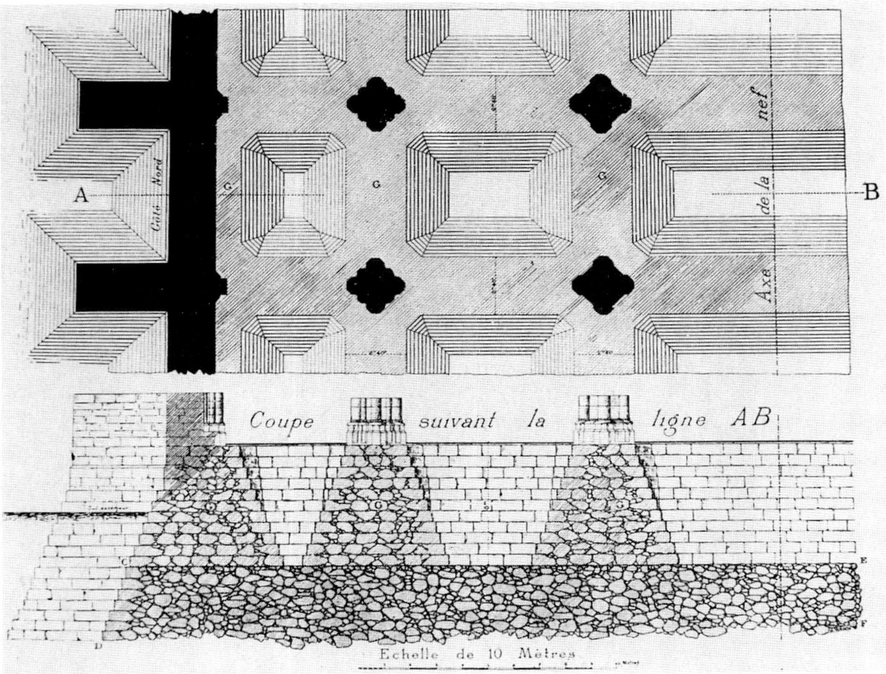

117 Die Fundamente der Kathedrale von Amiens. Nach 1220. Das Fundament stellt einen wohlgefügten, 8 bis 9 Meter hohen gitterrostähnlichen Mauerwerkskörper dar.

118 Die Pfeilerfundamente des Kölner Domes. Nach 1248. Blick von oben. Bei den archäologischen Untersuchungen wurden Grundmauern des karolingischen Vorgängerbaues (Weihe 870) und auch Pfeilerfundamente des gotischen Domes freigelegt. Die Pfeiler stehen nur scheinbar auf den alten Grundmauern. Die Fundamente, aus Hausteinmauerwerk gefügt, wurden tiefer gegründet.

119 Dom St. Stephanus und St. Sixtus in Halberstadt. Fundament unter den Südarkaden des spätgotischen Chores. 2. Hälfte des 14. Jahrhunderts. Im Fundament wurden Steine eines romanischen Vorgängerbaues vermauert.
Ein Kapitell ist deutlich erkennbar. Im Mauerwerk konnten mit solchem Steinmaterial weder regelmäßiger Verband noch durchgehende Schichtenhöhe erzielt werden.

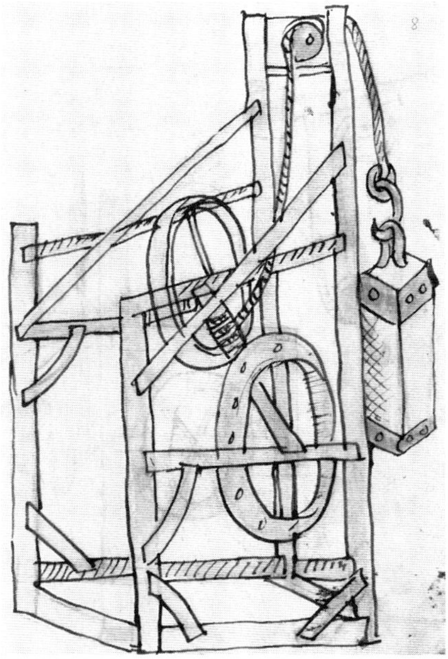

120 Holzpfähle unter dem Fundament eines Mittelschiffpfeilers des Domes St. Martin und St. Stephan zu Mainz. 12. Jahrhundert. Bei den Sanierungsarbeiten am stark geschädigten Dom in der Zeit zwischen 1909 und 1928 wurden u.a. die Fundamente unterfahren und verstärkt. Die dabei freigelegten Pfähle von 2 bis 3 Meter Länge waren mit sehr kleinem Abstand nebeneinander in den Baugrund eingeschlagen. Oben im Bild ist die Fundamentunterkante sichtbar.

121 Mittelalterlicher Rammbock. Federzeichnung eines anonymen Meisters aus dem Hussitenkrieg. Um 1430. Bayerische Staatsbibliothek München. Cod. Lat. 197, fol. 8v. Derartige Geräte dienten schon in der Antike zum Einschlagen von Pfählen für den Bau von Fundamenten auf nicht tragfähigem Baugrund oder im Wasser.

122 Zeichnung einer Säge, mit deren Hilfe man Stämme unter dem Wasserspiegel abschneiden konnte. Villards Bauhüttenbuch. Bibliothèque Nationale Paris, Ms. fr. 19093. Um 1235. »Mit dieser Maschine schneidet man Pfähle im Wasser zu, damit man ein(en) Brett(erboden) darauflegen kann« (Übersetzung nach Hahnloser). Das Bedürfnis zu einem solchen Mechanismus erwuchs aus der Aufgabe, die in den Boden gerammten Pfähle unter Wasser auf gleicher Höhe abzusägen, um einen Balkenrost darüber legen zu können. Das über die Rolle laufende Seil zieht durch das Steingewicht das Sägeblatt an den zu kürzenden Pfahl. Die Bewegung des Sägeblattes mußte durch Arbeiter, die auf dem Basisbalken standen, erfolgen.

123 Doppelkapelle St. Klemens in Schwarzrheindorf. 12. Jahrhundert. Beim Bau fanden vorwiegend Steine Verwendung, die nicht werksteinmäßig bearbeitet wurden. Die damit gemauerten Wandflächen sind steinsichtig geputzt und getüncht. Für Gebäudeecken, Tür- und Fensterumrahmungen und weitere Gestaltungselemente wurden Werksteine zugearbeitet.

124 Der Steinmetz – Bild aus dem Hausbuch der Mendelschen Zwölfbrüderstiftung in Nürnberg. Amb. 317 Rar. fol. 4r. Stadtbibliothek Nürnberg. Aus der Zeit zwischen 1425 und 1436. Der Steinmetz ist mit seinen wichtigsten Werkzeugen, der Spitzfläche, einem Winkel und einer Lotwaage dargestellt. Am Boden liegt eine Profilschablone (vgl. Abb. 126).

Der xiij bruder der do starb hyeß Cunrad
vnd was ein Stenmetz

vesci le molle des chapiteles de cele pagne la devant. des formes & des
uerieres. des ogiues & des doubliaus. & des sormols p de seure.

125 Kirche St. Barbara in Kutná Hora (Kuttenberg). Hallenschiff nach Plänen von Benedikt Ried. 1512 bis 1547 vollendet. Das Anreißen von Werksteinformen mit räumlicher Krümmung wie z.B. der Gewölberippen oder Wendeltreppen-Wangen erforderte großes geometrisches Abstraktionsvermögen.

126 Werksteinprofile. Villards Bauhüttenbuch. Bibliothèque Nationale Paris, Ms. fr. 19093. Um 1235. »Seht hier die Profile der Kapelle von der vorhergehenden Seite, von den Fensterbögen und dem Maßwerk, von den Kreuzrippen und den Gurten und den Schildbögen darüber« (Übersetzung nach Hahnloser). Skizzen solcher Art können genügt haben, um Profilschablonen anzufertigen. Die Steinmetzzeichen deuten hier auf eine Kennzeichnung der Werkstücke für das spätere Versetzen hin (vgl. Abb. 55).

127 Klosterkirche in Bélapátfalva, Nordungarn. Westfassade. 13. bis 15. Jahrhundert mit Pausen. Im Mauerwerk war die Öffnung für eine wesentlich größere Fensterrose vorgesehen. Beim Versetzen der offenbar an anderem Ort gefertigten Werksteine stellten sich erhebliche Maßdifferenzen heraus.

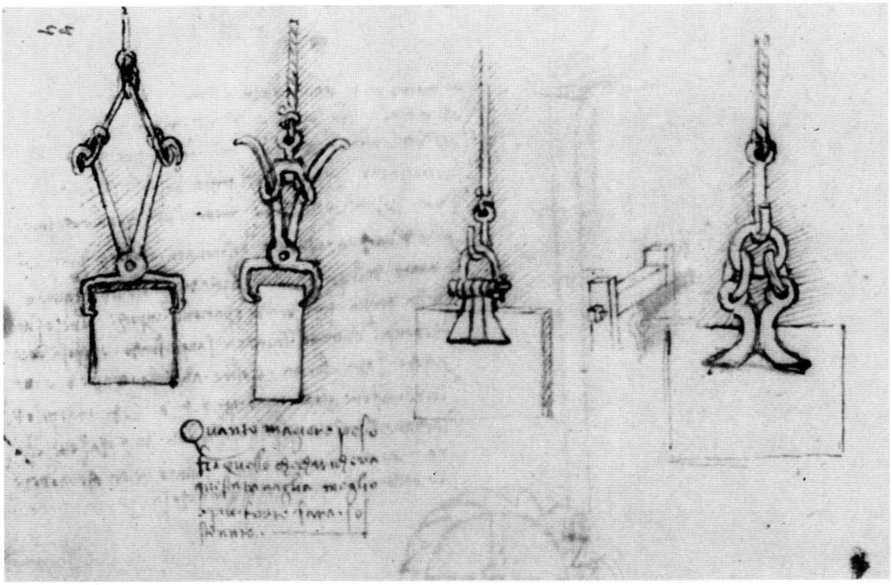

128 Wolf, Spreizklaue und Kranzange in Darstellungen Leonardos. Biblioteca Nacional, Madrid. Codex Madrid, I. fol. 22 r. Um 1495. »Je größer das Gewicht ist, das dieser Flaschenzug hebt, um so besser und stärker wird es gehalten« (Übersetzung nach Ineichen). Leonardo hat in dieser Skizze die bekannten Formen der Befestigung eines Steines am Hubzeug zusammengefaßt.

129 Kapitellzone einer Säule aus der Stiftskirche Jerichow. 2. Hälfte des 12. Jahrhunderts. Diese Kirche gilt sowohl vom Gesamteindruck (vgl. Abb. 108) als auch vom Detail her als eines jener Bauwerke, bei denen mittelalterliches Ziegelmauerwerk in vollendeter Form hergestellt wurde.

Au pourpos de la bataille deuant ditte dist andrieu de marcenes en sa cronique ce qui sensieut.. les fiutis de france qui pour le persecution de ebrouins en estoient fuys vers pepin quant ilz sceurēt la mort du dit ebrouins ilz sen vinrent au dit pepin z luy prierent que il vossist enuoyer aulcūs nobles hommes en legation par deuers le roy thieri en luy priant que pour son amour il leur rendist les terres z possessions qui leur auoient este ostees par le tē faulx enhort de ebrouins. le quel pepin a la requeste de ces bonnes gens y enuoia gens notables mais ilz ny firent quelque bon esploit ne pour eulx ne pour aultruy car ilz trouuerent q̄ le roy ne hayoit gens tant que le duc pepin z luy demanda le dit roy guerre par le mettement de bertaire son grant baillieu tresfort

Die Antwort ist leicht zu finden. Beim Gebrauch des Wolfes konnte eine nicht erkannte Gefügestörung im Stein, die u. U. erst beim Hauen des Wolfsloches entstand, zum Ausbrechen der Kante führen. Der Stein stürzte ab, die Unfallgefahr war groß und mühsam aufgewendete Arbeit vertan. Beim Gebrauch der Steinzange entstand solcher Schaden nicht. Es hat Versuche gegeben, den Gebrauch der beschriebenen Anschlagmittel zeitlich und räumlich zu fixieren und Entwicklungstendenzen zu finden. Sehr pauschal wurde der Wolf romanischem Mauerwerk, die Zange gotischem zugewiesen. Interessant ist die Anwendung des Prinzips der Steinzange seit dem 15. Jahrhundert in anderen Produktionszweigen, so beim Drahtziehen, beim Transportieren und Verlegen von Rohren und Walzen oder auch beim Ziehen von Pfählen aus dem Erdreich[207].

Das Versetzen der Werksteine Die Arbeitsweise beim Versetzen der Steine verlief, abhängig von der Größe und dem Bearbeitungsgrad der Steine, sehr unterschiedlich. Bei Hausteinen bis zu einer Masse von etwa 50 Kilogramm breiteten die Maurer ein Mörtelbett aus, setzten den Stein hinein und korrigierten noch seine Lage nach »Lot und Waage«. Das Funktionieren der für »Lot« und »Waage« geschaffenen Gerätschaften beruhte auf dem Prinzip der Schwerkraft, sie sind auf den Abbildungen 38 und 124 in Aussehen und Gebrauch dargestellt. Bei den sehr genau zugearbeiteten Werksteinen, bei deren Verarbeitung nur sehr dünne Fugen vorgesehen waren, versetzte man diese in ungemagerten Kalkteig. Die Masse des jeweils neu versetzten Steines drückte überflüssigen Kalkteig seitlich aus der Fuge heraus, und die Steine berührten sich punktuell. Der bei großen Steinformaten behinderte Luftzutritt ließ solchen Mörtel nur sehr langsam erhärten. Es war aber auch üblich, Werksteine auf Keile oder Blättchen von Holz, Blei oder Keramik zu setzen, auszurichten und danach die Lagerfuge mit Mörtel zu füllen. Bei geneigten Fugen von Maßwerk wurden in die Stirnflächen der Werksteine gelegentlich auch Gießrinnen eingearbeitet und nach äußerer Abdichtung der Fuge dünnflüssiger Kalkteig eingegossen. Wegen besseren Verbundes wurden auch metallene Dübel und Klammern in dafür in den Steinen vorgesehene Aussparungen eingesetzt und mit Blei eingestemmt oder vergossen bzw. in Mörtel eingesetzt.[208]

Seite 196:
130 Der Bau einer Kirche. Les Chroniques de Hainaut, II. 1465–1470. Bibliothèque Royale Brüssel, Ms 9243, fol. 168. Der Zeichner zeigt deutlich, daß beim Bau Ziegel verwendet werden, hat jedoch Probleme, den Verband der Ziegel darzustellen. Auch wird gezeigt, daß die Ziegel am fertigen Bau nicht sichtbar bleiben sollen. Aber auch im Mittelalter wurden Verputz oder Verblendung am Ziegelmauerwerk erst angebracht, wenn das Bauwerk mit Dach versehen und ausgetrocknet war.

Viele der beim Werksteinmauerwerk erwähnten Merkmale und Schwierigkeiten stellten sich beim Ziegelmauerwerk anders, zumeist einfacher, dar. Der Ziegel wurde mit der Hand in das Mörtelbett gedrückt und nach Lot, Waage und Flucht ausgerichtet. Die gleichen Abmessungen der zur Verarbeitung gelangenden Ziegel legte das Finden von Verbandregeln für das Versetzen nahe. Die vielfältigen Verbände wurden nach Territorien (z. B. »wendischer« Verband) oder nach sich darstellenden Figuren der Ansichtsflächen (z. B. »Kreuz«-Verband) oder anderen Kriterien bezeichnet, wobei die dabei entstandenen Namen in Abhängigkeit von Ort und Zeit einem Wandel unterzogen waren. Bauwerksanalysen zeigten, wie offenbar ohne Einfluß erfahrener Meister ein Lernprozeß vom sogenannten »wilden« Verband zu einem Regelverband stattfand.[209] Anderenorts trat die Ziegelbauweise ohne Vorbereitungsphase vollendet beherrscht auf (Abb. 129). Ziegelmauerwerk ließ man, sauber verfugt, sichtbar, oder es wurde auch mit Steinplatten verkleidet oder verputzt (Abb. 130). Beachtenswert erscheint jene Erfahrung, der zufolge Ziegel im Fundament- und Sockelbereich zu vermeiden seien (vgl. Abb. 82).

Es wäre vermessen, im gegebenen Rahmen davon auszugehen, alle Aspekte des Mauerwerksbaues behandelt oder auch nur erwähnt zu haben. Es sollte vor allem gezeigt werden, wie mühsam der Aneignungs- und Entwicklungsprozeß, solches bewerkstelligen zu können, verlief. Lagen die Probleme des Werksteinmauerbaues vor allem im Bereich der Formung der Steine und der Arbeitsorganisation, so bestanden sie beim Ziegelmauerwerk vor allem bei Ökonomie und Ökologie: nahezu die gesamte Mauermasse mußte im Rahmen der Baustoffgewinnung einem Brennprozeß mit Temperaturen zwischen 800 und 1200 °C ausgesetzt werden. In einer Zeit, die als Brennstoffe vorwiegend Holz und Torf kannte, führte solche Bauweise zwangsläufig zu weitflächigem Kahlschlag von Wäldern.

Gelegentlich wird in Verbindung mit Bauschäden oder gar Bauwerkeinstürzen der Begriff »Pfuscharbeit« gebraucht.[210] Sicher gab es zu allen Zeiten Menschen, die einem Arbeitsprozeß nicht hinreichende Aufmerksamkeit und Mühewaltung haben angedeihen lassen. Setzt man das damals Geschaffene zu den zur Verfügung stehenden Hilfsmitteln und zu dem Rüstzeug an technischem Wissen in Bezug, so erscheint solcher Ausdruck unangebracht.

Die Holzkonstruktionen

»Wer einmal im Dachstuhl einer spätmittelalterlichen Hallenkirche gestanden hat, bewundert dort nicht allein die Menge des verbauten Holzes, sondern noch mehr die Zimmerungstechnik, ein würdiges, aber wenig gewürdigtes Gegenstück zur großen Kunst der Steinmetze.« Dieses Zitat kann helfen, die Bedeutung des mittelalterlichen Holzbaues zu erkennen und ihn in die Gesamtsicht des Bauens dieser Zeit zu integrieren,[211] zugleich birgt es die Gefahr der Einengung des betrachteten Tätigkeitsfeldes in sich. Dem Zimmermann oblag tatsächlich ein wesentlich umfangreicherer Arbeitsbereich.

Zimmerleute kamen im Gefolge eines Werkmeisters wohl als erste zur Baustelle, um bei den Vermessungsarbeiten die Pfähle einzuschlagen und die Schnurböcke zur Markierung der Ausschachtungsarbeiten zu errichten (siehe S. 130). Und nun bedurfte es u. U. schon zu diesem frühen Zeitpunkt der Gerüste für Rampen, auf denen Ausschachtungsmassen herauf- und Baumaterialien hinabgetragen wurden oder auch für Absteifungen zur Sicherung zu erhaltender Bauteile von Vorgängerbauten. Weiterer Gerüste bedurfte es in vielfältigster Weise für Arbeitsflächen, als Transportwege, als Standorte für Hebezeuge oder als Befestigungsorte für Umlenkrollen, zur Lagerung von Materialien und zur Abstützung von Bauteilen während ihrer Herstellung um so mehr, je weiter der Bau in die Höhe wuchs. Mochte der Turm einer Kirche noch so hoch reichen, das Gerüst mußte ihn während des Bauens noch überragen, um auch den letzten Stein einer Turmspitze absetzen und vom Hubseil lösen zu können (siehe Abb. 89). Ein sehr breites Arbeitsgebiet hatte der Zimmermann gemeinsam mit dem Schmied beim Bau der Maschinen, vor allem der Kräne und Rammen. Die Zimmerleute errichteten nicht zuletzt auch alle Behelfsbauten für Unterkunft und Arbeitsraum der am Bau Mitwirkenden. Und alle diese ergänzend aufgeführten Arbeiten nahmen den weitaus größeren Teil der gesamten Arbeitszeit in Anspruch. Man kann die Tätigkeit der Zimmerleute als Katalysator auffassen: ohne ihre Mitarbeit konnte nichts entstehen, ihr Arbeitsprodukt selbst ging jedoch nur zum kleineren Teil unmittelbar in das Bauwerk ein.

Die Holzgewinnung

In geografiehistorischen Darstellungen wird das westliche und mittlere Europa im Mittelalter als reich bewaldet geschildert. Als Baumaterial bot sich demzufolge Holz nicht nur wegen der leichten Bearbeitbarkeit, sondern auch wegen der allgemeinen Verfügbarkeit an.[212] Zu diesem Bild will aber der Bericht des Abtes Suger von Saint-Denis nicht passen, der sich in großer Not befand, um die zwölf besonders langen Stämme für den Dachstuhl des Chorneubaues beschaffen zu können. Seine Schilderung verdeutlicht die Situation: »Als wir durch unser Land im Chevreuse-Tal kamen, holten wir unsere Dienstpflichtigen und unsere Förster herbei, ferner diejenigen, die in den anderen Wäldern Bescheid wußten, fragten sie bei ihrem Eide und den heiligen Sakramenten, ob wir dort ungeachtet aller Mühen Stämme der bestimmten Größe zu finden vermöchten. Sie grinsten verwundert und hätten am liebsten laut gelacht, ob wir denn gar nicht wüßten, daß in der ganzen Gegend nichts derartiges zu finden sei, zumal Milo, unser Schloßherr auf Chevreuse, der mit einem anderen die Hälfte des Waldes von uns zu Lehen hatte, keinen solchen Baum unberührt und unversehrt gelassen hätte, um Wehrtürme und Bollwerke anzulegen, nachdem er lange Zeit vom König und von Amalrich von Montfort befehdet worden wäre ...« Es glich, ähnlich wie bei der Entdeckung des Steinbruches, aus dem die Säulen geholt wurden, einem Wunder, daß man danach trotzdem derartige Stämme gefunden hat.[213] Der Bericht zeigt deutlich, daß die Begriffe »Waldreichtum« und »Bauholzmangel« durchaus keinen Widerspruch darstellen. Forstwirtschaftliche Pflege als Voraussetzung für gute Bauholzqualität und hohe Ergiebigkeit begann in ersten Ansätzen im ausgehenden Mittelalter und wurde nur sehr zögernd auf größere Waldflächen ausgedehnt.[214]

Für die Auswahl des Bauholzes galten nicht nur die Kriterien der Wuchseigenschaften (Geradwüchsigkeit und Länge der Stämme), sondern es lagen auch die Erfahrungen und Empfehlungen hinsichtlich der zu verwendenden Holzarten vor. Vitruv hatte sehr genau beschrieben, welche Holzarten unterschiedlichen Zwecken zuzuordnen seien. Danach war das Holz der Tanne wegen seiner Tragfähigkeit geeignet, als Nachteile galten der sehr leichte Befall durch Holzschädlinge und die leichte Entzündbarkeit. Daher sollte dem Holz der Lärche der Vorzug gegeben werden, weil es bei gleicher Festigkeit gegen die für Tannenholz bestehenden Gefahren widerstandsfähiger sei. Als vorzügliches Holz für Pfähle in Erdreich und Wasser empfahl Vitruv die Eiche, die Erle und die Olive.[215]

Mit dem Fällen der Bäume erscheint wiederum eine jener menschlichen Tätigkeiten im Kreise der Betrachtungen, die über Jahrhunderte keine Entwicklung erkennen lassen. Die Axt ist das ausschließlich genutzte Werkzeug (Abb. 132). Sägen treten, obwohl bekannt, in dieser Phase der Holzgewinnung nicht auf. Sie fand man als Rahmensägen auf dem Bauplatz, wenn es galt, aus Stämmen Bretter oder Bohlen herzustellen (Abb. 134). Die Balken entstanden durch Behauen der Stämme mit besonders geformten Äxten, den Breitbeilen (siehe Abb. 15 und 70). Wegen der besonders mühsamen Tätigkeit des Trennsägens will es geradezu zwingend erscheinen, daß auch hier die Maschine als Hilfsmittel auf den Plan trat (Abb. 133). Villard de Honnecourt unterstrich mit seinen Skizzen (siehe auch Abb. 122) sehr nachdrücklich, in welch hohem Maße der mittelalterliche Werkmeister darauf bedacht sein mußte, auch die Details der Materialgewinnung zu beherrschen.

Der Gerüstbau

Der Gerüstbau folgte im Rahmen der Bauarbeiten eigenen Normen, sie erwuchsen der Besonderheit, daß das Gerüst nicht nur dem beabsichtigten Zweck entsprechen, sondern darüber hinaus auch leicht, schnell und ohne Beschädigung des entstandenen Bauteiles entfernbar sein mußte, wenn andere Handwerker seiner nicht mehr bedurften. Das eigentliche Problem bestand darin, Holzverbindungen zu finden, die während der Benutzung in der Lage waren, Kräfte ohne

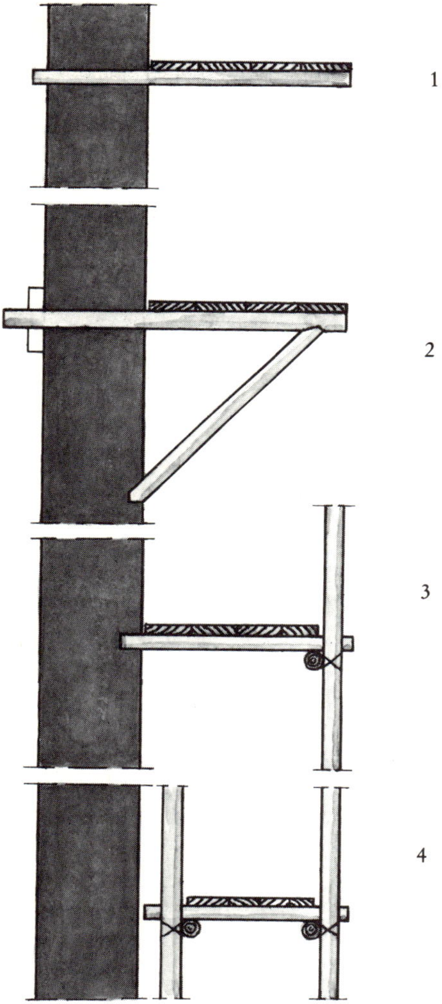

Systemskizzen mittelalterlicher Gerüstarten. Die dargestellten Gerüstsysteme veranschaulichen in der gegebenen Reihenfolge historische Entstehungsweise, zunehmende Tragfähigkeit und Loslösung vom Mauerwerk.
1 fliegendes Gerüst
2 Konsolgerüst
3 einfaches Stangengerüst
4 doppeltes Stangengerüst

große Verformungen zu übertragen. Aus diesem Grunde zeigen zeitgenössische Zeichnungen auch zumeist die für solche Holzkonstruktionen so typischen Verbindungsmittel, man erkennt vor allem Seile.

Die Arbeitsgerüste Arbeitsgerüste waren beim Bau einer jeden Mauer notwendig, sobald sie über eine Höhe von etwa 1,50 Meter, vom anstehenden oder abgeschachteten Erdreich aus gemessen, hinauswuchs. Die Bauweise dieser Gerüste hing nun weitestgehend von der Arbeitsweise der Maurer und den Lasten, die die Gerüste tragen sollten, ab. Verwendete man bei geringen Höhen bis zu etwa 3 Meter noch Böcke, auf die Bohlen gelegt wurden (siehe Abb. 8 – dort allerdings lediglich als Schutzdach wirkend), so ergaben sich bei höherreichenden Mauerwerkskörpern im wesentlichen vier Konstruktionsprinzipien (Textabb. S. 201). Bei Darstellungen mittelalterlicher Bauszenen findet man gelegentlich den provisorischen Charakter der Gerüste hervorgehoben (Abb. 138). Fliegendes Gerüst und Konsolgerüst (vgl. Abb. 181) scheinen am häufigsten angewandt worden zu sein, seltener dagegen das einfache und das doppelte Stangengerüst[216]. Die Spuren der Gerüste sind besonders bei Bauwerken aus Ziegelmauerwerk erkennbar, wenn die durch Aufliegen der Riegel im Mauerwerk verursachten Löcher nicht nachträglich ausgemauert wurden (Abb. 136). Der aufmerksame Betrachter erkennt die Spuren ehemals aufliegender Gerüstriegel jedoch auch bei Werksteinmauerwerk. Dort wurden sie jedoch häufiger durch vorbereitete Paßstücke beim Abbau des Gerüstes geschlossen. Bei der Vielfalt der notwendigen Gerüste darf man die gegebene Systematik nicht zu eng sehen: die Zimmerleute waren erfinderisch, um Arbeitszeit und Gerüstmaterial zu sparen (Textabb. rechts). Sofern besonders schwere Werksteine über Gerüste aufgezogen wurden, fanden auch stabilere Konstruktionen Anwendung (Abb. 137).

Die in Aussicht genommene beschränkte Standzeit für Gerüste mag so manchen Zimmermeister dazu verführt haben, bei Verbindungsmitteln, Verstrebungen und Abstützungen zu sparsam gewesen zu sein. Dies oder auch unsachgemäße Belastungen führten zu Gerüsteinstürzen. Der in Görlitz wirkende Meister Wendel Roskopf d. Ä. sah sich veranlaßt, nach solch einem Unfall beim Bau der Nikolaikirche im Jahre 1519 die Stadt für einige Zeit zu verlassen. Ein gleiches Unglück ist in Görlitz an der Kirche Sankt Peter und Paul in Stein gehauen überliefert (Abb. 135). Auf die Gerüstarbeiten der Zimmerer, die in Verbindung mit dem Gewölbebau anfielen, wird in diesem Abschnitt einzugehen sein.

Die Stützgerüste Eine weitere Kategorie von Gerüsten diente dazu, Bauwerke, deren Standsicherheit bezweifelt wurde, zu stützen. Hierbei kam es darauf an, besonders stabile und tragfähige Holzkonstruktionen zu errichten. Schon Villard de Honnecourt hatte eine Abstützung für ein schief stehendes Gebäude gezeichnet. Nicht überliefert blieben jene Stützgerüste, deren es bedurfte, als um 1250 die Säulenmonolithe im Suger-Chor von Saint-Denis und um 1500 Chorpfeiler in der Kathedrale Notre-Dame in Amiens ausgewechselt werden mußten.[217]

Die Baumaschinen Auf den Zimmermann als Maschinenbauer des Mittelalters wurde bisher in Publikationen nur selten hingewiesen. Dessen ungeachtet stellen die Treträder als Antriebsmaschinen für Kräne jener Zeit in der Gegenwart technische Denkmäler von Rang dar. Besondere Bedeutung gewann das Krangerüst vom Südturm des Kölner Domes (Abb. 139). Es prägte über mehr als 400 Jahre die

Gerüst für den Bau der Pfeiler einer gotischen Kirche. Rekonstruktion nach Fitchen. Der Vorteil solcher Gerüstbauweise bestand darin, daß weniger Gerüstholz benötigt wurde und am Boden keine Einschränkung der Bewegungsfreiheit eintrat.

Silhouette der Stadt Köln, erst seit reichlich 100 Jahren übernahmen die inzwischen fertiggestellten Türme die so bedeutsame Rolle. Zeichnungen von derartigen Anlagen verdeutlichen, welche Schwierigkeiten der mittelalterliche Meister bei derartigen Darstellungen zu überwinden hatte (siehe Abb. 92). Andere Maschinen, deren Herstellung ebenfalls im Tätigkeitsbereich des Zimmermannes lag, wurden erwähnt (siehe Abb. 121 und 133). Es sei betont, daß zumindest der Schmied mit seiner Arbeit an den Seilrollen, Lagerkörpern und Beschlägen in hohem Maße am Gelingen beteiligt war. Von zwei Werkmeistern des 13. Jahrhunderts ist die Beherrschung auch dieser Materie durch zeitgenössische Skizzen (Villard de Honnecourt – vgl. Abb. 121 und 133) oder Berichte (Guillaume de Sens – vgl. S. 122) überliefert. Es darf angenommen werden, daß sich bei solchem Arbeitsgegenstand verhältnismäßig früh eine Arbeitsteilung eingestellt haben mag.

Die Dachwerke

Betrachtet man die beachtlich großen Dachkonstruktionen über mittelalterlichen Kirchenschiffen (Abb. 140), so erhebt sich die Frage, ob sie im Verhältnis zu den aus Mauerwerk errichteten Teilen bedeutsam genug sind, um besonders erwähnt werden zu müssen und ob auch für sie die bisher aufrechterhaltene Behauptung zutrifft, daß Kirchenbau im Mittelalter technische Entwicklung vorantrieb. Der Weg, der zu diesen Bauteilen führte, hatte nicht so direkt wie der Mauerwerksbau seinen Ursprung in spätantiker Bautechnik. Germanische Holzbautradition erwies sich, vor allem nach der Jahrtausendwende, als zweckmäßiger und auch in hohem Maße entwicklungsfähig.

Die Tradition der antiken Dachwerke Als auf Geheiß Kaiser Konstantins im 4. Jahrhundert jene ersten großen Kirchen errichtet wurden, stand für den Bau der Dächer die bewährte Konstruktion des Hängewerkes zur Verfügung (siehe Abb. 84). Die Merkmale dieser Konstruktion bestehen darin, daß sich in Dachneigung liegende Streben im Firstbereich gegeneinander abstützen und die dadurch entstehenden Horizontalkräfte durch Holzverbindungen (Versätze) und eiserne Beschläge auf die den Raum überspannenden waagerecht liegenden Deckenbalken übertragen. Bei der Neigung verhalten sich Höhe zur Waagerechten etwa wie 1:2, was einem Winkel von etwa 26° entspricht. Durch eine Hängesäule, gegebenenfalls auch durch zwei solcher Säulen, wird wiederum mittels eiserner Beschläge verhindert, daß sich der Deckenbalken durchbiegt. Diese Tragwerke, auch Dach-Binder genannt, befanden sich in Abständen von 3 bis 4 Metern auf der Mauerkrone der Mittelschiffwände. Balken in Schiffslängsrichtung auf den Dach-Bindern trugen die Dachhaut. Durch schmückende Ausmalung wurde der optisch wahrnehmbare Wechsel von prächtigem Mauerwerksbau zur hölzernen Konstruktion als nicht störend empfunden. Letztere blieb also im allgemeinen sichtbar.[218] So konstruierte Dächer überspannten auch die Räume provinzialrömischer Großbauten. Beim Thronsaal der Kaiserresidenz in Trier wurde mit solcher Konstruktion eine Raumweite von 18 Metern überspannt. Aber auch die Dächer karolingischer Großbauten werden noch solchen Vorbildern entsprochen haben, wie Darstellungen aus der Zeit der Jahrtausendwende annehmen lassen (siehe Abb. 53). Diese Bauweise für Dächer blieb in der Region der Mittelmeerländer immer in Gebrauch (Abb. 141).

Das germanische Dachwerk Im mittleren und westlichen Europa setzte nach der Jahrtausendwende ein Trend zu steileren Dachneigungen ein, der nicht aus einer Anpassung antiker Konstruktion an neue geometrische Bedingungen, sondern aus germanischer Holzbautradition erwuchs. Die für das Funktionieren jeglicher Holzkonstruktion notwendigen Holzverbindungen und die Erfahrungen in der Holzbearbeitung, solche auch herstellen zu können, waren gegeben.[219] Solche Bauweise war bei den Kirchenbauten jener ersten Holzbauphase, die schon anfangs Erwähnung fand, selbstverständlich (vgl. Abb. 12 und 13) und blieb, auf das Dach bezogen, auch dann präsent, als die aufgehenden Wände in Mauerwerk entstanden.

Die ältesten erhalten gebliebenen Dachwerke Mitteleuropas befinden sich über romanischen Kirchenräumen. Sie sind mit Hilfe dendrochronologischer Untersuchungen zeitlich recht sicher fixiert und stammen aus dem 12. Jahrhundert (Abb. 142 und Textabb. Seite 206).[220] Die wenig attraktiv aussehende Konstruktion (der Fachterminus lautet »Sparrendach«) wurde dem Anblick durch eine Deckenverschalung entzogen. Das Prinzip dieser Konstruktion und der Weg ihrer Entwicklung sind klar: das aus Deckenbalken mit sehr starkem Querschnitt und zwei Sparren bestehende Dreieck, der Dach-Binder, wurde um so mehr ausgesteift, je größer die zu überbrückende Weite des darunter liegenden Raumes und je länger damit die Sparren sein mußten. Diese Abstützung sollte verhindern, daß sich die Sparren infolge Belastung zu stark durchbiegen oder gar brechen. Der starke Querschnitt des Deckenbalkens ermöglichte derartiges Abstützen der Sparren. Man wählte aber auch waagerechte Abstützungen zum jeweils gegenüberliegenden Sparren. Diese Hölzer erhielten die Bezeichnung »Kehlbalken« und gaben der Dachkonstruktion als spezieller Form des Sparrendaches ihren Namen. Auf Grund der dargelegten Entwicklung war es möglich, Räume mit lichten Weiten bis zu 11 Metern zu überdecken. Bei diesen Dächern lag die Dachneigung mit erheblichen Abweichungen etwa bei 1:1, also einem Winkel von 45°. Die so ausgebildeten Dachbinder wurden in Abständen von etwa einem Meter aufgestellt. Zur Sicherung eines Längsverbandes ergab sich eine Entwicklung von unterschiedlich angeordneten Distanzstücken zwischen den Bindern bis hin zu einem den Dreiecksverband schaffenden langen Aussteifungsbalken, der über die Länge des Daches vom Sparrenfuß des ersten Binders zum Sparrenfirstpunkt des letzten

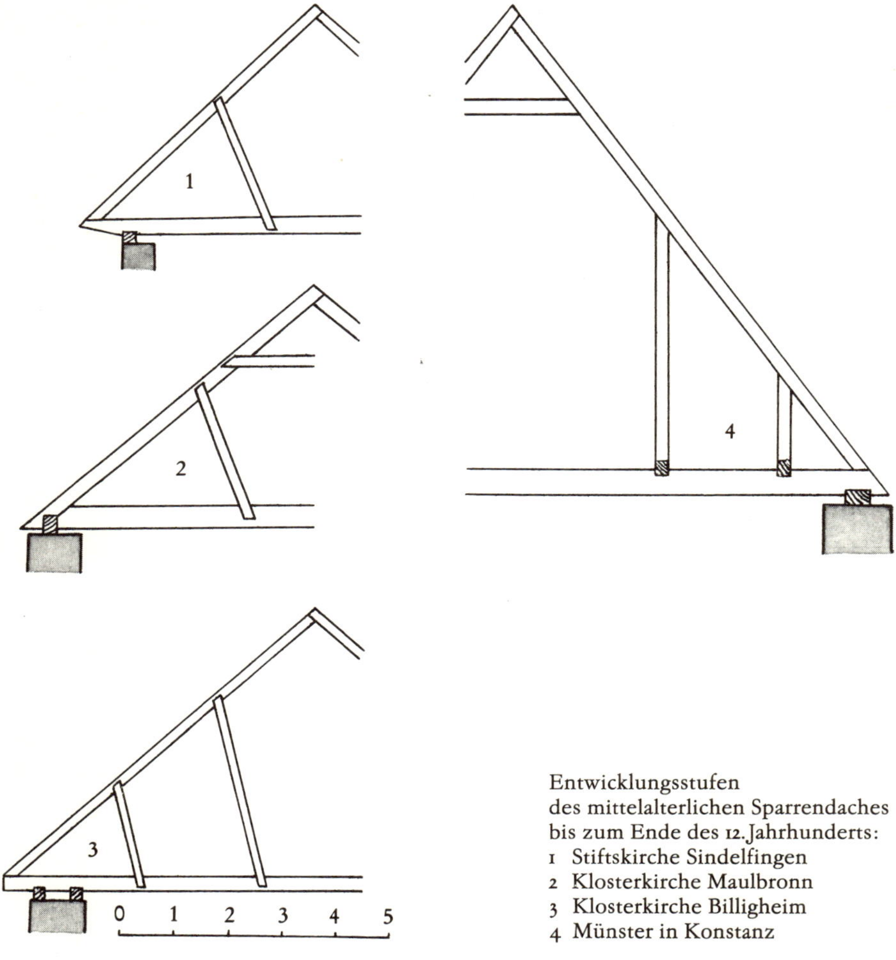

Entwicklungsstufen
des mittelalterlichen Sparrendaches
bis zum Ende des 12. Jahrhunderts:
1 Stiftskirche Sindelfingen
2 Klosterkirche Maulbronn
3 Klosterkirche Billigheim
4 Münster in Konstanz

reichte. Die Dachhaut über den Sparren bestand entweder aus einem Bretterbelag für Bleiplatten oder aus Latten für Dachziegeldeckung.

Der Wechsel vom Dach mit flacher Neigung aus antikem Vorbild zum steilen Dach mit einer konstruktiven Entwicklung, die aus germanischer Holzbautradition herzuleiten ist, sollte begründet werden. Das sei durch zwei Gesichtspunkte versucht. Das antike Dach der Mittelmeerregion bedurfte nur geringer Neigung, damit das Niederschlagwasser abfließen konnte. In nördlicheren Klimazonen blieb auf solchem Dach Schnee liegen und belastete es sehr stark, so daß Katastrophen gefolgt sein werden. Beim steileren Dach rutschte der Schnee ab und führte dadurch zu keiner wesentlichen zusätzlichen Belastung. Weiterhin bedurfte das antike Dach zum Bauen eiserner Beschläge. Der Forderung nach solchen Bauteilen wird mitteleuropäische Metallgewinnung und -bearbeitung nur in Ausnahmefällen gewachsen gewesen sein. Was lag näher, als die hier heimische Konstruktionsweise für Dächer, die hinsichtlich der Form den besonderen Klimabedingungen entsprachen und darüber hinaus der Metallteile nicht bedurfte, beizubehalten und entsprechend neuer Aufgabenstellung für größere Spannweiten weiterzuentwickeln?

Noch in Verbindung mit romanischen Bauten ist eine Dachkonstruktion zu beschreiben, die aus dem Norden eingeführt wurde: das Kehlbalkendach mit Scherensparren (Textabb. unten)[221]. Die in die Kehlbalkenkonstruktion eingefügten Balken (Scherensparren) versteiften das Dachdreieck derart, daß bei kleinen Spannweiten auf die Deckenbalken verzichtet werden konnte. Damit wurde der beim Sparren- und Kehlbalkendach durch Deckenverschalung abgetrennte Dachraum dem Erlebnisbereich wieder zugeführt. Diese Konstruktion schien so vorteilhaft, daß Villard sie in einer Zeichnung auch auf ein Bauwerk mit größerer Stützweite übertrug (Abb. 143). Die Frage, ob es eine entwicklungsgeschichtliche Beziehung vom Scherensparrendach zum Kehlbalkendach ohne Deckenbalken gibt, (Abb. 144), blieb bisher unbeantwortet. Die Dachkonstruktion blieb sichtbar, oder es wurde durch Holzverschalung ein Tonnengewölbe imitiert, man führte gelegentlich auch das gemauerte Gewölbe in den Dachraum hinauf. Die Erfahrungen mit diesen Konstruktionen ohne Deckenbalken müssen nicht gut gewesen sein. Die von ihnen ausgeübten Horizontalkräfte auf die Mauerkrone werden am Mauerwerk und von da zurückwirkend auch am Dachstuhl Schäden verursacht haben. Man ordnete dann doch in größeren Abständen Binder mit Deckenbalken

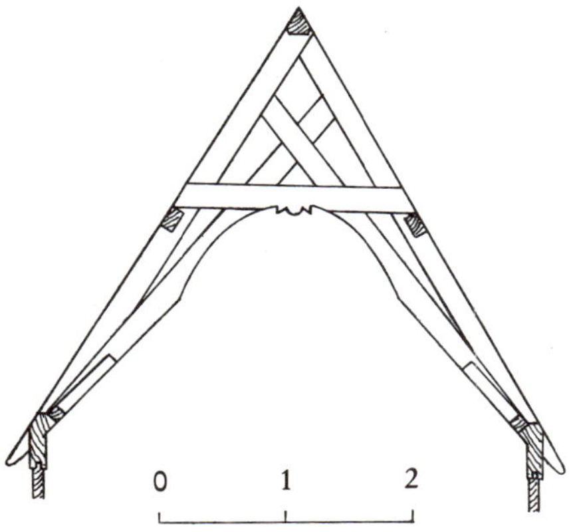

Dachbinder mit Kehlbalken und Scherensparren aus der Stabkirche von Borgund nach Ahrens. 12. Jahrhundert. Die Beziehung von Spannweite und Holzquerschnitten ließ hier ein Sparrengebinde entstehen, bei dem auf den Deckenbalken am Sparrenfuß verzichtet werden konnte.

oder Ankerbalken an bzw. zog solche Konstruktionsteile am Bauwerk nachträglich ein.

Die großen Sparrendachwerke Größere Mittelschiffbreiten und noch steilere Dachneigungen (3:2, also 56° oder 2:1, also 63°) führten zu weiterer Entwicklung der Dachkonstruktionen. Der Weg verlief keineswegs geradlinig, sondern suchend und vortastend und mit territorialen Eigenarten behaftet. Einige der dabei gefundenen Lösungen sind in der Textabbildung rechts zusammengestellt, die von den Zimmermeistern gefundenen Lösungswege lassen folgende Absichten erkennbar werden:
Der sehr lange Sparren bog sich infolge Eigenlast und noch stärker bei starkem Winddruck und -sog durch. Da man ihn nicht mehr, wie bei kleineren Dachstühlen, auf dem Deckenbalken abstützen konnte, verwendete man den Gegensparren als alleiniges Widerlager. Damit war das Kehlbalkendach, mit mehreren Kehlbalken und durch Scherensparren zusätzlich versteift, gegeben (Textabb. rechts/2).
Außer den langen Sparren bogen sich auch die Deckenbalken bei größerer Spannweite stärker durch. Man versuchte, den Balken an einer Zugsäule (gelegentlich als »Königssäule« bezeichnet) aufzuhängen und diese durch schräge Stützen von den Balkenauflagern her abzustützen. Damit war zwar die Konstruktion des antiken Hängewerkes grundsätzlich gegeben, die unsichere Art der Holzverbindungen scheint jedoch hinreichend nachzuweisen, daß es sich hierbei nicht um eine bewußte Übernahme handelte (Textabb. rechts/1).
Die zwangsläufig sehr lang und damit schwerer werdenden Kehlbalken brachen aus ihren Verbindungen mit den Sparren aus. Man mußte diese Punkte gesondert unterstützen. Damit war der »Stuhl« erfunden. Stützte man diese kritischen Stellen senkrecht ab, erhielt man den »stehenden Stuhl« (Textabb. rechts/4), führte man die Stützen in Neigung der Sparren zum Balkenauflager, den »liegenden Stuhl« (Textabb. rechts/3).

Aus dem Gebrauch der unterschiedlichen Konstruktionsprinzipien ergab sich eine Vielfalt von Kombinationen, bei denen häufig bereits erreichte vorbildliche Lösungen um eines neuen Effektes willen wieder verworfen wurden (Abb. 145).

Die letzte Steigerung bei der Ausbildung der Dachwerke ergab sich aus der Vereinigung mehrerer gleichhoher Kirchenschiffe unter einem Dach (siehe

Entwicklungsformen des mittelalterlichen Kehlbalkendaches vom 13. bis zum 15. Jahrhundert: 1 Kathedrale Notre-Dame in Paris, 2 Marienkirche Lübeck, 3 Münster zu Ulm, 4 Schloßkirche Meißenheim

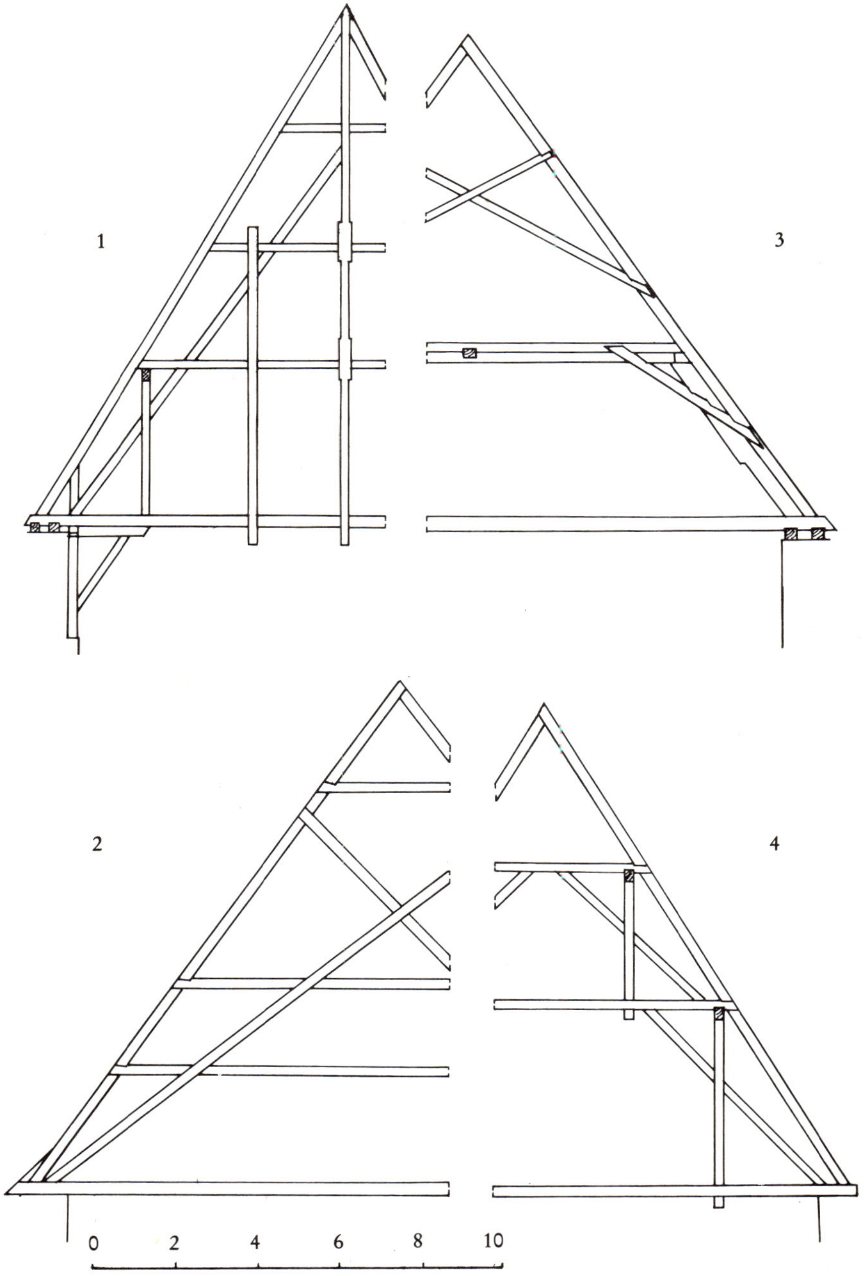
1
3
2
4
0
2
4
6
8
10

Abb. 140). In dieser Phase entstand wohl als eines der bedeutendsten Dächer das des Liebfrauenmünsters zu Ingolstadt in den Jahren 1491 und 1492 (Textabb. unten). Es gilt bei einer Gesamtbreite von 31 Metern und einer Höhe von 25 Metern nicht nur hinsichtlich seiner Größe, sondern auch wegen der wohldurchdachten Konstruktion und den paßgenau ausgeführten Holzverbindungen als Höhepunkt handwerklichen Könnens. Die konstruktive Besonderheit, das Dach wegen der sehr großen Sparrenlängen (etwa 30 Meter) in zwei Bauabschnitte zu zerlegen

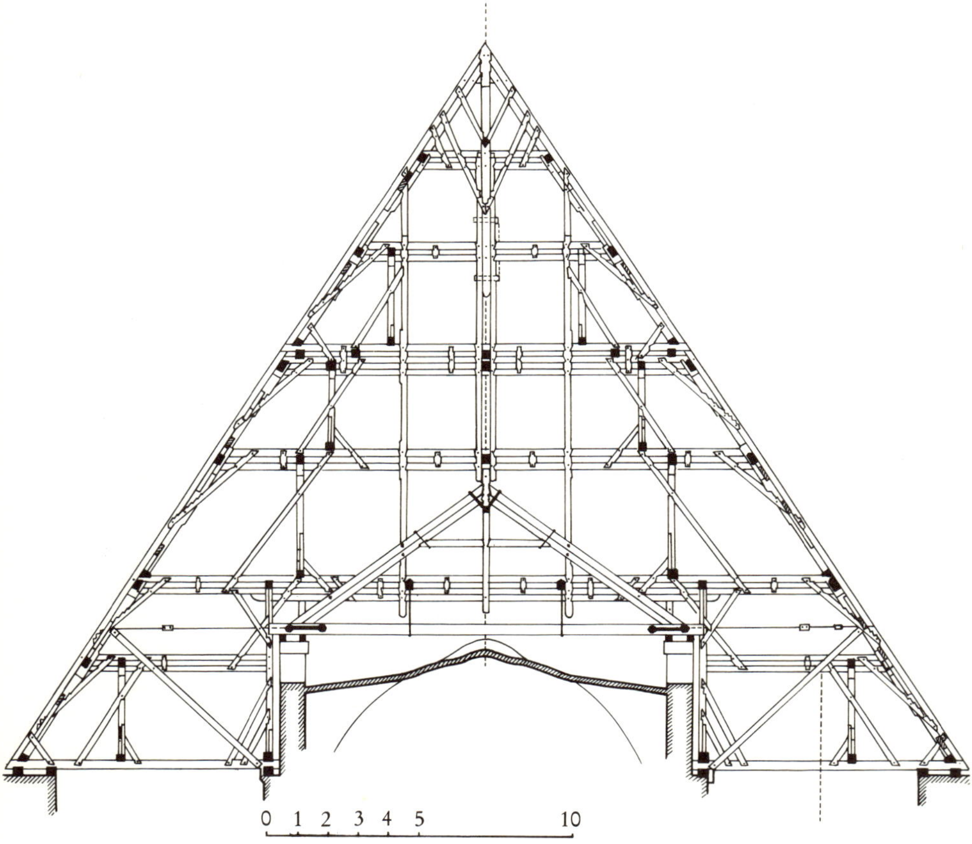

Dachwerk des Liebfrauenmünsters zu Ingolstadt. 1491 bis 1492. Schon kurz nach seiner Fertigstellung wurde, um mehr Raum für die einzubauenden Gewölbe zu erzielen, 1503 ein ursprünglich vorhandenes Sprengwerk aus der Konstruktion herausgenommen. Die dadurch eingetretenen starken Verformungen zwangen 1851 zum Einbau einer Stabilisierungskonstruktion.

und es damit auch so getrennt herstellen und aufrichten zu können, soll einmalig sein. Bei einer Dachlänge von mehr als 80 Metern erscheint auch ohne detaillierten Holzauszug der in älteren Berichten erwähnte Materialbedarf von 3800 Baumstämmen glaubhaft.[222] Diese großen Aufwendungen an Material nährten die Idee, jedem Kirchenschiff sein eigenes Dach zuzuordnen und mehrere kleine Dächer nebeneinander zu errichten (Abb. 146). Die großen und immerfort währenden Probleme mit dem sich in den Dachkehlen sammelnden Schnee wirkten der Verbreitung dieses vom Ansatz her richtigen Gedankens entgegen.

Die Herstellung der Sparrendachwerke Ließ sich die bisherige Entwicklung aus veränderten Dimensionen der Bauaufgabe – immer größere Dächer – erklären, so zwangen mit dem ausgehenden 15. Jahrhundert andere Triebkräfte zu neuen Konstruktionen. Die Impulse ergaben sich jetzt aus dem immer spürbarer werdenden Holzmangel und dem Bedürfnis, Arbeitszeit einsparen zu wollen. Diese Bemühungen sind um so leichter sichtbar zu machen, je genauer es gelingt, die handwerklichen Arbeiten nachzuvollziehen, derer es bedurfte, einen Dachstuhl herzustellen.

Der Zimmermeister benötigte nur wenige Vorgabemaße, um mit den Arbeiten am Dachstuhl beginnen zu können: die Dicken und Abstände der Mauerkronen und die gewünschte Dachneigung. Diese Werte übertrug er auf einen Zeichenboden – den Schnürboden oder Reißboden (vgl. die Ausführungen auf S. 83) – und zeichnete (»schnürte«, das kommt vom Schlagen einer gespannten und mit Kreide oder Rötel eingefärbten Schnur) die Konstruktion auf. Danach legten die Gesellen die Balken auf dieser Zeichnung aus, übertrugen die Maße, arbeiteten die Holzverbindungen und paßten die Hölzer zu Dachbindern zusammen. Bei solcher Arbeitsweise gelang es, eine hohe Maßhaltigkeit zu erzielen. Das Bewegen, Bearbeiten und Zusammenspannen der Hölzer – man denke an die im Mittelalter üblichen Querschnittsabmessungen – war eine sehr zeitaufwendige Arbeit. An einem benachbarten Arbeitsplatz wurden die Hölzer der Binder wieder, jetzt aber um 90° gedreht, ausgelegt und die Längsverbände hergestellt und zusammengepaßt. Bei der Fertigung der einfachen Dachstühle (vgl. Abb. 142) war es unumgänglich, jedes Holz auf dem Reißboden und beim Längsverband vorzulegen, zu bearbeiten und zusammenzupassen. Bei den größeren Dachkonstruktionen (vgl. Textabb. S. 209) nahm die Menge des benötigten Holzes und auch die Anzahl der herzustellenden Holzverbindungen erheblich zu. Man erkannte jetzt, daß es durchaus möglich sei, zwischen zwei vollständigen Bindern (»Vollbinder«) zwei oder drei »Leerbinder« mit reduziertem Holzaufwand einzufügen (vgl. Abb. 145). Schon dadurch ergab sich gegenüber der herkömmlichen Bauweise eine Einsparung von 10 bis 20% an Holz und Arbeitszeit. Nach wie vor mußte aber immer noch jeder Balken auf dem Schnürboden bearbeitet werden. Und da dort nur eine begrenzte Anzahl von Gesellen gleichzeitig tätig sein konnte, ließ sich das Bautempo dadurch nicht wesentlich beschleunigen.

Der Weg vom Sparrendach zum Pfettendach Bei den bisher beschriebenen Dachkonstruktionen kam dem Sparren eine Doppelfunktion zu: er trug die Dachhaut (und wurde dadurch auf Biegung beansprucht), und er erfüllte eine Tragfunktion innerhalb der Dachkonstruktion (und wurde dabei vorwiegend durch Längskraft belastet). Gegen Ende des 15. Jahrhunderts setzte dann jene Entwicklung ein, die Tragkonstruktion von den Sparren und der Dachhaut zu trennen. Man konstruierte Binder, in denen die Sparren als Bestandteil der Dachhaut getragen wurden. Die Binder, in 3 oder 4 Meter Entfernung angeordnet, trugen nun sog. »Pfetten« in Dachlängsrichtung (daher »Pfettendach«), auf die die Sparren aufgenagelt wurden. Die Erleichterungen bzw. Vereinfachungen ergaben sich, weil
sich die Anzahl der herzustellenden Binder verminderte und damit weit weniger Arbeitstakte an den Schnürboden gebunden waren,
die Sparren nach Abnahme einer Schablone vom Schnürboden getrennt vom übrigen Dachstuhl zubereitet werden konnten und
der Längsverband nur noch zwischen den Bindern angeordnet war und sich dadurch die Anzahl der herzustellenden Holzverbindungen ganz erheblich verminderte.

Mit der Einführung der Pfettendachkonstruktion entstand ein doppelter Nutzen. Der Material- und Arbeitszeitaufwand sank erheblich, und zudem konnten jetzt mehr Gesellen gleichzeitig bei der Herstellung eines Dachwerkes arbeiten.

Das Aufstellen der Dachwerke Dem Aufstellen des Dachwerkes wurde meist nur in Verbindung mit dem darauffolgenden Richtfest Beachtung geschenkt. Für die Zimmerleute und Transportarbeiter war es eine Tätigkeit, die höchster Kraftanstrengung bedurfte und die als besonders gefährlich galt (Abb. 131). Nur selten wurde in Höhe der Mauerkrone eine durch Brettbelag geschlossene Arbeitsfläche geschaffen. Die bearbeiteten Hölzer mußten in genau festgelegter Reihenfolge aufgezogen, ausgelegt und zu Dachbindern oder zu Dachbinderteilen zusammengebaut werden. Deren Aufrichten erfolgte mit Winden. Der Einbau der Hölzer für den Längsverband verursachte dabei die größten Mühen.

Weitere Entwicklungstendenzen Zu Beginn des 16. Jahrhunderts war die Entwicklung des Dachwerkes durch die Sparren- und Kehlbalkenkonstruktion hinsichtlich ihres Dranges zu immer größeren Ausmaßen abgeschlossen. Dessenungeachtet regten auch weiterhin Aufgaben aus dem Bereich des Kirchenbaues neue konstruktive Lösungen an, wobei auch der an Bedeutung gewonnene Brückenbau Impulse gab. Die schon erwähnte Pfettendachkonstruktion, durch die der Materialeinsatz beim Dachbau so bedeutsam reduziert wurde, veranlaßte die Meister, immer weiter nach Wegen zur Vereinfachung zu suchen. Der Abschluß dieser Entwicklung bzw. der beginnende Umschlag zu modernem Holzbau ist in den Konstruktionen zu sehen, die der im Osten der Schweiz am Oberrhein tätige Hans Ullrich Grubenmann (1709–1783) schuf. Die Dachwerke über den Kirchen

131 Das Aufstellen des Dachwerkes der Kathedrale Notre-Dame in Reims. Rekonstruktion von Fitchen. Bau des Dachwerkes 2. Hälfte 13. Jahrhundert. Das Bild will zeigen, wie anstrengend und gefährlich die Arbeit der Zimmerleute in einer Höhe von 40 bis 60 Metern gewesen sein mag.

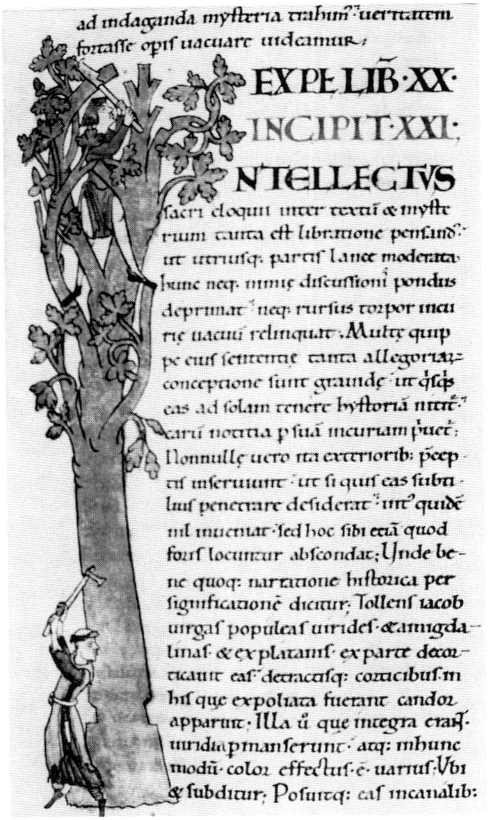

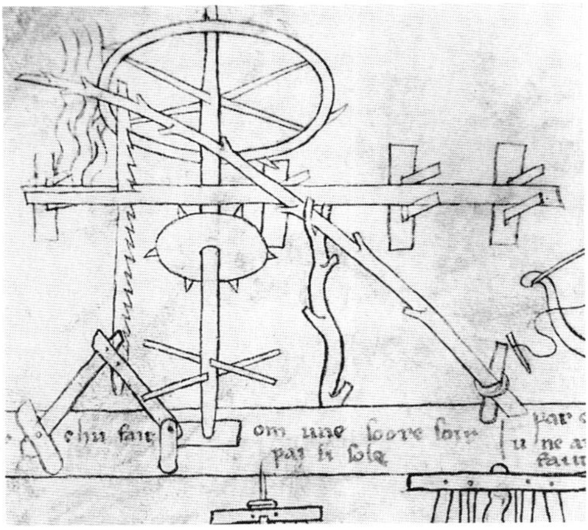

132 Das Fällen eines Baumes. Illustration einer Handschrift aus dem 12. Jahrhundert. Kloster Citeaux. Dijon, Ms. 170. fol 59. Das Bild zeigt Angehörige eines Klosters, die in Baumkrone und am Fußende des Stammes mit Äxten arbeiten.

133 Darstellung eines Sägegatters. Villards Bauhüttenbuch. Bibliothèque Nationale Paris, Ms. fr. 19093. Um 1235. »Auf diese Weise macht man eine Säge von selber sägen« (Übersetzung nach Hahnloser). Die Darstellung dieser durch Wasserkraft angetriebenen Säge vereinigt mehrere Projektionen in einer Ebene. Wenngleich diese Maschine so nicht funktionieren konnte, so enthält die Skizze doch alle notwendigen Elemente in grundsätzlich richtiger Anordnung.

134 Bau der Arche Noah. Mosaik in der Kathedrale S. Maria la Nuova in Monreale. Darstellung einer Rahmensäge. 12. Jahrhundert. Während Balken mit der Axt aus einem Baumstamm gehauen wurden, gewann man Bohlen und Bretter schon seit der Antike mit Hilfe von Rahmensägen.

NOE

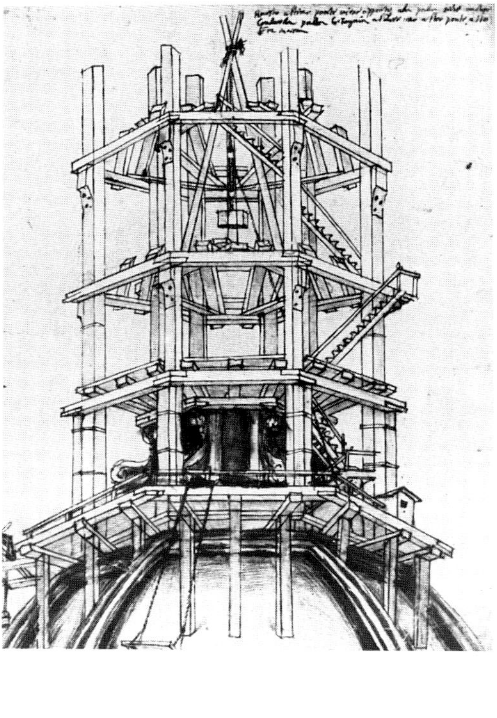

135 Kirche St. Peter und Paul in Görlitz. Gesimsfigur über dem Eingang zur Kryptakirche. 15. Jahrhundert. Die Bildhauerarbeit will an ein Bauunglück erinnern. Nach der Überlieferung hieb der Zimmermann geistesgegenwärtig seine Axt in einen Sparren und hielt sich daran fest, als das Gerüst einstürzte.

136 Zisterzienserkloster Chorin. Blick aus Südwest zum Kirchenschiff. 1273–1319. Allenthalben sind die Mauerwerksöffnungen, die einst die Riegel des einfachen Stangengerüstes aufnahmen, sichtbar.

137 Zeichnung des Gerüstes vom Bau der Kuppel-Laterne des Florentiner Domes. Nach 1436. Galleria degli Uffizi, Florenz. Die Bauweise dieses Gerüstes unterscheidet sich markant von der leichten Stangenkonstruktion anderer Gerüstbauten. Der Gerüste aus Balken bedurfte es, wenn große Lasten aufgezogen werden mußten.

138 Bau eines Turmes. Hrabanus Maurus, De origine rerum. 1022/23. Bibliothek Monte Cassino, Cod. 132, fol. 394. Es ist ein einfaches Stangengerüst dargestellt. Die Bauweise des Gerüstes, waagerechte Hölzer liegen in Astgabeln, wirkt betont einfach und ist für mittelalterliche Großbaustellen nicht typisch.

139 Krangerüst auf dem Südturmstumpf des Kölner Domes kurz vor der Demontage im Jahre 1868. Dieser Kran ist auf allen Stadtansichten, die seit der Mitte des 15. Jahrhunderts entstanden, erkennbar. Für die Baufortsetzung im 19. Jahrhundert standen leistungsfähigere Hubvorrichtungen zur Verfügung.

140 St.-Severi-Kirche in Erfurt. Nach 1278 bis Ende 14. Jahrhundert. Diese Ansicht läßt die meist unbeachtete Monumentalität des Dachwerkes ahnen, das die fünf Kirchenschiffe überdeckt. Mißt der Bau vom Fußboden bis zum Gewölbescheitel etwa 18 Meter, so erhebt sich darüber die 22 Meter hohe Holzkonstruktion.

141 Kirche S. Miniato al Monte, Florenz. 12. Jahrhundert. Im Mittelmeerbereich blieb die antike Konstruktion des Hängewerkes für Dachwerke immer lebendig. Die Dachwerke blieben zumeist sichtbar.

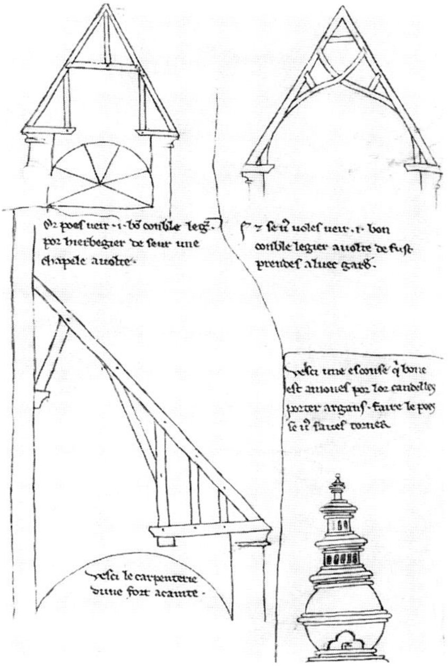

142 Klosterkirche Billigheim. Das Dachwerk. 12. Jahrhundert. Bei der Konstruktion sind die schräg stehenden Stützen, die ein Durchbiegen der Sparren verhindern sollen, in Sparren und Deckenbalken eingeblattet.

143 Dachbinder in abgewandelter Scherensparrenkonstruktion. Villards Bauhüttenbuch. Bibliothèque Nationale, Paris, Ms. fr. 19093. Um 1235. »Wenn Ihr einen guten leichten Dachstuhl mit einem Holzgewölbe sehen wollt, so achtet hierauf« (Übersetzung nach Hahnloser). Um im Dachraum einen möglichst vollkommenen Halbkreisquerschnitt zu erreichen, wandelte Villard das Prinzip der Scherensparrenkonstruktion so ab, daß ihre statische Wirkungsweise stark eingeschränkt wurde.

144 Münster St. Maria und Marcus, Mittelzell auf Reichenau. Dachwerk, um 1235. Bei dieser Dachkonstruktion wurde der freie Dachraum mit den Mitteln der Kehlbalkenkonstruktion erzwungen. Die in größeren Abständen angeordneten Deckenbalken sollten das Ausweichen der Mittelschiffwände verhindern.

145 Dachwerk der Kathedrale Saint-Etienne in Bourges. 13. Jahrhundert. Infolge der größeren Anfälligkeit gegen Zerstörung jeglicher Art überdauerten nur wenige Dachwerke die Jahrhunderte. Das von Bourges blieb erhalten. Nach jeweils drei Leerbindern ist ein Vollbinder angeordnet.

146 Die Kirche St. Marien in Güstrow. 14. und 16. Jahrhundert. Bei diesem Bauwerk scheute man davor zurück, alle drei Schiffe unter einem Dach zu vereinen. Mag diese Lösung zur Einsparung von Material und Arbeitszeit geführt haben und auch architektonisch reizvoll erscheinen, so birgt sie doch eine große Gefahr in sich: in den Dachkehlen kann Schnee liegenbleiben und zu großen Schäden führen.

147 Dachwerk der Kirche in Wädenswil. 2. Hälfte des 18. Jahrhunderts. Modell nach der Konstruktion von Hans Ullrich Grubenmann. Das vorbildlich und konsequent ausgeführte Hängewerk und dessen Integration in das Kehlbalkendach verdienen besondere Beachtung.

148 Katholische Hofkirche (Kathedrale) in Dresden. Querschnitt. 1738 bis 1755. Zeichnung von S. Wetzel. 1747. Institut für Denkmalpflege, Arbeitsstelle Dresden. Die Konstruktion des Mittelschiffdaches läßt vollständige Übereinstimmung mit antiker und italienischer Tradition erkennen. Als Architekt war der Römer Gaetano Chiaveri tätig.

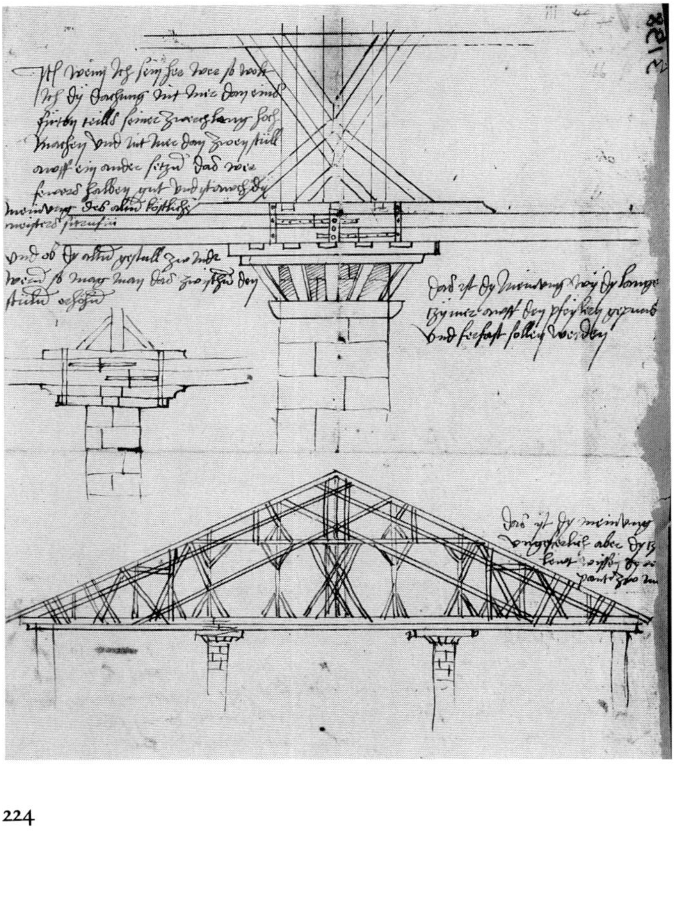

149 Kirchendach des Gnadenberger Klosters mit Hinweisen für dessen Verstärkung. Zeichnung von Albrecht Dürer. 1517. British Library, London, Ms. III, fol. 45. Die Konstruktion dieses Dachwerkes zeigt bei ungewöhnlich flacher Dachneigung markante Mängel. Dürers Detailskizzen zeigen, daß er den Schwachpunkt der Konstruktion im Bereich der Mittelschiffauflager erkannt hat.

von Ebnat, Grub, Hombrechtikon und Wädenswil gehören zum Besten, was, aus handwerklicher Erfahrung geschöpft, je in Holz gebaut wurde (Abb. 147).[223] Besonders berühmt wurde Grubenmann ob seiner Brücke über den Rhein bei Schaffhausen.

Dem 18. Jahrhundert blieb es vorbehalten, die einstmals nördlich der Alpen verworfene Hängewerkskonstruktion aus spätantiker Tradition so auszuführen, daß sie nun die Schneelasten sicher tragen konnte. Der Italiener Gaetano Chiaveri setzte diese Konstruktion für das Dachwerk der Katholischen Hofkirche in Dresden, der heutigen Kathedrale des Bistums Dresden-Meißen, ein (Abb. 148).

Wenn bisher bei der Darlegung der Entwicklung von Dachwerken besonders das Interesse, Materialaufwand[224] und Arbeitszeit einzusparen, als Triebfeder Erwähnung fand, so schließt das nicht aus, daß ebenso wie auch beim Mauerwerksbau durch Beobachtung eingetretener Bauschäden wesentliche Erkenntnisse gewonnen wurden. Kein Geringerer als Albrecht Dürer hielt sich für berufen und befähigt, Vorschläge für die Instandsetzung des Dachstuhles im Gnadenberger Kloster zu unterbreiten (Abb. 149).

Die Zeugnisse der Handwerkskunst von Steinmetzen und Maurern kann jedermann in Augenschein nehmen, die Leistungen der Zimmerleute dagegen bestanden größtenteils in nach Baufertigstellung überflüssigen Gerüsten und Geräten. Die überkommenen Sachzeugen bleiben dem Betrachter weitestgehend verborgen. Im Interesse der Sicherheit für Bauten und Besucher werden sie auch in Zukunft nur in Ausnahmefällen zugänglich sein.

Die Gewölbe

Der Wunsch, auch obere Raumabschlüsse aus Stein herzustellen, bewegte Menschen unterschiedlicher Kulturzentren und Epochen seit Jahrtausenden. Die solchem Bestreben erwachsenen Formen – Steinplatten bzw. Steinbalken über Räume gelegt, vorkragende Steinschichten beim sog. falschen Gewölbe, zeltartig gegeneinander gelehnte Steinplatten und auch schon echte Gewölbe – reichen weit zurück. Sie wurden beschrieben und interpretiert.[225] Es gilt als das große Verdienst römischer Architekten, diese Gewölbekonstruktion aufgegriffen und architektonisch und technologisch so entwickelt zu haben, daß sie seit dem 1. Jahrhundert u. Z. einen festen Platz im repräsentativen Baugeschehen dieses Weltreiches finden konnte.[226] Seit dem 4. Jahrhundert fand das Gewölbe auch beim Kirchenbau Eingang, anfangs als Halbkuppel über Apsiden und als Kuppel über Mausoleen, in den folgenden Jahrhunderten dann bei den großen Kuppelbauten über den Kirchen Konstantinopels sowie im Bereich oströmischer Einflußsphäre und seit dem 11. Jahrhundert, ausgehend von Speyer und Südfrankreich, mit überragender Bedeutung für die Entwicklung von Architektur und Technikanwendung beim Bau von Kirchen im westlichen und mittleren Europa.

Die großen Gewölbebauten Roms, das Pantheon und die Konstantinsbasilika, seien als die bedeutendsten unter vielen genannt, sind in ihrem heutigen Aussehen in Wort und Bild beschrieben und durch Rekonstruktion in die Zeit ihrer Entstehung gestellt. Und es wird gelegentlich auf jenes angebliche Rätsel hingewiesen, wie man wohl mit den zeitgenössischen Mitteln und Kenntnissen diese Konstruktionen errichtet habe. Derartige Fragestellung mag schon die Bauleute Karls des Großen bewegt haben und die Werkmeister seit dem 11. Jahrhundert in noch stärkerem Maße. Noch Filippo Brunelleschi, um 1418 mit dem Plan für den Kuppelbau des Domes in Florenz beschäftigt, soll sich tagelang in Ruinen und erhaltenen Bauten des antiken Rom aufgehalten haben, um zu studieren, wie Gewölbe erbaut worden seien. Und noch heute wird vermittels archäologischer Forschung nach Antworten zu Fragen der Technologie römischer Gewölbebauten gesucht.

Für den Bau eines Tonnengewölbes[227] als geometrisch einfachster Gewölbeform sei Viollet-le-Ducs Rekonstruktionsversuch herangezogen (Abb. 150).[228] Nach Aufmauern von Widerlager und Bogenbeginn wurden Lehrgerüstbögen »A« hergestellt, die die Form des Gewölbes beschrieben und hinreichend tragfähig waren, um die Stein- und *opus caementitium*-Massen des Gewölbes tragen zu können. Die Lehrgerüstbögen standen auf Konsolsteinen oder Gesimsen des Widerlagermauerwerkes, wohl seltener auf einem besonderen, vom Boden her hochgeführten Gerüst. Um das Lehrgerüst nach Fertigstellung des Gewölbes abbauen zu können, ohne das neue Bauteil zu beschädigen, mußte es mit Hilfe zwischenliegender Keile abgesenkt werden können. Ein Bretterbelag »B« vervollständigte die Negativ-Form des Gewölbes. Hierauf konnten Keramikplatten bzw. Ziegel »C« ausgelegt werden, die dem später von unten anzubringenden Putz eine gute Haftung verleihen sollten. Aus Ziegeln wurden dann Rippen »D« gemauert, u. U. zwischen diese Längsrippen »E« gezogen und nach deren Erhärten die so entstandenen Felder mit *opus caementitium* »F« ausgefüllt. Der archäologische Befund ließ bei vielen Gewölben Abweichungen vom geschilderten Modell erkennen. Abgesehen davon, daß immer wieder die ursprüngliche Art der zugehauenen Keilsteine mit radial zum Halbkreismittelpunkt ausgerichteten Fugen anzutreffen war, fehlten bei den der Rekonstruktion nahestehenden Bauten sowohl die flach ausgelegten Ziegelplatten oder auch die Ziegelrippen. In diesen Fällen hatten die Arbeiter das *opus caementitium* in horizontalen Lagen eingebracht. Es wurde die Vermutung geäußert, die Ziegelrippen und das *opus caementitium* wären gleichzeitig eingebaut worden.[229] Der zumindest heute erkennbare Vorteil, nach der von Viollet-le-Duc geschilderten Rekonstruktion zu verfahren, hätte darin bestanden, daß das Ziegelrippenmauerwerk das Lehrgerüst mit nur einer Gewölbeteilmasse belastet und nach Erhärten des Mörtels eine formstabilisierende Wirkung ausgeübt hätte. Beim Einfüllen des *opus caementitium* in die Felder würde sich das Lehrgerüst noch einmal um ein Geringes verformt und würden sich dabei die Rippen vom Lehrgerüst gelöst haben. Auf dem Lehrgerüst hätte nun nur die Masse des *opus caementitium* gelastet. So brauchte das Gerüst zu keiner Zeit die gesamte Baumasse tragen. Bezieht man diese Herstellungsweise auf den Kuppelbau, so wird der Bau des Lehrgerüstes zweifellos schwieriger gewesen sein, die Arbeiten hätten jedoch prinzipiell ähnlich stattfinden können (Abb. 151 und 152). Die Annahme, daß infolge des räumlichen Verspannens die vom Widerlager her lagenweise eingebrachten Kreisring-Schichten nur im oberen Kalottenbereich eines eigentlich tragfähigen Lehrgerüstes bedurft hätte und im übrigen eine leichtere, holzsparende Konstruktion lediglich zur Ausbildung der Form notwendig gewesen sei, erscheint problematisch.[230] Man tut gut daran, in den Lehrgerüsten für Kuppelbauten sehr stabile Balkenkonstruktionen zu sehen. Die herausgehobene Bedeutung der Bauwerke mit größeren Gewölbekonstruktionen wird auch den Antransport des benötigten Holzes über weite Entfernungen hinreichend begründet haben.

Die Erfindung eines Töpfers, seinen Brennofen aus hohlen Tongefäßen zu mauern, die Verfügbarkeit des sehr schnell erstarrenden Gipsmörtels und der Mangel an Bauholz für Lehrgerüste ließen in Nordafrika eine besondere Methode des Gewölbebaues reifen. Infolge der Leichtigkeit der Bauelemente und des schnellen Erstarrens des Gipsmörtels gelang es tatsächlich, Gewölbe kleiner Spannweiten ohne stützende Schalung herzustellen. Der Befund an den Objekten deutet darauf hin, daß diese Tonröhrengebilde zuerst als Schalungsgerüst für das *opus caementitium* des Gewölbes dienten. Der Vorteil dieser Bauweise ist ohne Zweifel so groß, daß es verwundert, wieso Jahrhunderte vergehen mußten, um diese Ersatzlösung zur eigentlichen Gewölbekonstruktion im Monumentalbau gedeihen zu lassen. Das geschah in Ravenna seit Ende des 4. Jahrhunderts bei Gewölben über der Kathedralapsis, dem Baptisterium der Kathedrale und später bei S. Vitale sowie auch in Rom (Abb. 153 und 154).[231] Die Durchmesser der Kuppeln liegen zwischen 10 und 16 Metern. Die Ruine des Helena-Mausoleums in Rom, das im 4. Jahrhundert erbaut wurde, läßt erkennen, daß in das *opus caementitium* des Kuppelgewölbes zur Verringerung der Masse Tongefäße eingelegt wurden. Daher erhielt diese Ruine den Namen »Torre Pignattara« (pignatte = Amphore aus Ton). Ob sich bei diesem vom 2. bis zum 4. Jahrhundert verbreiteten Brauch – er wurde auch bei den Halbkuppeln über den Konchen von Sankt Gereon in Köln (vgl. Abb. 11) nachgewiesen – eine Beziehung zu den Tonröhrengewölben finden läßt, kann vermutet werden, ist aber nicht gesichert.

Die unterschiedlichen Wege, die Westrom und Ostrom politisch und wirtschaftlich seit dem 5. Jahrhundert gingen, spiegelten sich im Baugeschehen allgemein und im Gewölbebau insbesondere wider. Im Osten ist jene Weiterentwicklung zu verzeichnen, die zur Kuppel der Hagia Sophia (33 Meter Durchmesser mit einer Scheitelhöhe von 66 Metern) führte und die gelegentlich in den ehemals weströmischen Machtbereich ausstrahlte. Die Bezüge zu den Bauten der Kirche S. Vitale in Ravenna und der Pfalzkapelle in Aachen sind bekannt. In den Bereichen ehemaliger Provinzen des Westreiches konnte das Niveau der Gewölbebaukunst nicht erhalten bleiben. Apsiden-Halbkuppeln und Tonnengewölbe wurden seltener errichtet und behielten bescheidenere Abmessungen.

Der Neubeginn großer Gewölbebauten seit dem 11. Jahrhundert

Die anfänglichen Mißerfolge Seit dem 11. Jahrhundert waren alle jene wirtschaftlichen, politischen und geistigen Voraussetzungen gegeben, deren es bedurfte, um im betrachteten Gebiet wieder monumental bauen zu können.[232] Das schloß auch die Absicht zum Gewölbebau ein.

Vorerst galt es jedoch, Fertigkeiten neu zu erlernen und Erfahrungen zu sammeln. Schon bei der Wiederaufnahme der tradierten und verhältnismäßig einfachen Gewölbeformen wie Halbkuppel und Tonne traten Katastrophen ein. So stürzte der Chor des Domes zu Merseburg, einer kaiserlichen Stiftung, in den Jahren zwischen 1036 und 1042 zweimal ein. Danach ließ Bischof Hunold »beim dritten Neubau zwei Türme zusammen mit dem Sanctuarium von Grund auf errichten«.[233] Es darf davon ausgegangen werden, daß Gewölbeschub, von einem Apsisbogen oder gar einer Apsidenhalbkuppel herrührend, als Ursache zum Einsturz mitgewirkt hat. Ähnlich lagen die Dinge beim Dom zu Speyer. Der 1061 geweihte Dom wies schon bald erhebliche Bauschäden auf, die zum baldigen Umbau (nach 1080) drängen ließen und die, bezogen auf den Ostteil, eher einem Neubau glichen. Die Ursache hierfür wurde sehr lange infolge fehlgedeuteter Überlieferung bei den Fundamenten und Schädigungen durch Rheinüberschwemmungen gesucht. Als auslösende Faktoren wirkten jedoch die Gewölbekräfte aus Apsidenkuppel und Tonnengewölbe im Chor, denen das aufgehende Mauerwerk nicht standgehalten hatte.[234] Der ebenfalls auf zu starken Gewölbeschub zurückzuführende Einsturz von Teilen des Lang- und Querhauses in Cluny III im Jahre 1125 ist in dieser Abfolge besonders bedeutsamer Bauten ebenfalls erwähnenswert. Hinweise darauf, daß die Werkmeister des 11. und 12. Jahrhunderts über zuverlässige Handwerksregeln verfügt hätten, dürften durch die zitierten Beispiele relativiert sein. Letztlich hatten die Meister dieser Zeit ihre Erfahrungen vor allem bei Bauten der mit Holzbalkendecken ausgestatteten Kirchen gesammelt, bei denen es keine horizontal wirkenden Kraftkomponenten zu beachten gab.

Die zunehmende Beschäftigung mit Gewölbebau beeinflußte Gestaltung und Konstruktion des gesamten Gebäudes. Fragt man nach dem »Warum« für dieses so intensive Bemühen um die Gewölbe, bieten Autoren eine Reihe von Antworten an. Sicher lassen sich aus theologisch begründbaren Geisteshaltungen dieser Zeit Motive ableiten, die zu einem nach oben hin steinernen Abschluß des Kirchenraumes drängen ließen. Ausschlaggebend werden jedoch die Gründe jener Bauherren gewesen sein, die sich in der Nachfolge römischer Imperatoren oder alttestamentlicher Könige sahen und die angesichts erhalten gebliebener römischer Bauten mit ähnlich Geschaffenem repräsentieren wollten (vgl. S. 35ff.). Und sie bedurften, um solch anspruchsvolles Werk gelingen zu lassen, der gefestigten Machtverhältnisse und einer stabilen Wirtschaft. Die größere Sicherheit gegen Totalschaden, die ein Gewölbe bei Brand gewährte, hatte man sicher erkannt, als bestimmendes Motiv zur Entscheidung für den Gewölbebau wird dieses Argument nicht gedient haben.

Die Suche nach Konstruktionen Der Weg des Gewölbebaues, architekturgeschichtlich umfassend beschrieben, kann in handwerklich-technischer Hinsicht als ständiges Ringen um neue konstruktive und technologische Erfahrungswerte verstanden werden. Es galt, die neuen Gestaltungswünsche so verwirklichen zu können, daß die Standsicherheit der Gebäude nicht in Frage stand. Wie wenig solches als selbstverständlich gegeben anzusehen gewesen ist, wurde erwähnt. Die Bemühungen der Meister verliefen in drei Richtungen:

Es galt, das überlieferte halbkreisförmige Gewölbe so im Gebäude anzuordnen, daß die Standsicherheit durch möglichst geringe Mauerwerksmassen gewährleistet wurde. Die eingeschlagenen Lösungswege lassen die Vermutung für derartig konstruktives Denken unabhängig von gestalterischen Bemühungen begründet erscheinen.

Es gab Veranlassung, das halbkreisförmige Gewölbe nicht als einzig mögliche Form zu betrachten.

Die hohen Aufwendungen an Arbeitszeit und Material beim Bau der Lehrgerüste gaben Anlaß zu Überlegungen, wie Einsparungen in diesem Bereich zu ermöglichen seien.

»Welche Schwierigkeiten die Wölbung des basilikalen Kirchenraumes mit sich brachte, wie eng hier gestalterische, konstruktive, statische und bautechnische Probleme ineinander verflochten sind, wie jeder Gewinn auf der einen Seite mit einem Nachteil auf der anderen erkauft werden mußte, bis schließlich in der Gotik jede Einzelheit sich nach allen Richtungen positiv auswirkte, das wird vielleicht deutlich, wenn wir drei burgundische Kirchen mit verschiedenen basilikalen Gewölbekombinationen herausgreifen.« Die in der Folge des Zitates erwähnten Kirchen (Textabb. S. 230)[235] lassen interessante Schritte – nicht in historischer Reihenfolge, sondern als »Vielfalt der Anfänge«[236] gesehen – erkennen. Man wird im Interesse sparsameren Bauens den Raum zwischen Gewölbe und Dachfläche nicht mehr mit Mauerwerk ausgefüllt, sondern über den Gewölben die hölzerne Dachkonstruktion gewählt haben. Die Widerlager des Tonnengewölbes über dem Mittelschiff (die Mittelschiffwände) wurden durch die Seitenschifftonnen gegen horizontale Verschiebung gestützt. Man versuchte, diese Stabilisierung dadurch zu erhöhen, daß sich über den Seitenschiffen halbierte Tonnen gegen die Mittelschiffwände lehnten (Arles) oder die Seitenschifftonnen quer zur Längsrichtung angeordnet wurden (Fontenay). Die stabilisierende Wirkung der Seitenschiffe ließ sich durch Emporeneinbau oder angefügte Strebepfeiler weiter

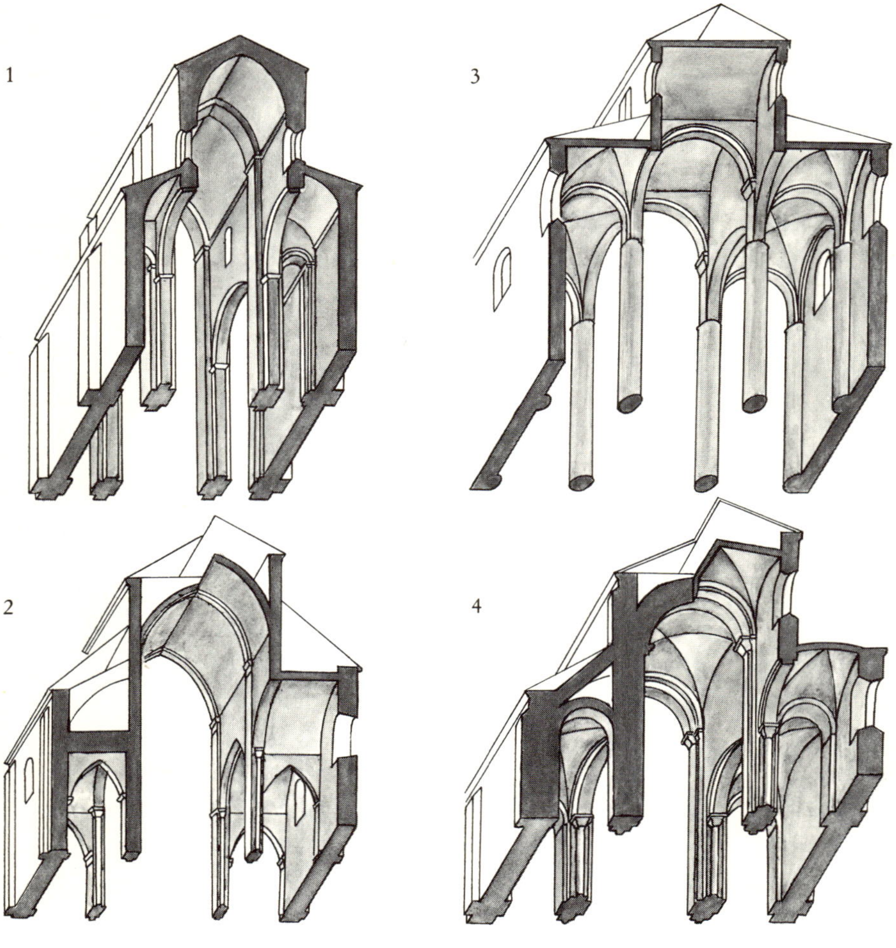

Die Entwicklung des Gewölbes in Form und Anordnung bis zum 12. Jahrhundert nach Hart: 1 Saint-Trophime in Arles, 2 Klosterkirche Fontenay, 3 Saint-Philibert in Tournus, 4 Prioratskirche in Anzy-le-Duc

erhöhen. Parallel zu den aufgezählten Schritten erfolgte der Übergang vom Rundbogen zum Spitzbogen beim Tonnengewölbe. Auch hier sollte man nicht nur gestalterische und statische Gesichtspunkte als Ursachen bemühen, denn Vorteile für den Lehrgerüstbau traten ebenfalls ein. Als weitere Versuche, das Mittelschiff zu überwölben, fanden quergestellte Tonnen (Tournus) oder gar eine Folge von Kuppeln wie bei Saint-Front in Perigueux (Abb. 155) – hier wirkte byzantinischer

Einfluß – Anwendung. Im Kreuzgewölbe war schließlich jene günstige Konstruktion, die als Ende und gleichzeitiger Beginn von Entwicklungsetappen fixiert ist, gefunden. Nicht von ungefähr lassen sich alle diese Beispiele auf dem Gebiet Südfrankreichs finden, jener Gegend, in der die feudale Gesellschaftsordnung zuerst zu einer sehr produktiven Organisationsform fand.

In die Abfolge von Beispielen der Textabbildung auf Seite 230 wollen die schon nach 1080 errichteten Kreuzgewölbe über dem Mittelschiff des Domes zu Speyer nicht passen, das Resultat läge vor der Entwicklung vor. Das exakte Aufmaß offenbart, was durch visuelles Erleben verborgen bleiben kann: diese Gewölbe entwickeln sich zwar aus einem quergestellten Rechteck mit den Lichtmaßen von 13,2 × 10,7 Meter als Kreuzgewölbe, nehmen aber infolge sehr starker Busung der Gewölbefelder mit zunehmender Höhe die Form von Kuppeln an.[237] Sofern diese Gewölbe auch technologisch wie Kuppeln hergestellt wurden, wäre der Bezug auf byzantinische Bauleute naheliegend und die frühe Existenz dieser Gewölbe erklärbar.

Der Lehrgerüstbau Der Bau der Lehrgerüste dürfte sich am Anfang kaum von der Rekonstruktion Viollet-le-Ducs unterschieden haben (siehe Abb. 150). Das Mittelschiff mußte in seiner ganzen Länge eingerüstet und mit einem Lehrgerüst versehen werden. Gurtbögen in Tonnengewölben, schon aus römischer Zeit bekannt, erklärte man als gestalterische Fortsetzung vertikaler Pfeilervorlagen. Sie halfen damals jedoch, will man einer weiteren Rekonstruktion folgen (Textabb. S. 232 und Abb. 156), den Aufwand für den Lehrgerüstbau zu reduzieren, weil jetzt der Abstand zwischen zwei Gurtbögen als Arbeitsabschnitt angeboten war. Die Länge des zu erstellenden Lehrgerüstes betrug nun nur noch einen Teil der Schiffslänge. Es ist nicht auszuschließen, daß die Meister solches Gerüst verfahrbar ausbildeten und es abschnittweise verrollten. Das fahrbare Gerüst als Belagerungsturm – schon aus römischer Kriegstechnik bekannt – ist in dieser Zeit u. a. durch Abt Sugers Vita Ludwigs VI. und durch andere Quellen belegt.[238] Daß solcher Erfahrungsaustausch zwischen Kirchenbau und Festungsbau tatsächlich stattfand, wurde bereits erwähnt (vgl. S. 54/55).

Schon in dieser frühen Phase der Gewölbebaukunst bis zum 12. Jahrhundert konnte dem Bemühen nur dann Erfolg beschieden sein, wenn der Werkmeister, der aus der Steinmetztradition kam, auch das Handwerk des Zimmerers vollkommen überschaute oder mit einem Zimmermeister besonders eng zusammenarbeitete. Die Form des zu errichtenden Gewölbes und die Standsicherheit während der Bauausführung hingen allein von der Qualität des Lehrgerüstes ab. Erst nachdem die Maurerarbeiten am Gewölbe beendet und das Lehrgerüst abgesenkt waren, wirkten die Gewölbekräfte mit ganzer Größe auf das Bauwerk.

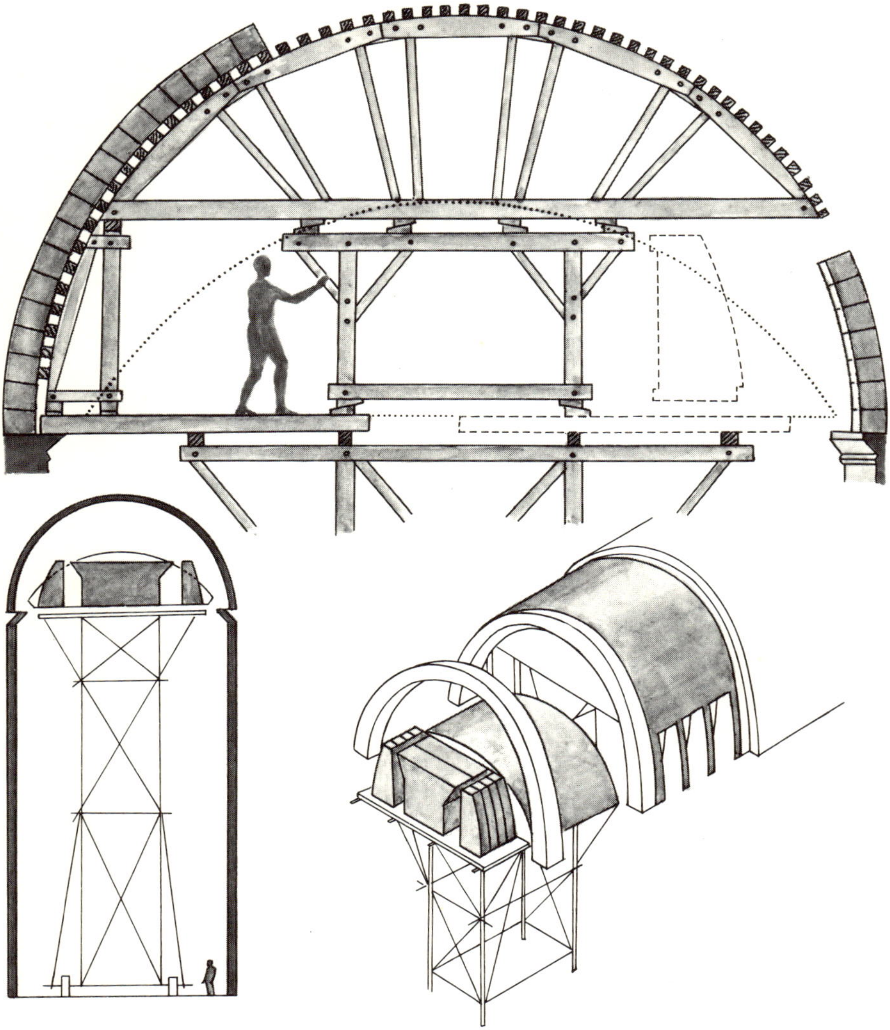

Rekonstruktion des Lehrgerüstes für den Gewölbebau der Kirche Saint-Sernin in Toulouse nach Fitchen (vgl. Abb.156). Das Tonnengewölbe ist durch Gurtbögen aufgeteilt, die optisch die Wandgliederung fortsetzen. Der technologische Vorteil dieser Lösung wird durch die Rekonstruktion des Lehrgerüstes erkennbar. Man errichtete zuerst den Gurt als alleinstehenden Bogen. Danach erstellte oder verschob man das Lehrgerüst in den vorgegebenen Gewölbeabschnitt und führte die Maurerarbeiten aus.

Das Kreuzgewölbe, die beste Lösung aus der Vielfalt anfänglicher Versuche und letztlich gar nicht neu, befriedigte hinsichtlich der Standsicherheit der Bauwerke und ästhetisch motivierten Bedürfnissen. Hinsichtlich des Aufwandes für das Lehrgerüst ergaben sich daraus unmittelbar keine Vorteile. Die Gratlinien der sich kreuzenden Tonnen beschrieben flachliegende Ellipsenhälften. Diese als nachteilig empfundene Erscheinung führte zum überhöhten – gebusten – Kreuzgewölbe. Für den Lehrgerüstbau ergab sich daraus eine Erschwernis. Es wird vermutet, daß die Formung für das Gewölbemauerwerk durch Erdbodenauffüllung auf die Verschalung der Tonnenlehrgerüste erreicht wurde.[239]

Der Schritt, dem Kreuzgewölbe Rippen hinzuzufügen, wurde in der Geschichtsschreibung der Baukunst schon seit langem als bedeutungsvoll und ent-

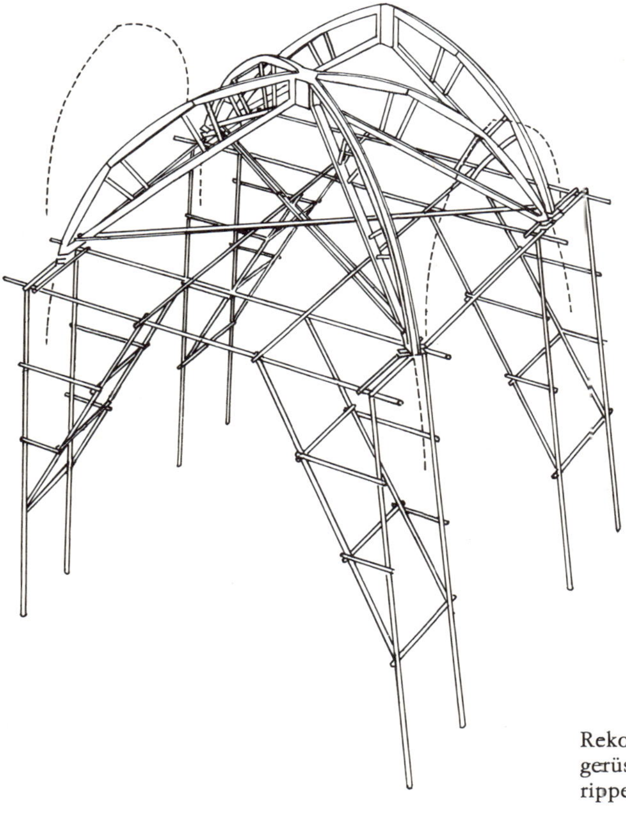

Rekonstruktion des Lehrgerüstes für ein gotisches Kreuzrippengewölbe nach Fitchen

wicklungsträchtig erkannt. Es entstanden Meinungsverschiedenheiten um die Motivation zu dieser Neuerung: hatten ästhetischer Gestaltungswunsch oder gefühlsmäßig empfundene statische Notwendigkeit zur Rippe geführt? Bei diesen Auseinandersetzungen wurde anfangs übersehen, daß die Erfindung des Rippengewölbes hinsichtlich des notwendigen Lehrgerüstes einen erheblichen Vorteil mit sich brachte, der allein die schnelle Verbreitung begründet.[240] Der Nutzen bestand darin, daß lediglich für die Gurte und Grate Bogenlehren gefertigt und aufgestellt und darauf die Rippen aufgemauert wurden (Textabb. S. 233). Danach genügte es, Bohlen auf die Rippenlehrbögen flächendeckend oder hochkant gestellt aufzulegen, um hinreichend Halt zum Versetzen der Steine für die Kappenfelder zwischen den Rippen und den Gurt- und Scheidbögen zu erhalten (Textabb. unten). Bei solcher Gewölbebauweise bedurfte man weitaus geringeren Aufwandes an Gerüstholz und Arbeitszeit für das Lehrgerüst als beim rippenlosen Gewölbe. Der Vorteil muß so vordergründig empfunden worden sein, daß man in dieser Phase gar nicht auf die Idee kam, die Rippensteine zu profilieren bzw. die Kreuzungen der Rippen durch besondere Schlußsteine zu gestalten. Aus der Zeit der Wende vom 11. zum 12. Jahrhundert sind solche Frühformen des Kreuzrippengewölbes in der Kathedrale von Bayeux (Nordturmgewölbe) und Speyer (Querarme) erhalten.

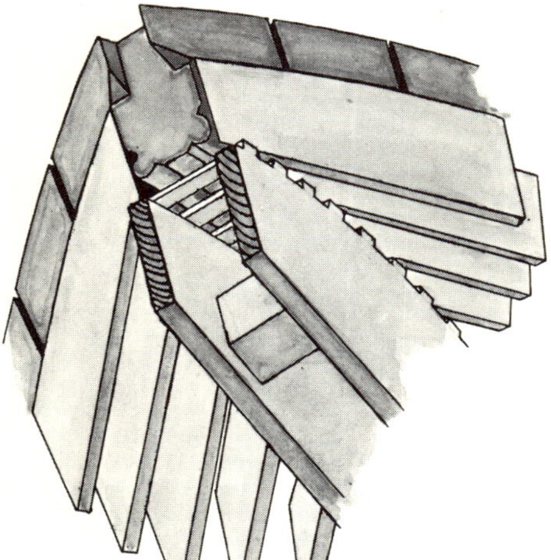

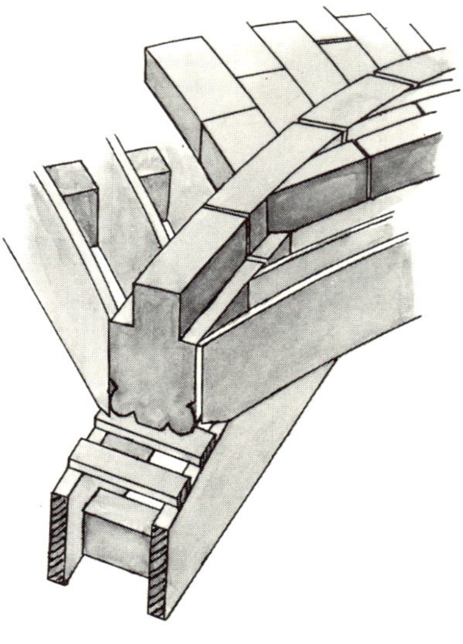

Elemente des Lehrgerüstes für ein Rippengewölbe in der Rekonstruktion nach Fitchen. Nach dem Verlegen der Rippenwerksteine wurden Bretter als Schalungselemente für das Kappenmauerwerk auf das Rippenlehrgerüst aufgelegt.

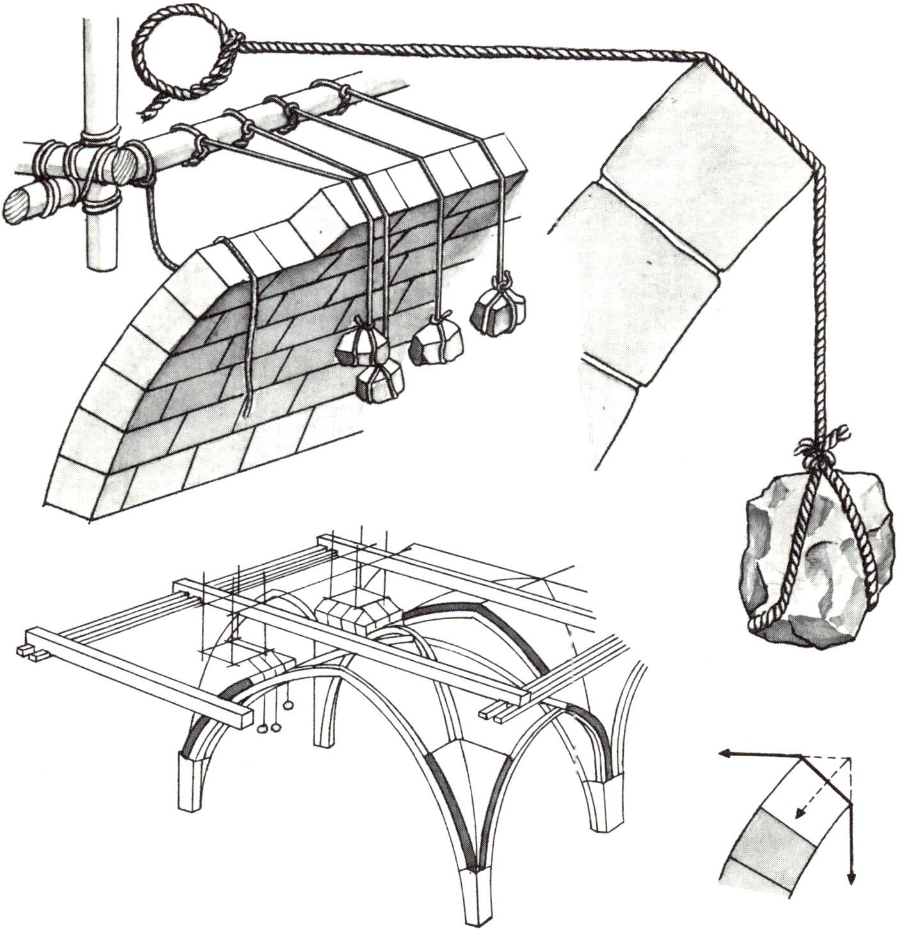

Mauern von Kappen ohne Lehrgerüst in der Rekonstruktion nach Fitchen. Bei dieser Technologie des Gewölbebaues wird jeder in das Mörtelbett verlegte Stein durch ein belastetes Seil in seiner Lage gehalten.

Diese technische und ökonomische Erleichterung zwang den Werkmeister nun zur Auseinandersetzung mit dem geometrischen Problem, den Krümmungsverlauf der Kreuzrippen-Lehrgerüste konstruieren zu müssen (Abb. 161). Vielleicht ist bei solcher Aufgabenstellung der Anstoß zum Grundriß-Aufriß-Konstruieren als Basis technischen Zeichnens ausgelöst worden (vgl. S. 83).

Weitere Erfahrungen mögen dazu geführt haben, als Elemente für die Kappenschalung solche Verbundbalken herzustellen, deren Oberseite in Längsrichtung gekrümmt war. Die auf ihnen versetzten Mauerwerksstreifen trugen sich infolge der Bogenwirkung nach Versetzen des jeweils letzten Steines selbst. Die Busung der Gewölbekappen wäre so ebenfalls schalungstechnologisch begründet. Ob bereits in dieser Phase und bei den großen Mittelschiffgewölben das schalungslose Aufmauern der Kappen mit Hilfe von Steingewichten üblich war, sei dahin gestellt (Textabb. S. 235).

Die Pfeilerkonstruktionen

Es entsprach baulichen Erfahrungen, den beim Tonnengewölbe linienartig wirkenden Horizontalkräften solche aus dicken Widerlagermauern entgegenzusetzen. Die zunehmende Verbreitung des Kreuzgewölbes, insbesondere des Kreuzrippengewölbes, gestattete den Meistern, in stärkerem Maße Erfahrungen über Bauteildimensionen, Bauteilfolge, und Lehrgerüstarbeiten zu sammeln. Die Horizontalkräfte wirkten beim Kreuzgewölbe punktförmig in den Ecken. Diese statische Wirkung wird dem Werkmeister gefühlsmäßig erkennbar gewesen sein. Viollet-le-Duc vollzog diesen Prozeß um die Mitte des 19. Jahrhunderts an der stark beschädigten Kirche Sainte-Madeleine in Vézelay nach, fügte dem Seitenschiff tief gegründete Mauerwerkspfeiler bei und setzte Strebepfeiler auf, die die Mittelschiffwände stützen (Textabb. rechts und Abb. 157). Er konnte bei der Planung dieser Maßnahmen deren Wirken durchaus schon vorausschauend und quantifizierend abschätzen. Den Meistern der Gotik stand solches Wissen nicht zur Verfügung. Ihr Streben nach höheren und breiteren Kirchenschiffen bewegte sich auf der Erkenntnisebene des Probierens, und die große Zahl bedeutsamer Kirchenbauwerke der französischen Gotik bestätigte insgesamt die Richtigkeit des eingeschlagenen Weges. Und Mißerfolge (sprich: Bauwerkseinstürze) signalisierten ständig die Grenzen solchen Handelns. Im Zusammenwirken der Bauwerksteile und ihrer Abmessungen erwies sich die Kathedrale Notre-Dame in Amiens als auf die Dauer standsicher (Mittelschiffweite als Achsabstand 14,5 Meter, Scheitelhöhe des Gewölbes 43 Meter), das System versagte bei der Kathedrale Saint-Pierre in Beauvais (analoge Maße betragen 15,5 und 48 Meter). Dieser Bau stürzte 12 Jahre nach Fertigstellung 1284 teilweise ein. Beim Wiederaufbau wurde die Pfeileranzahl verdoppelt (Abb. 158 und 159). So gilt der Dom in Köln (vgl. Textabb. S. 238) als das Bauwerk jener Traditionslinie, bei dem die größten Maßbeträge ohne bauliche Zwischenfälle (14,7 und 45 Meter) erreicht wurden. Insgesamt erscheinen die Bauwerke zunehmend schlanker.

Die Frage, ob sich der Stilwandel von Romanik zu später Gotik im Materialbedarf für die Bauwerke niedergeschlagen haben mag, blieb bisher nur wenig beachtet. Interessant erscheint in diesem Zusammenhang jener Vergleich, der aufge-

wandte Baumassen von Kirchen verschiedener Bauzeiten (Dom zu Speyer, 11. Jh.; Marienkirche in Lübeck, 13. Jh.; Martinskirche in Landshut, 15. Jh.) gegenüberstellte.[241] Bezogen auf die Kubatur des umbauten Raumes bedurfte man
im 11. Jahrhundert 0,18 m^3 Mauerwerk/m^3 umbauter Raum (100 %),
im 13. Jahrhundert 0,14 m^3 Mauerwerk/m^3 umbauter Raum (78 %) und
im 15. Jahrhundert 0,10 m^3 Mauerwerk/m^3 umbauter Raum (56 %).

Die erkennbare Tendenz abnehmender Mauerwerksmassen scheint durch die Auswahl dieser drei Bauten überhöht dargestellt. Eine Analyse mehrerer Bauten würde eine solche Entwicklung sicher bestätigen.

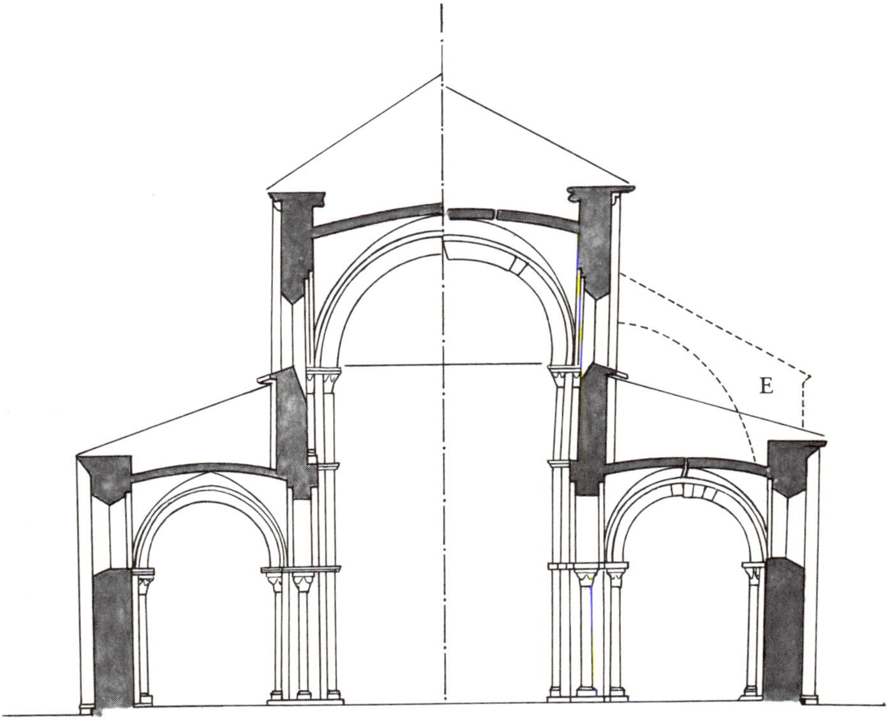

Klosterkirche Sainte-Madeleine in Vézelay (vgl. Abb. 157). Darstellung der Schäden und Stützkonstruktionen des 19. Jahrhunderts von Viollet-le-Duc. In der Zeichnung ist der desolate Zustand des Langhauses (rechts) dem ursprünglichen (links) gegenübergestellt. Durch Einführung des Strebebogens »E« wurde der Weg der Bauwerkssicherung angedeutet, der dann noch um die Pfeilerverstärkung der Wand erweitert wurde.

Schnitt durch den Chor des Kölner Domes nach Dehio. Bei der linken Bildhälfte ist der Schnitt durch die Pfeiler gelegt, rechts durch die Jochmitten. Durch diese Darstellung verdeutlichte Dehio die Massenansammlung in den Pfeilerachsen.

Die Zuganker

Betrachtet man den entwicklungsgeschichtlichen Weg im Mauerwerksbau, der von der romanischen Wand zum gotischen Pfeilersystem führte, so ist unverkennbar, daß ihm die Notwendigkeit zugrunde lag, den Gewölben, mit zunehmenden

Spannweiten und in immer größerer Höhe wirkend, das feste Widerlager zu geben. Der immerwährende Gewölbeschub war für einen mittelalterlichen Meister durchaus schon nach wenigen Jahrzehnten des Bestehens eines Bauwerkes durch die Verformung hoher Pfeiler oder Schiefstellung von Wänden erkennbar.[242] Im Zusammenhang mit diesen Problemen liegt es nahe, jene Bauteile in den Kreis der Betrachtungen einzubeziehen, derer man sich dann bediente, wenn die Standsicherheit eines Gewölbes nicht gewährleistet schien: die Anker. Vielfach sah man in ihnen lediglich Hilfsmittel, um die Standsicherheit geschädigter Bauwerke wieder gewährleisten zu können und ignorierte sie bei Baubeschreibungen als angeblich spätere Zutat. Durch viele Bauwerksanalysen weiß man heute, daß sich Werkmeister vieler Generationen schon beim Neubau der Anker bedienten, um Schadens- oder gar Einsturzrisiken bei den Bauwerken zu verringern.[243] Diese die Zugkräfte aufnehmenden Bauteile wurden aus Holz und auch Eisen ausgeführt. Während im allgemeinen mit dem Zeitlauf eine Tendenzverschiebung vom Holzanker zum Eisenanker erkennbar ist und auch plausibel erscheint, überrascht die Pfalzkapelle in Aachen (um 800). Dort sind, offenbar planmäßig schon während der Bauausführung, fünf Ringanker unterschiedlicher Ausführung eingebaut worden: ein Holzanker aus Balken mit dem Querschnitt 20 × 20 Zentimeter und vier Eisenanker mit unterschiedlichen Formen der Verbindung (Textabb. unten). Ein hölzerner Ringanker wurde in Verbindung mit dem 1277 vollendeten Gewölbeeinbau beim Dekagon von St. Gereon in Köln angebracht. Im Raum frei sichtbare Anker (Holzbalken) befanden sich u. a. seit dem Gewölbeeinbau Ende des 11. Jahrhunderts im Dom zu Speyer. Sie existierten bis zur teilweisen Zerstörung des Domes im Jahre 1689. Bei den norddeutschen Kirchen der Backsteingotik und bei einer Reihe von Bettelordenskirchen Venetiens betrachtet man durch Gewohnheit die Holzanker als selbstverständliche Bestandteile (Abb. 160). Man darf davon ausgehen, daß diese Anker den Werkmeistern als konstruktive Elemente

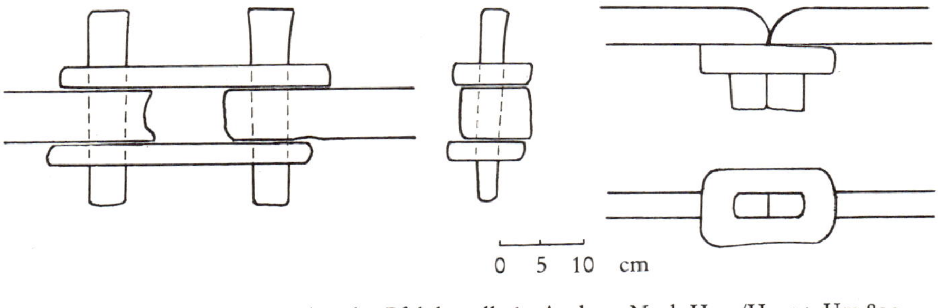

Die schmiedeeisernen Ringanker der Pfalzkapelle in Aachen. Nach Haas/Haupt. Um 800. Für die Ausbildung der Koppelstellen wurden zwei Formen gewählt. Man verwendete Laschen und Splinte oder Ringe über gekröpften Stabenden. Die Verbindungen wurden verbleit.

allgemein bekannt waren und von Fall zu Fall angewandt wurden. Infolge nicht beherrschter Kriterien für ihre Notwendigkeit – solche könnte nur im statischen Nachweis gefunden werden – entschieden die Werkmeister und Bauherren gefühlsmäßig. Es erhob sich die Frage, inwieweit mittelalterliche Meister die beabsichtigte Wirkung der Zuganker auch tatsächlich realisieren konnten. Bei den Ringankern kam es darauf an, die Holzbalken oder Eisenstäbe zugfest miteinander zu verbinden. Beides konnte mit den gegebenen Mitteln nur ungenügend erreicht werden. Die bei Zimmerleuten zur Verfügung stehenden Verbindungsmittel (Holzverbindungen und Nagelverbindungen) gestatteten nicht, die für den beabsichtigten Zweck notwendigen zugfesten und verformungsarmen Koppelstellen zu schaffen. Dagegen gelang es den Schmieden wohl, die Verbindungen der Eisenstangen durch Keile schlupffrei zu gewährleisten, allein die Festigkeit der durch Schmieden verbundenen Eisenteile genügte den wirkenden Kräften ebenfalls nicht. Die Verhältnisse lagen bei den zwischen Pfeilern gespannten, frei hängenden Ankerbalken keineswegs günstiger. Dort galt es, eine Zugkraft vom Mauerwerk über Eisenbeschläge auf Holzbalken zu übertragen. Mag dies zwischen Mauerwerk und schmiedeeisernem Beschlag bei sorgfältigem Mauern noch möglich erscheinen, so ist es zwischen Beschlag und Holzbalken aus den schon erwähnten Gründen ebenfalls nur sehr bedingt wahrscheinlich. Man weiß heute, daß alle mit Ankern errichteten Bauten auch ohne diese standsicher gewesen wären bzw. die Anker in dieser handwerklichen Ausführung einen Einsturz nicht hätten verhindern können. Interessant und nachprüfenswert erscheint jedoch jener Hinweis, daß bei vorgesehenen Ankern wegen der dadurch angenommenen reduzierten Schubwirkung des Gewölbes auf das Mauerwerk geringere Mauerdikken im Hochschiffbereich geplant worden seien.[244] Es sollte später tätigen Bauleuten vorbehalten bleiben, Konstruktionen zu finden, um Zuganker kraftschlüssig im Mauerwerk befestigen zu können.

Zu einigen weiteren Entwicklungsformen im Gewölbebau

Die konstruktive und handwerkliche Beherrschung des Kreuzrippengewölbes am Ende des 12. Jahrhunderts diente als Grundlage für vielfältige weitere Entwicklungen. Es seien, keinesfalls Vollständigkeit anstrebend, solche Lösungen erwähnt, bei denen neben ästhetischem Wollen in besonderem Maße handwerkliches Können und technisches Wissen dazu beitrugen, auch Aufwendungen an Material und Arbeitszeit zu senken. Solches gelang, wenngleich visuell nicht wahrnehmbar, am wirkungsvollsten im Bereich der Gewölbe (Textabb. rechts). Die Wirkung war eine doppelte, denn die geringeren Massen erzeugten auch kleinere Kräfte (vgl. Exkurs 3).

In dem Maße, wie Rippen, die über jenes Minimum von Diagonal-, Gurt- und Scheidrippen hinausgehen, zusätzlich angeordnet wurden, erhöhte sich der Auf-

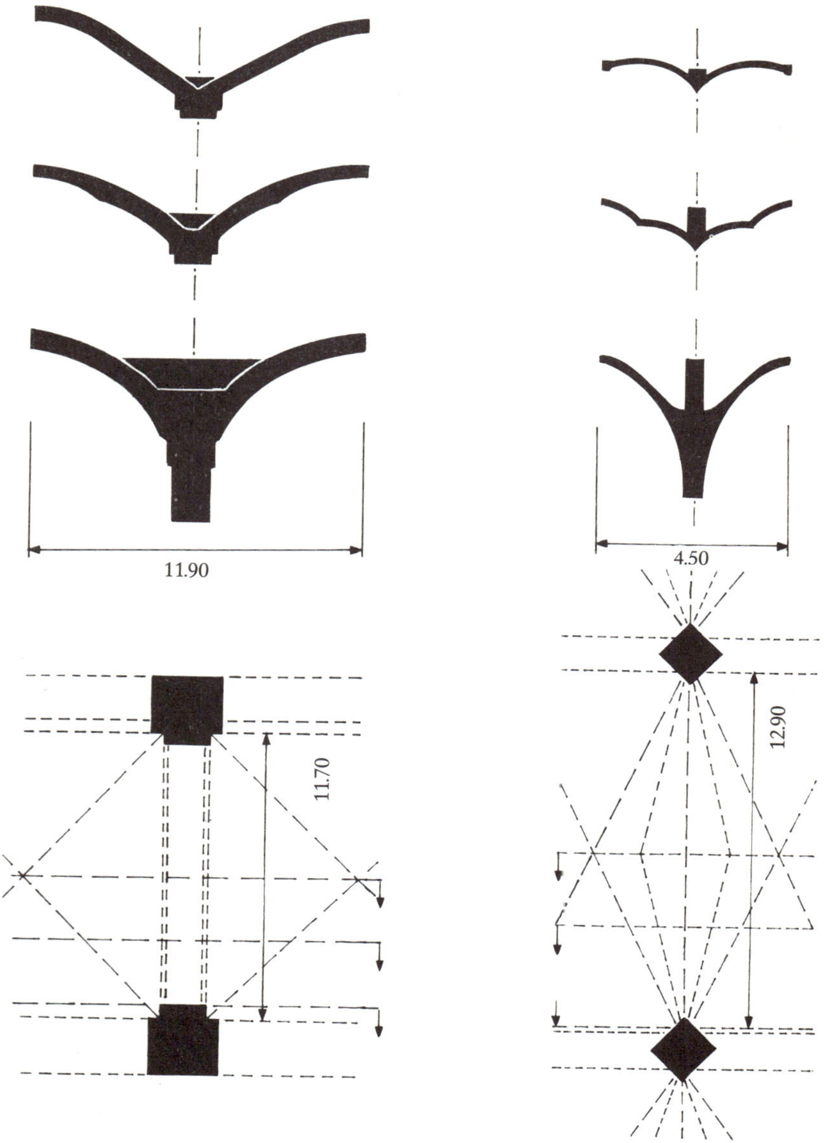

Querschnitte durch romanisches und gotisches Gewölbe nach Pieper. Am Beispiel zweier Lübecker Kirchen, dem romanischen Dom (1. Hälfte des 13. Jahrhunderts) und der gotischen Marienkirche (1. Hälfte des 14. Jahrhunderts) wird demonstriert, wie beim Gewölbebau im Laufe der Entwicklung mit immer geringerem Massenaufwand gearbeitet wurde.

wand für die zu erstellenden Rippenlehrbögen. Es bedurfte nun des durchgehenden Gerüstbodens, auf dem die Grundrißprojektionen der Rippen aufgezeichnet wurden. Als man das in Joche abgeteilte, zu beliebiger Länge addierbare Gewölbe über einem Kirchenschiff als zu streng wirkend empfand und die Rippen so zu führen wünschte, daß die Jochabschnitte miteinander verflochten wurden, bedurfte es sogar wieder des Gerüstes über die ganze Länge des Kirchenschiffes. Aber dieses sich verdichtende Rippensystem gliederte die Kappenflächen stärker auf. Erhöhter Schalungsaufwand dort führte da zu wesentlichen Erleichterungen. Es wurde die Bogenlehre, in der Länge variabel einstellbar, erfunden, die mittels Eisenbeschlägen auf den schon fertigen Rippen auflag (Abb. 162). Infolge ihrer gekrümmten Oberseite stellte jede neu vermauerte Steinlage einen Bogen dar, der sich nach Einsetzen des letzten Steines selbst trug. Die Bogenlehre konnte sofort entfernt und mit veränderter Länge für die nächste Steinlage einer Kappe eingerichtet werden. Infolge Zusammenwirkens der geneigten Steinschichten, besonderer Steinverbände (Kuf-, Ringschichten- und Schwalbenschwanzverband) und der gebusten Form gelang es, die Kappen freihändig aufzumauern (Abb. 163 bis 165). Beim englischen Weg (Perpendicular Style) verloren »... die zwischen den Flechtrippen verbliebenen Kappenflächen ...« den Charakter von Wölbungen und wurden zu flach eingelegten Füllungsplatten (Abb. 166 und 167).[245]

Für den Steinmetzen wurde es zusehends schwieriger, die Rippen, die sich an den Kreuzungs- und Verzweigungspunkten schiefwinklig durchdringen, anzureißen und paßgenau zu arbeiten. Gelegentlich schloß man von Spuren der nach dem Vermauern erfolgten Nacharbeit an den Rippen auf die Qualifikation der Steinmetze und ihres Meisters. Geometrisches Abstraktionsvermögen wurde in hohem Maße gefordert und gefördert. Es bedurfte wohl auch des Lehrbogenmodelles (Abb. 168). Durch dieses Hilfsmittel mag es leichter möglich geworden sein, die Form der Rippen in ihrer wirklichen Länge und Krümmung zu bestimmen und herzustellen und die Steinrohlinge anzureißen.[246]

Die Beherrschung der Kunst, die schweren Steine leicht schwebend erscheinen zu lassen, führte zu Formen mit gekurvten Rippen (siehe Abb. 125), zu Astwerk-Rippen, zur Lösung einzelner Rippen aus der Gewölbefläche heraus bis zum zweischaligen Gewölbe, bei dem einem Rippengewölbe ein Rippensystem ohne Kappen vorgelagert wurde, und zu den hängenden Schlußsteinen (Abb. 169).[247] Bei letzteren wurde die statische Wirkungsweise des Gewölbes negiert. Diese Gebilde erweckten den Anschein, als könnten die Rippen Zugkräfte aufnehmen. In Wirklichkeit trägt ein im Zentrum befindlicher Stahlanker den hängenden Schlußstein, und die Rippen stützen sich auf ihm ab. Die Erfindung reicht in die erste Hälfte des 13. Jahrhunderts zurück. Der schon vielfach zitierte Villard de Honnecourt stellte das Prinzip dar (Abb. 170). Danach beachtete der Fugenschnitt die scheinbare Stütze nicht, so daß sich unabhängig von den Gesteinsformen der Bogen über die größere Weite spannt. Bei dieser Ausführung hing tatsächlich der untere Teil des als Kapitell ausgebildeten Scheitelsteines frei im Raum.

Eine besondere Form des Gewölbebaues trat erstmalig um 1480 beim Bau der Albrechtsburg in Meißen in Erscheinung, als Arnold von Westfalen dort als Werkmeister wirkte: das Zellengewölbe (Abb. 171). Man mauerte hierbei auf einem Rippenlehrgerüst mit Ziegeln in Eckverband rippenartige Verstärkungen auf und füllte die Flächen der gefalteten Kappen unter Ausnutzung der von den Rippen ausgehenden Verzahnungen mit Ziegelmauerwerk schalungslos aus. Technologisch war dadurch keineswegs auf die Rippe verzichtet, sie wurde aber der Sicht entzogen und nicht mehr als Gestaltungsmittel genutzt.[248] Des hohen Arbeitszeitaufwandes der Steinmetze nicht mehr bedürfend, verbilligte sich solcher Gewölbebau ganz erheblich.

Die Renaissancekuppeln

In kultur- und kunstgeschichtlichen Beschreibungen stellt der Übergang von Mittelalter zu Renaissance eine Zäsur dar oder markiert gar Anfang oder Ende von Darstellungen. Solchem Brauch folgend, sollte hier eine im wesentlichen dem Mittelalter vorbehaltene Beschreibung des Gewölbebaues abbrechen. Aber gerade das Bemühen um Gestaltung und technische Realisierung weiterführender Formen des Gewölbebaues im 15. und 16. Jahrhundert läßt ganz intensiv die Durchdringung gesammelten Wissens und Könnens aus mittelalterlicher Steinmetz- und Maurertradition mit analytisch-sezierender Herangehensweise des Renaissancetechnikers erkennen.

Albrecht Dürer sammelte, sich in zeitgenössischem Bauen umsehend, die Vielfalt spätgotischer Rippensysteme (Abb. 172), in deren Abfolge sich keine Überlegungen um ihre Realisierung erkennen lassen. Die Rippenführung stellte ausschließlich ein Schmuckelement dar. Leonardo da Vinci arbeitete zu etwa gleicher Zeit an der baukünstlerischen und technischen Planung der Vierungskuppel des Domes zu Mailand (Abb. 173). Er ließ damit seine fast ingenieurmäßig zu bezeichnende Arbeitsweise einer der letzten Kathedralen aus gotischer Tradition angedeihen, und zwar zu einer Zeit, zu der die große Renaissancekuppel vom Dom in Florenz bereits seit 70 Jahren vollendet war (Abb. 174). Da auch in dieser neuen Zeit die wesentlichen Impulse baukünstlerischer und bautechnischer Entfaltung von Kirchenbauten ausgingen, erscheint es legitim, die neuen und doch so alten Formen dieses Gewölbebaues hinsichtlich einiger konstruktiver Besonderheiten exkurshaft zu verfolgen.

Die Baugeschichte der Florentiner Domkuppel enthält interessante Einzelheiten. Nach einer wechselvollen Geschichte und schleppendem Bauverlauf war die dreischiffige Basilika 1418 so weit gediehen, daß der zentrale Bereich einzuwölben gewesen wäre. Das Festhalten an dem Beschluß, alle drei Kirchenschiffe unter einem Kuppeloktogon zusammen zu fassen, stellte eine ungeheure Herausforderung dar. Ergab sich doch dadurch eine Spannweite von 42 Metern, die dem vor mehr als 1000 Jahren erbauten Pantheon in Rom annähernd entsprach. Will es verwundern, wenn sich vorerst kein Meister bereit fand, diese mit so großem Wagnis verbundene Aufgabe zu übernehmen? Daraufhin beschloß der Rat der Stadt, Entwurf und Bauleitung als Wettbewerb auszuschreiben. Betrachtet man die vorgeschlagenen Lösungswege, so scheint im Bau des Lehrgerüstes das eigentliche Problem bestanden zu haben. Hier der von Vasari überlieferte Bericht von der entscheidenden Sitzung: »Dort im Audienzsaal rief man einen nach dem anderen vor und vernahm von einem jeden Baumeister, was er über die Führung des Baues ersonnen hätte, wobei es ein hübsches Schauspiel war, die seltsamen und unterschiedlichen Ansichten zu vernehmen: denn einer meinte, man müsse gemauerte Pfeiler vom Boden auf errichten, um darauf die Gerüste zu stellen, die die Last (der Kuppel) auffingen, und um die Bögen zu schlagen. Andere sagten, es werde gut sein, mit Schwammstein zu bauen, um dadurch die Last zu vermindern; viele kamen überein, in der Mitte einen Pfeiler zu errichten und die Kuppel ähnlich der von S. Giovanni zu Florenz gleich einem Zeltdach zu bauen, und endlich noch fehlte es nicht an einem, der meinte, man solle sie mit Erde ausfüllen und Kupfermünzen darunter mischen, wenn sie aber gewölbt sei, Erlaubnis geben, daß von dort Erdreich holen könne, wer nur wolle, wodurch in kurzen das Volk ohne Kosten jenen Schutt wegbringen werde. Filippo (Brunelleschi) allein meinte, man könne sie ohne solch eine Menge Holzwerk, ohne Pfeiler und Erdreich, mit weit weniger Aufwand, als Bogen fordern würden, und sehr leicht ohne Einschalung einwölben.«[249] Brunelleschi, der während dieser Planungsphase das Pantheon in Rom sehr eingehend studierte, knüpfte damit an Altes und Bewährtes an. Ob er bei seinen Studien festgestellt hatte, daß die Pantheonkuppel im Grunde genommen aus zwei unmittelbar aufeinandergelegten Kuppelschalen bestand (vgl. Abb. 151), wird nicht mehr festzustellen sein. Die von ihm angestrebte Spreizung der zwei Schalen war schon bei Baptisterien in Cremona und Florenz bei kleineren Spannweiten erprobt worden. Was erhoffte Brunelleschi von dieser Zweischaligkeit beim Kuppelbau? Es gab unterschiedliche Gründe: Die Kuppel sollte leichter werden. Die Beziehung zwischen Masse und Horizontalkraft wird verbal formuliert, also nicht in mathematischer Abhängigkeit bekannt gewesen sein. Während sich die vergleichsweise sehr schwere Pantheonkuppel auf einen zwar gegliederten, aber doch sehr massiven Mauerring abstützte, standen für die Florentiner Kuppel vor allem nach Westen vergleichsweise knapp bemessene Pfeiler zur Verfügung. Von der Zweischaligkeit erwartete er bautechnische Vorteile, vor allem ein leichteres Lehrgerüst.

Berichte vom Bau der Kuppel, auch das o. a. Zitat, wurden gelegentlich derart fehlgedeutet, daß Brunelleschi grundsätzlich auf ein Lehrgerüst verzichtet habe. Dem stehen Hinweise auf »... acht tannene Lehrbogen für die große Kuppel ...«, die im Juni 1420 hergestellt wurden[250], und manch andere Überlieferung entgegen. Auf der Zeichnung aus dem letzten Viertel des 19. Jahrhunderts (Abb. 175) lassen sich alle jene Elemente und Hilfsmittel erkennen, die schon beim Beschreiben mittelalterlichen Bauens erwähnt wurden: die Verbindung der Steine mittels Metalldübel, die Anwendung von Holzankern und das Einlegen schmiedeeiserner Stäbe und Bänder in das Mauerwerk. Die Bauzeit für die Kuppel betrug 16 Jahre.

Die Kuppel des Renaissancebaues von Sankt Peter in Rom (Abb. 176) stellte eine ähnliche Herausforderung dar wie 150 Jahre zuvor in Florenz. Michelangelo, der das Amt des leitenden Architekten für diesen Bau als 72jähriger übernommen hatte (vgl. Abb. 50), widmete der Planung der Kuppel große Aufmerksamkeit. Modelle dienten ihm nicht nur zur Darstellung seiner gestalterischen Absichten, sondern auch zur Erläuterung der technologischen Vorgänge bei der Bauausführung (Abb. 178). Die Kuppel entstand von 1587 bis 1589 unter der Leitung Giacomo della Portas im wesentlichen nach Michelangelos konstruktiven Vorgaben, allerdings mit abgeänderter Form. Wiederum kamen die gleichen Konstruktionselemente zur Anwendung, jetzt bestanden auch die Ringanker aus Schmiedeeisen und ließen sich kraftschlüssig verkeilen. Das verwendete Lehrgerüst wurde zweifelsfrei dokumentiert (Abb. 177). Auf den Transport der dafür notwendigen 23 Meter langen und bis 1,50 Meter dicken Stämme aus Kalabrien wurde bereits hingewiesen (vgl. Seite 123/124).

Gelegentlich wurde die Meinung vertreten, mit den Renaissancekuppeln von Florenz und Rom habe sich die Bautechnik endlich wieder zum einstmals so hohen Niveau der Spätantike aufgeschwungen. Der Vergleich der Kuppelspannweiten, sie liegen alle um 42 Meter, scheint eine derartig verkürzte Sehweise zu rechtfertigen. Betrachtet man dagegen, in welchen unterschiedlichen Höhen die Kuppeln beginnen, wird die tatsächlich stattgefundene Entwicklung deutlich (Textabb. S. 246).

Die Kuppeln von Florenz und Rom stellen den Höhepunkt des Gewölbebaues aus Mauerwerk und darüber hinaus Kulturleistungen von Rang dar, denen mit einer ausschließlich technikhistorischen Darstellung keinesfalls Gerechtigkeit widerfährt. Eine derartige Monumentalität wurde bei Kuppeln in solcher Bauweise seither nicht wieder erreicht. Bei sehr achtbaren Leistungen im barocken Gewölbebau ließ sich erkennen, daß gestalterische Bauabsichten und baustofflich-konstruktive Möglichkeiten auseinandertrifteten. Dort, wo der Gestaltungswille Formen erzwang, an deren Standsicherheit bei Ausführung in traditioneller Mauerwerksbauweise Zweifel entstanden, griff man wiederum auf Verbundkonstruktionen von Mauerwerk und Stahl zurück. Als Absicht ist dies zeichnerisch wohl bei der Benediktinerabtei Neresheim überliefert (Abb. 179). Der nach dem Tode Johann Balthasar Neumanns tätige Nachfolger in Neresheim scheute das Wagnis einer solchen Bauausführung und erstellte die Gewölbeform in Bohlenbauweise.[251]

Der Weg vom Gewölbe aus kunstvoll behauenem Werkstein zur Imitation aus mit Gips verkleidetem Lattengerüst kann als Verfall gedeutet werden. Es schließt sich allerdings dann ein Ring, wenn man sich des Vitruv erinnert: auch er beschrieb Scheingewölbe aus Latten und Gipsputz (vgl. Anm. 226). Oder will man

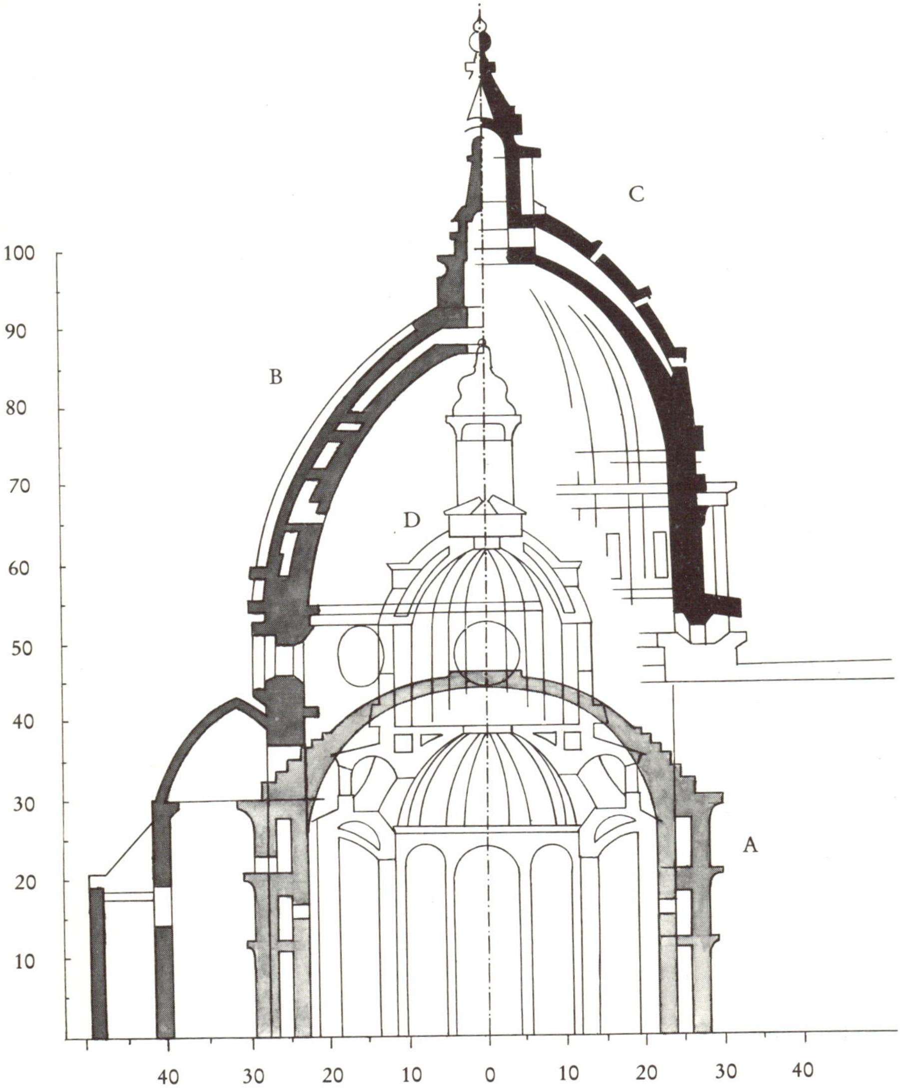

Schnittzeichnungen durch die Kuppelbauten Pantheon in Rom (A), Dom in Florenz (B), Peterskirche in Rom (C) und Frauenkirche in Dresden (D). Nach Büttner/Hampe.
Die Entwicklung des Kuppelbaues über eineinhalb Jahrtausende schlug sich nicht in zunehmender Spannweite, sondern in höher angeordneten Kuppeln nieder. Der Vergleich gestattet, die spätbarocke Frauenkirche in Dresden einzuordnen.

solche Formen des Gewölbebaues als Ausdruck nicht beherrschter Probleme bei der handwerklich-technischen Realisierung deuten? Viele Barockarchitekten strebten Bauformen an, die erst moderner Stahlbeton im Verein mit hochentwickelter Statik zu realisieren imstande war. Ungeachtet der Entwicklung zu Gips und Latten entstand im 17. und 18. Jahrhundert eine Reihe bedeutender Kuppelbauten. Es sind in diesem Zusammenhang die Sankt-Pauls-Kathedrale in London (1675–1710), der Invalidendom (1680–1691) und das Panthéon in Paris (1757–1790), aber auch die Frauenkirche in Dresden (1722–1743) zu nennen.

Die Kirchentürme

Die bedeutendsten mittelalterlichen Turmbauten sind Kirchen zugeordnet oder gar Bestandteile derselben. Das kann den Anschein erwecken, als würden sich beide zwangsläufig bedingen. Der Blick auf das Bild einer Stadt oder auf einen Stadtkern, dessen altes Aussehen erhalten blieb, scheint solche Annahme zu bestätigen (siehe Abb. 1 und 3). Es bedarf jedoch nur geringer Mühe, um Kirchenbauten aufzuzählen, bei denen dieses ausdruckstarke Bauteil nicht vorhanden ist, und das größte Bauwerk der Christenheit, die Peterskirche in Rom, wäre als ein Beispiel dafür zu nennen, daß solches Bemühen scheiterte. Es gelingt sogar, turmlose Kirchenbauten in Gruppen zusammenzufassen. Und es fällt auch nicht schwer, jene mittelalterlichen Kirchenbauwerke zu nennen, bei denen die Turmbauabsicht nicht oder erst nachträglich vollständig verwirklicht wurde. Es scheint schon sinnvoll, nach den Motiven zum Kirchturmbau zu fragen, zumal sehr widersprüchliche Werturteile abgegeben wurden. Spricht Leone Battista Alberti um 1450 von der »... Zeit vor 200 Jahren, da die Turmbaukrankheit herrschte ...«[252], so bezeichnet Conrad Morant um 1548 den Turm des Straßburger Münsters als »Das acht wunder der Welt ...« (Abb. 180). Was ist es, was die Türme so widersprüchlich erscheinen ließ?

Die Motive zum Turmbau

Aus biblischer Überlieferung mag die Anregung zum Turmbau durch den Bericht von König David (Hohel 4, 4) über die von ihm gegründete Stadt Jerusalem und deren visionäre Überhöhung nach der Zerstörung durch des Titus Legionen im Jahre 70 (Offb 21) gegeben sein. Aus Berichten dieser Zeit wußte man, daß die Tore in der Stadtmauer durch prächtige Türme gekennzeichnet waren. Man sucht jedoch vergebens nach dem liturgischen Zweck der Türme. Für solche Bauherren, für die sich mit Kirchenbau auch Repräsentationszwang verband, bot sich bei der Planung der Türme ganz besonders die Möglichkeit, Macht und Reichtum zu demonstrieren. Der Höhe und der Anzahl von Türmen schienen keine Grenzen gesetzt zu sein. So wird angenommen, daß die Kathedralen von Laon und Reims ursprünglich mit nicht weniger als sieben Türmen, die in Chartres sogar mit neun geplant waren. Die weltlichen und kirchlichen Mächtigen erstrebten solches durchaus in Kenntnis jenes Berichtes des Alten Testamentes von der Stadt Babylon und dem Turmbau, der mit dem Attribut menschlichen Hochmutes und mit der Strafe der Sprachverwirrung belegt wurde (1. Mose 11). Hier widerspiegelt sich ein Spannungsfeld zwischen politischen und religiösen Baumotiven (vgl. S. 37). Es kommt auch bei den Illustrationen der Bibelhandschriften und frühen Bibeldrucke zum Ausdruck. Die zahlreichen, von Schöpferkraft zeugenden lebendigen Darstellungen von Turmbauten[253] sind thematisch zumeist an die Babel-Geschichte gebunden (Abb. 181, vgl. auch Abb. 93 und 184) und dadurch hinsichtlich der Bildaussage abgewertet. Es gab auch Kräfte, die Turmbauplänen ablehnend gegenüberstanden. Es sei hier auf jenen Beschluß des Generalkapitels der Zisterzienser aus dem Jahre 1157, »Steinerne Glockentürme sollen nicht gebaut werden ...«, hingewiesen.[254]

Die Existenz von Kirchentürmen läßt sich sehr weit zurückverfolgen, als zweifelsfreier Beleg gilt ein Holzrelief aus dem 5. Jahrhundert (Abb. 182).[255] Im Campanile der Kirche San' Apollinare in Classe in Ravenna (Abb. 183) glaubt man den ältesten erhaltenen Kirchturm sehen zu können. Er wurde im 6. Jahrhundert erbaut und blieb für die besonders auf der Apenninhalbinsel tradierte Form baulicher Trennung zwischen Kirchenschiff und Turm wegweisend. Genutzt hat man die Türme

als Treppenhäuser, um Zutritt zu Emporen und Dachraum zu erhalten,

als Ort der Glocken, die durch ihr Geläut den Beginn der Messen ankündigten und darüber hinaus als Zeitgeber für Stadt und Dorf auch den Beginn, die Pausen und das Ende der Arbeitszeit festlegten,

als Ort für einen hochgelegenen Beobachtungsposten für Brandwache bzw. im Kriegsfalle und

als Ort, der, aus besonders starken Mauern gefügt, als letzte Zufluchtstätte bei kriegerischen Ereignissen diente.

150 Der Bau eines Tonnengewölbes in der römischen Antike. Rekonstruktion von Viollet-le-Duc

1
E
P
F
D
X
b
a
D
F
E
M
D
C
B
N
A

151, 152 Pantheon in Rom. 120 bis 125 u. Z. Rekonstruktion nach Viollet-le-Duc und Innenansicht. Die Kuppel des Pantheon ist Beleg für die Gestaltungskunst und den hohen Stand der Bautechnik im 2. Jahrhundert. Die lichte Weite des überspannten Raumes beträgt 43,20 Meter. Durch Restaurationsarbeiten gelangen Einblicke in die Konstruktion der Kuppel. Demzufolge überlagern sich zwei Systeme von Rippen aus Ziegelmauerwerk. Mit dem unteren Rippensystem ist die Anordnung der innen sichtbaren Kassetten fixiert, beim äußeren wurde die Kuppelfläche durch sphärisch gekrümmte Bögen aufgegliedert. Die Räume zwischen den Rippen wurden mit *opus caementitium* ausgefüllt.

153 Tonröhren aus dem Apsisgewölbe von San'Apollinare Nuovo in Ravenna. 6. Jahrhundert. Diese Tonröhren wurden in Töpfereien hergestellt und ließen sich mit Gipsmörtel ohne Schalung zu Gewölbeschalen zusammenfügen.

154 Kuppelscheitel im Baptisterium der Kathedrale in Ravenna. 5. Jahrhundert. Der Aufbau des Gewölbes stellt sich in drei Schichten – Mosaik, Putz, Gewölbemauerwerk (rechts aus Tonröhren, im Scheitel aus dem noch leichteren Lavastein) – dar.

155 Saint-Front in Périgueux. Blick nach Osten. Um 1120. Der unter byzantinischem Einfluß entstandene Bau läßt die gestalterischen Probleme erkennen. Die Ausrichtung in die Länge des Schiffes wird optisch durch die Kuppeln gestört.

156 Saint-Sernin in Toulouse. Blick nach Osten. Ende 11. Jahrhundert. Die Rekonstruktion des Lehrgerüstes für den Gewölbebau (vgl. Zeichnung S. 232) läßt erkennen, daß die die Tonne gliedernden Gurtbögen nicht nur aus gestalterischer, sondern u. U. auch aus technologischer Sicht notwendig waren.

157 Klosterkirche Sainte-Madeleine in Vézelay. Südwestansicht. Frühes 12. Jahrhundert. Strebebögen und wohl auch Pfeilervorlagen sind im 19. Jahrhundert hinzugefügt worden, um die Standsicherheit des Bauwerkes wiederherzustellen (vgl. Zeichnung S. 237).

158, 159 Kathedrale Saint-Pierre in Beauvais. 13. und 14. Jahrhundert.
Ansicht des Chores mit Strebewerk aus Süden. Blick in das Chorgewölbe. Im Raum entsteht der Eindruck, als ob das Gewölbe schwebe (Baldachin-Interpretation von Sedlmayr). Das Strebewerk läßt erkennen, wie die Tragwirkung zustande kommt. Bei keinem anderen Bauteil konnten Schönheit und Zweckmäßigkeit zu solcher Synthese geführt werden.

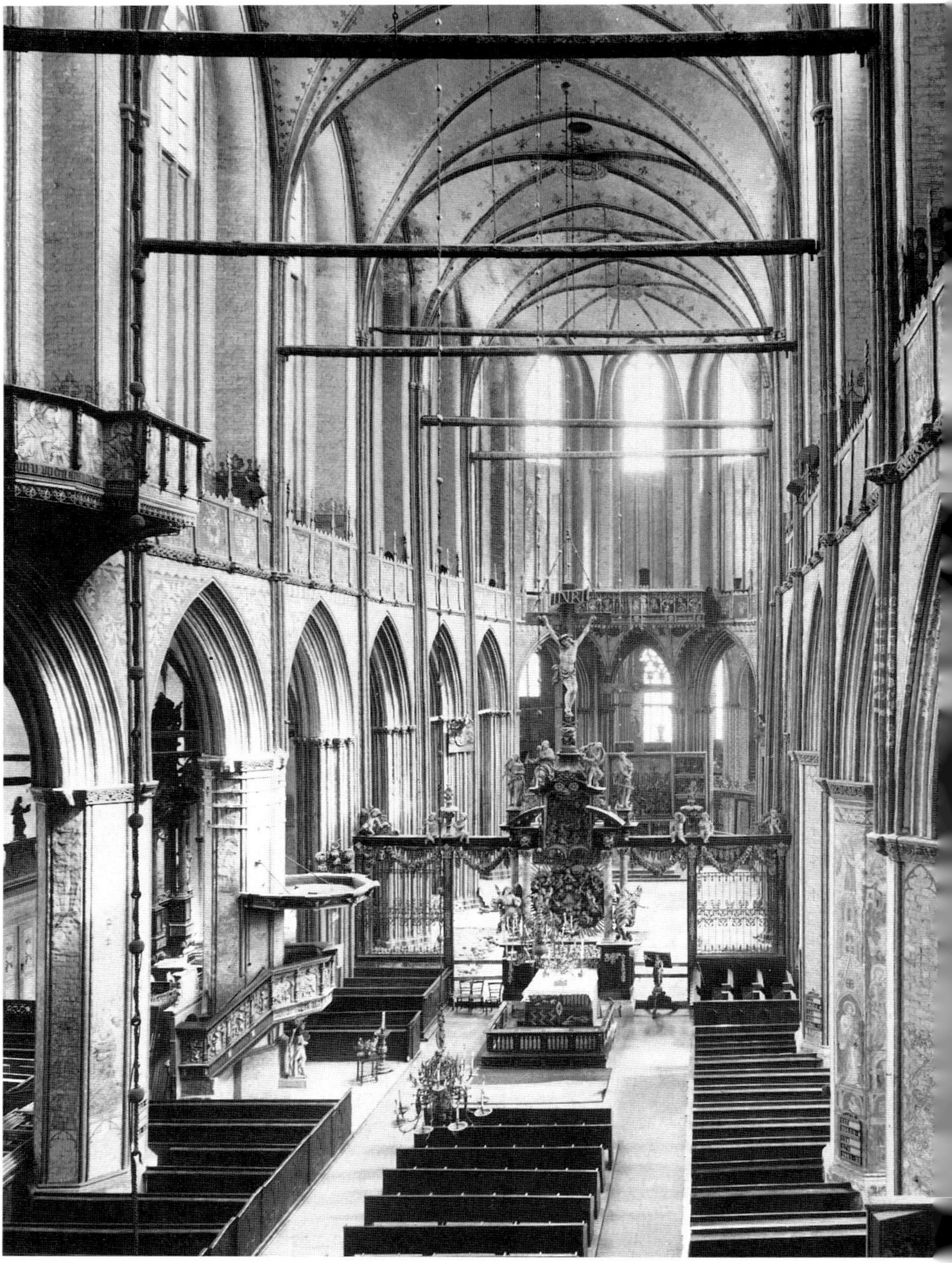

160 Pfarrkirche St. Nikolai in Stralsund. Blick nach Osten. 13. und 14. Jahrhundert. Die Ankerbalken unterhalb des Gewölbeansatzes wurden schon beim Neubau angeordnet.

161 Zeichnerische Bestimmung der Rippenkrümmung. Hüttenbuch des Meisters W. G. 1572. Städelsches Kunstinstitut, Frankfurt a. Main. In diesem Blatt darf man ein sehr frühes erhalten gebliebenes Exempel sehen, in dem sich der Meister bemühte, den Verlauf der Rippenkrümmung durch geometrische Konstruktion zu finden.

162 Variable Bogenlehre. Rekonstruktion nach Viollet-le-Duc. Mit Hilfe dieser Vorrichtung gelang es, Kappen über die Rippen zu mauern, ohne eine feste Schalungsunterlage zu benötigen. Die Lehre wurde mit den Eisenbeschlägen an den Enden auf die Rippen aufgelegt.

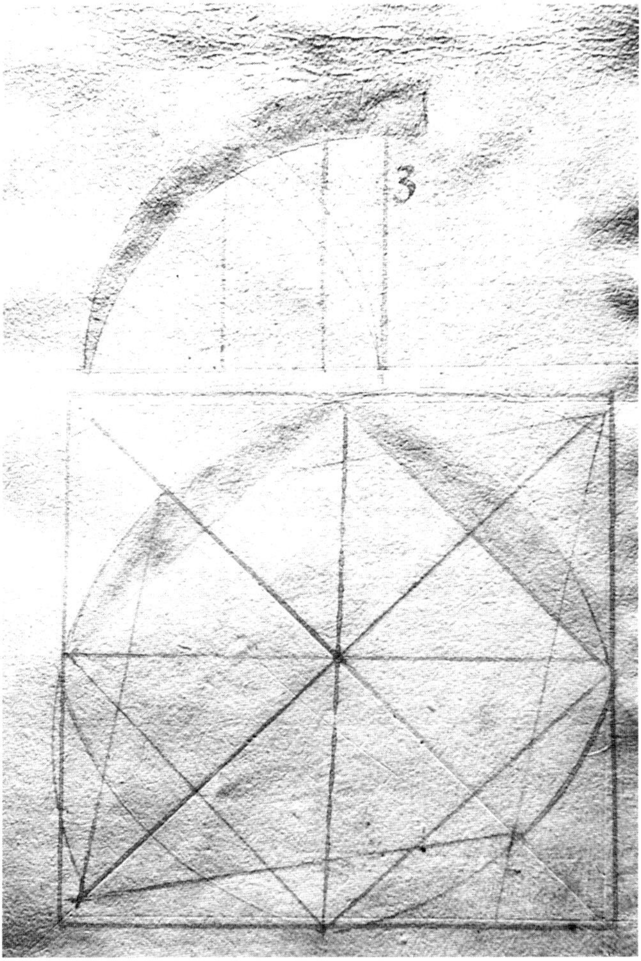

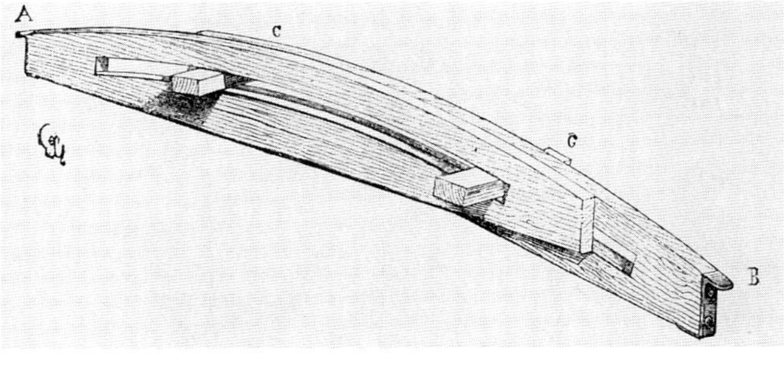

163–165 Stadtkirche St. Maria und St. Wolfgang in Schneeberg. Wiederaufbau des Gewölbes. Vor 1526. 1945 zerstört, seither Wiederaufbauarbeiten. Die Bilder zeigen das Lehrgerüst, versetzte Rippenwerksteine, das Mauern der Kappenfelder ohne Schalung und ein fertiggestelltes Gewölbejoch.

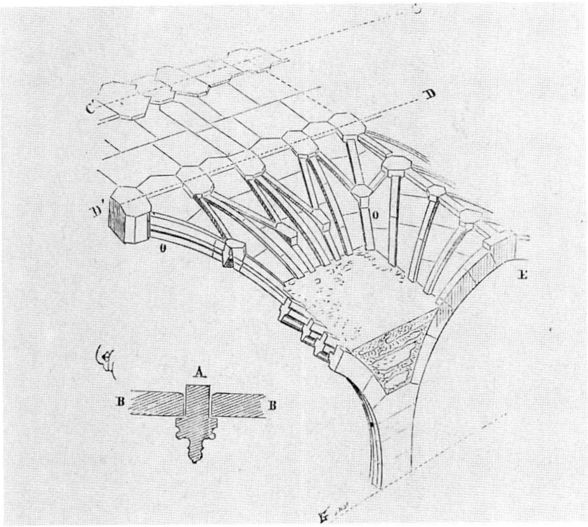

166, 167 St. Mary's Collegiate Church in Warwik. Der Chor. 1381 bis 1396. Konstruktionszeichnung vom Gewölbebau von Viollet-le-Duc. Foto und Zeichnung verdeutlichen den Weg, der auf der britischen Insel eingeschlagen wurde: bei sehr enger Rippenführung wurden keine Kappen gemauert, sondern Werksteinplatten zwischen die Rippen gelegt.

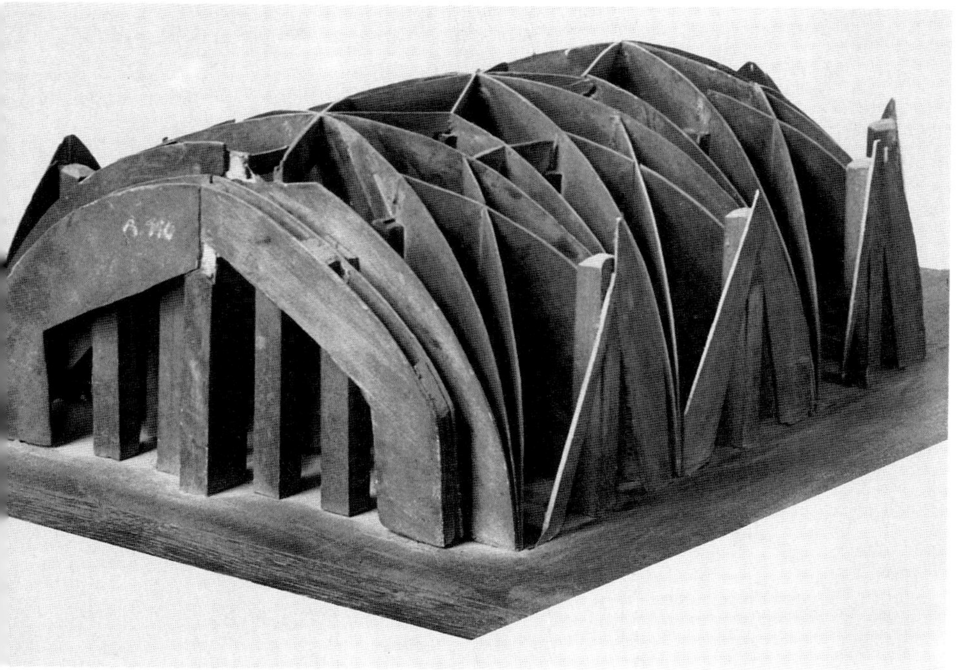

168 Lehrbogenmodell für ein Rippengewölbe. Meisterstück des Hans Heiß aus Nürnberg. 1659. Technische Universität München. Architektursammlung. Ein solches Modell diente als Vorbild für den Lehrgerüstbau. Mit seiner Hilfe konnte es auch gelingen, Winkel zu bestimmen, die bei der steinmetzmäßigen Bearbeitung sich kreuzender Rippenstücke benötigt wurden.

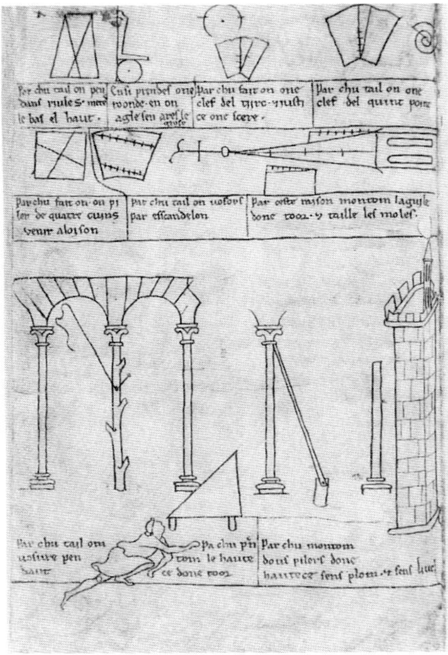

169 Marktkirche Unser Lieben Frauen in Halle a.d. Saale. Mittelschiffgewölbe, Caspar Kraft. 1536–1539. Das Gewölbe, in dem Stern und Netz als Zierelemente gleichzeitig auftreten, ist mit einem hängenden Schlußstein verziert. Beim Herausführen der Rippen aus den Pfeilern sind Elemente zweischaliger Gewölbe erkennbar.

170 Konstruktionsprinzip eines Gewölbes mit hängendem Schlußstein. Villards Bauhüttenbuch, Bibliothèque Nationale Paris, Ms. fr. 19093. Um 1235. »Auf diese Weise behaut man ein Hängegewölbe« (Übersetzung nach Hahnloser). Der den hängenden Schlußstein stützende Baumstamm ist zugleich geometrischer Ort für die Fugenteilung in den Bögen rechts und links, auf Grund derer das System insgesamt als Bogen über zwei Stützweiten trägt.

171 Dom St. Marien in Wurzen. Westchor mit Zellengewölbe. 1503. Das Zellengewölbe wurde von Arnold von Westfalen beim Bau der Albrechtsburg in Meißen eingeführt.

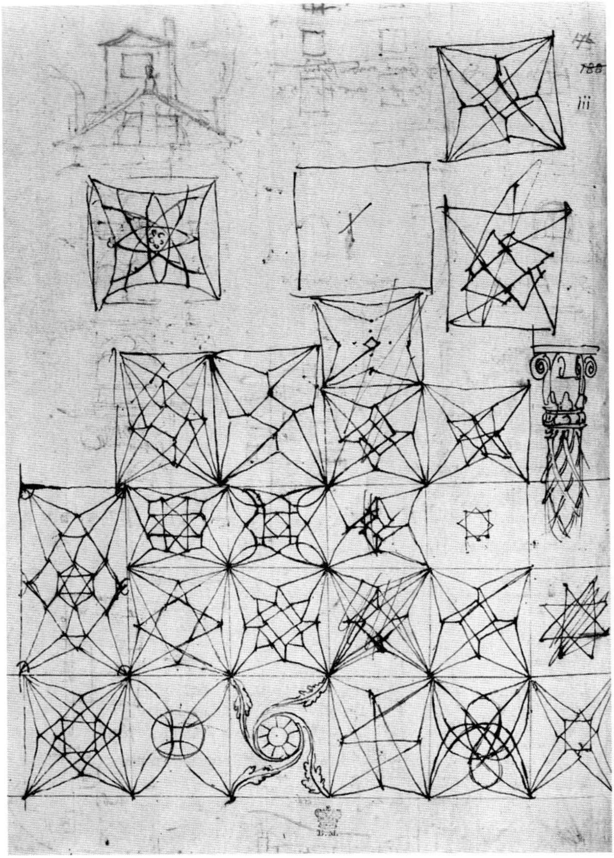

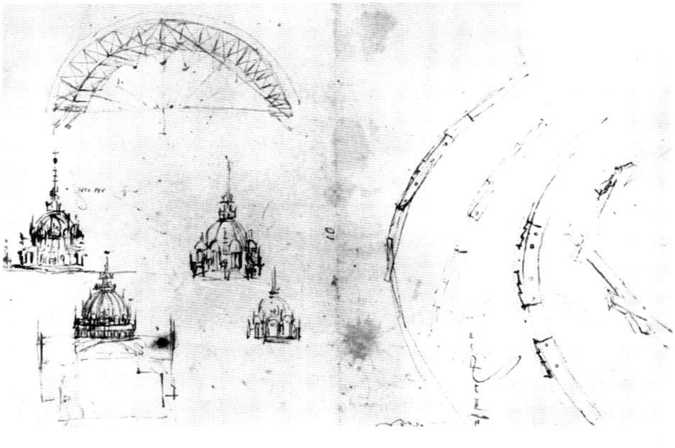

172 Skizzen zur Gestaltung der Rippenführung in Gewölben. Albrecht Dürer. British Library, London. Ms. II, fol 167 v. Die entworfenen Muster für die Rippenführung beschreiben die ganze Gestaltungsbreite der Spätgotik. Die Rippe hat ihre technologische Funktion für den Gewölbebau nahezu vollständig verloren.

173 Skizze für einen Wettbewerbsvorschlag zum Entwurf der Vierungskuppel des Mailänder Domes. Leonardo da Vinci. Codex Atlanticus. fol. 266 r. Biblioteca Ambrosiana, Mailand. Leonardos Skizze läßt erkennen, wie er den Entwurf des Gewölbes auch von statischen und technologischen Details des Lehrgerüstbaues her entwickelte. Die Skizzen vom Lehrgerüst lassen die aus Brettern und Nägeln gefertigten Konstruktionen des 20. Jahrhunderts vorausahnen.

174 Die Kuppel des Domes S. Maria del Fiore in Florenz. 1420–1436. Filippo Brunelleschi. Der Bau dieser Kuppel galt als großes Wagnis, das Projekt für die Planung und Bauausführung wurde als Wettbewerb ausgeschrieben.

175 Zeichnerische Darstellung der Kuppelkonstruktion des Domes in Florenz. Zeichnung von Durm. 1887. Die Zeichnung, bei der die Innenschale der Kuppel durchbrochen dargestellt ist, zeigt alle wesentlichen Konstruktionsmerkmale.

176 Die Peterskirche in Rom. Bau der Kuppel 1587–1589. Entwurf Michelangelo Buonarroti, Entwurfsänderung und Ausführung Giacomo della Porta. Blick aus Osten, Luftaufnahme

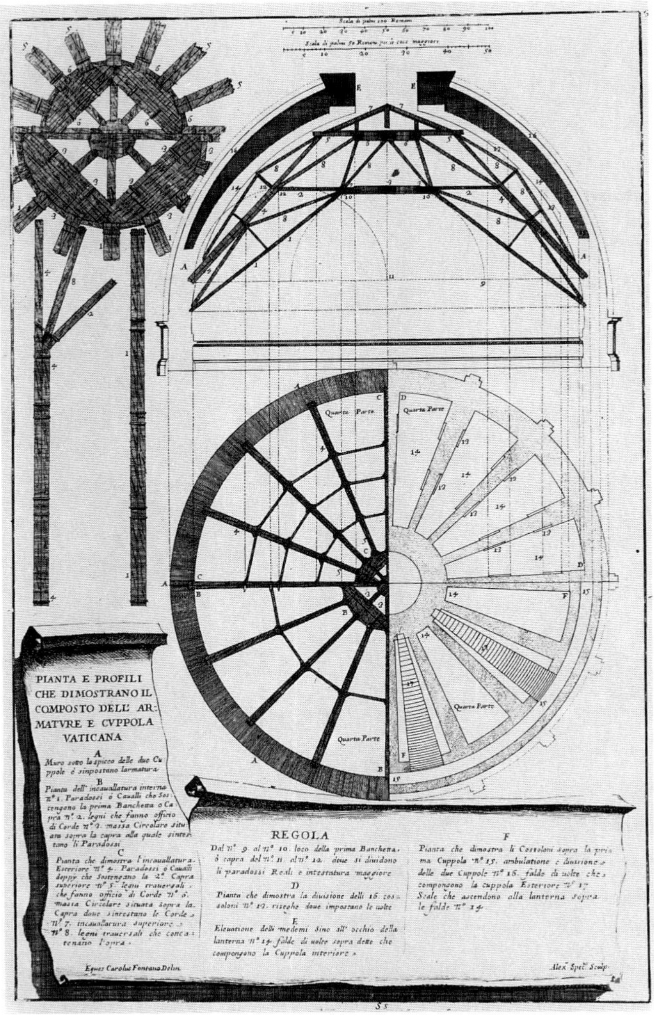

177 Zeichnung des Lehrgerüstes für den Kuppelbau der Peterskirche nach Carlo Fontana, Il Templum Vaticanum ... 1694. Die dargestellten Binderhälften stützen sich an einem sehr kräftig ausgeführten Balkenring ab.

178 Michelangelo präsentiert Papst Paul IV. ein Modell der Peterskirche. Gemälde von Domenico Cresti, gen. Passignano (1560–1636). Museo della Casa Buonarroti. Florenz. Der Maler rekonstruierte das Ereignis aus Berichten. Michelangelo nutzte das Modell nicht nur, um zu zeigen, wie das Bauwerk aussehen solle, sondern auch, wie es technologisch zu errichten sei und wie die Konstruktion funktioniere.

Der Bau von Kirchtürmen bereitete aus der Sicht der Arbeitsorganisation, des Materialtransportes und wegen besonders klimaabhängiger Störeinflüsse bei der Bauausführung Schwierigkeiten, die nicht selten schon vorzeitig zum Beendigen der Arbeiten zwangen.

Besondere Erschwernisse ergaben sich aus der zunehmenden Höhe der Arbeitsebene – die größte im Mittelalter erreichte Turmhöhe lag bei 153 Metern – und des dort zwangsläufig eingeschränkten Arbeitsbereiches. Die zeitgenössischen Darstellungen lassen ahnen, wie knapp der Arbeitsplatz besonders dann bemessen war, wenn die Kräne auf der Arbeitsebene mit nach oben genommen wurden (Abb. 184, siehe auch Abb. 93). Zudem minderte der zeit- und kraftaufwendige Weg der Bauarbeiter zur Arbeitsplattform deren Leistungsvermögen. Solcherart reduzierte Arbeitsproduktivität ließ sich wegen der Platzverhältnisse durch eine größere Anzahl von Arbeitskräften nicht ausgleichen. Aber auch Klimaeinflüsse minderten die Leistungsfähigkeit. Ein in Bodennähe noch als angenehm oder ertragbar empfundener Luftzug führte in der Höhe zu stärkerer Ermüdung, ganz abgesehen davon, daß man bei Wind nur noch mit erheblichen Schwierigkeiten die Steine nach Lot- und Fluchtschnuren ausrichten konnte. Auch die Ausführung von Gerüstarbeiten blieb stark witterungsabhängig eingeschränkt. Das entscheidende Hemmnis bei den Bauarbeiten wird jedoch beim Vertikaltransport gelegen haben (vgl. S. 124ff.), immerhin bedurfte das Aufziehen eines Steines mit der Masse einer Tonne des Arbeitsaufwandes von etwa 60 Arbeitstagen (als Produkt Arbeitskraft × Arbeitszeit).[256] Damit kann als sicher angenommen werden, daß den Kränen das Heben der Steine, deren Masse die Trageleistung eines Menschen überstieg, vorbehalten blieb. Mörtel und kleine Steine mußten getragen werden (vgl. Abb. 93, 181 und 184).

Die Mühsal des Turmbaues machten Steinmetze am Adlerturm, jenem unvollendeten Nordturm am Stephansdom in Wien, sichtbar. Sie markierten die jeweils erreichten Schichten am Turm durch Jahreszahlen. Die Zahlen 1499, 1502 und 1507 in nur geringen Höhenunterschieden sind beredte Zeugnisse, wenngleich langsamer Baufortschritt zu dieser Zeit auch anders gedeutet wurde.

Türme, insbesondere Turmspitzen als Holzkonstruktionen, stellten ein interessantes Betätigungsfeld für Zimmerleute dar. Insgesamt blieb bei solcher Bauweise der wirtschaftliche Aufwand erheblich geringer als bei der Ausführung in Mauerwerk. Die Hölzer ließen sich auf dem Schnürboden zu ebener Erde zuarbeiten

Seite 272:

179 Plan für das Gewölbe der Benediktinerabtei Neresheim von Franz Michael Neumann. 1753. Mainfränkisches Museum Würzburg. Im Plan sind alle zuerst zu mauernden Gewölbestreifen und auch Stahlanker zu erkennen. Dieser Plan kam nicht zur Ausführung. Es entstand eine Holz-Stuck-Konstruktion.

und die Spitzen dort auch probeweise zusammenbauen. Das Aufstellen der Konstruktion in der Höhe erfolgte unter den schon beschriebenen Schwierigkeiten. Das besondere konstruktive Problem bestand darin, die verhältnismäßig leichte Turmspitze im Mauerschaft kippsicher zu verankern. Diese Bauteile stellten als Sonderfälle von Dachwerken handwerkliche Leistungen von hohem Rang dar.

Die Probleme der Standsicherheit von Türmen

Betrachtet man Kirchentürme aus statischer Sicht als extrem hohe Massivbauwerke, so muß sich die Aufmerksamkeit auf solche Gefahrenpunkte konzentrieren, die aus den Belastungen im Mauerwerk und auf den Baugrund herrühren. Die deutlich größeren Bauhöhen und dadurch verursachten stärkeren Belastungen erhöhten den Betrag der Setzungen im Baugrund und auch die spannungsabhängige Wirkung der Querdehnung im Mauerwerk.

Der Baugrund Im Baugrund entstanden bei zunehmender Bauhöhe Zustände, die Gefahren für ein Bauwerk mit sich brachten.[257] Die zunehmende Bodenpressung verursachte stärkere Verdichtung des Untergrundes und demzufolge auch Setzungen des Bauwerkes, sofern nicht auf gewachsenen Felsen gebaut werden konnte. Insbesondere Lehm- oder Tonschichten konnten zu zwar allmählich beginnenden, aber lang anhaltenden Setzungen von erheblichen Ausmaßen führen. Geneigte Schichtenhorizonte im Untergrund wirkten dabei besonders gefährlich und begünstigten die Schiefstellung von Türmen. Die unterschiedlichen Belastungen bei Kirchenschiffwänden und Türmen verursachten verschieden große Setzungen und ständig auftretende Risse im Mauerwerk zwischen diesen Bauteilen. Geht man davon aus, daß der Steinschichtenverlauf von Schiffswand und Süd-Turm beim Stephansdom in Wien während des Neubaues durchgehend ausgeführt worden sei, so kann man erkennen, daß sich der Turm bis zur Gegenwart um 16 cm stärker setzte als das Schiff. Derart unterschiedliche Setzungen, gegebenenfalls schon nach fünf Jahren deutlich erkennbar, mußten gotische Werkmeister zum Nachdenken angeregt haben. Bei den Turmfundamenten des Wiener Stephansdomes ließ man die Fundamente »rasten«.[258] Man unterbrach also den Bau, nachdem die Fundamente bis zur Erdgleiche aufgeführt waren, und ließ ihnen dann Zeit, erste Setzungen abklingen zu lassen. Erst nach Jahren wurde der Bau der Türme fortgesetzt. Und trotzdem traten so erhebliche Setzungsunterschiede ein.[259]

Wegen besonders eigentümlicher Baugrundverhältnisse erlangte der Campanile des Domes zu Pisa besondere Berühmheit (Abb. 185). Daß er schief steht, ist allgemein bekannt, daß er darüber hinaus aber auch krumm (Bananenform) und etwa zwei Meter in den Untergrund hineingesunken ist, wurde seltener erwähnt. Die Baugeschichte dieses Turmes ist interessant genug, um sie zu beschreiben.[260] Bereits 1178, also fünf Jahre nach Baubeginn, unterbrach man die Arbeiten mit Fertig-

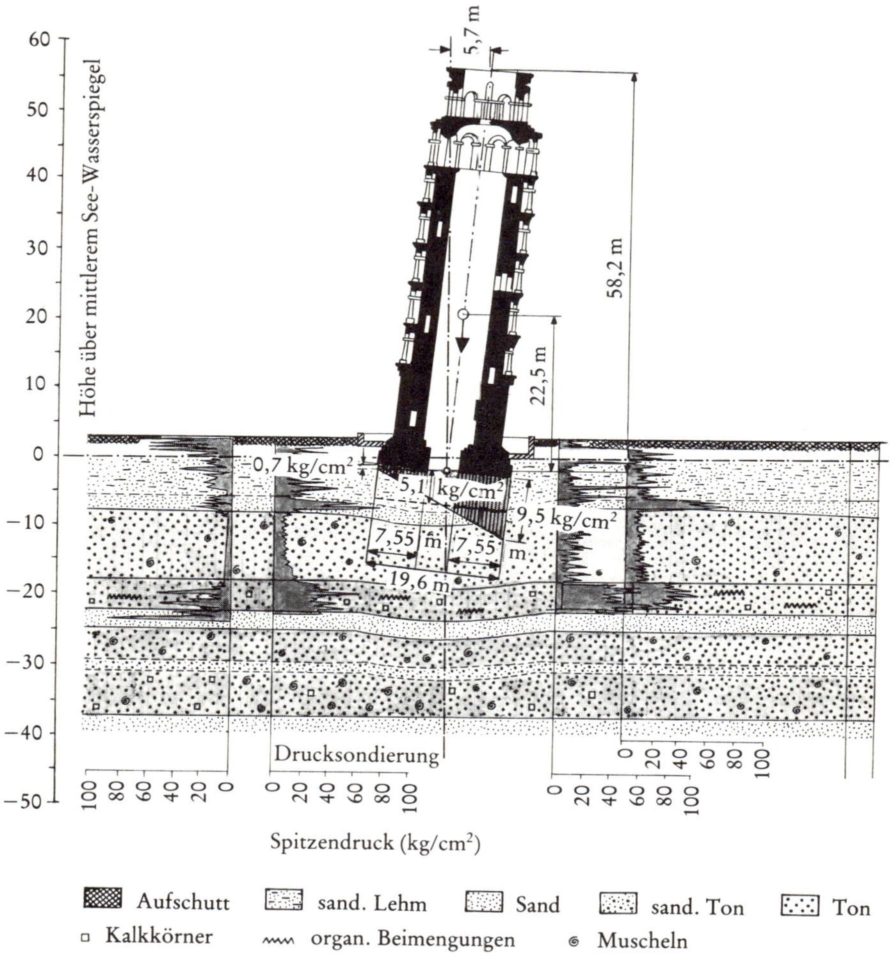

Schnitt durch Turm und Baugrund in Pisa nach Schultze. Die acht Meter unter Geländeoberfläche beginnende und fast 30 Meter mächtige Tonschichtenfolge ist als Ursache für die Schiefstellung des Turmes erkannt.

stellung des 3. Geschosses, weil der Turmstumpf schon zu dieser Zeit begann, sich zu neigen. Knapp 100 Jahre später faßte man den Entschluß, den Turm weiterzubauen, obwohl die Schiefstellung bei 25 Metern Höhe bereits 20 Zentimeter betrug. Man baute auf dem schiefen Turm lotrecht weiter, stellte aber schon wieder

1278, nach Vollendung des 7. Geschosses, erneut die Arbeiten ein. Infolge der größeren Masse und der zunehmenden Ausmittigkeit der Bodenpressung betrug im Jahre 1360 beim nun 50 Meter hohen Turm die Schiefstellung schon 2,20 Meter. War es Galgenhumor, daß man danach noch bis 1370 das 8. und damit letzte Geschoß (selbstverständlich wieder lotrecht) aufsetzte? Seither neigte sich der Turm unablässig, jedoch seit dem 15. Jahrhundert mit deutlich abnehmender Tendenz. Die Beobachtungen der letzten Jahre und die in Aussicht gestellten Maßnahmen lassen hoffen, daß für den Bestand dieses Turmes keine Gefahr besteht. Das Problem der Erhaltung wird dadurch erschwert, daß man den Turm keineswegs in eine annähernd lotrechte Lage bringen möchte (die bautechnischen Mittel ständen zur Verfügung – Pisa verlöre dann aber seine Attraktion), sondern seine Schiefe stabilisieren will. Worin liegen die Ursachen für das eigentümliche und so lang anhaltende Senken und Neigen dieses Turmes? Als die Bauarbeiter 1173 die Fundamentgrube aushoben, gelangten sie sehr bald auf eine Sand-Lehm-Schicht, die eine gute Festigkeit des Baugrundes vortäuschte. Daher verzichtete man sowohl auf tieferes Ausschachten als auch auf das übliche Einrammen von Pfählen. Der Pisaer Werkmeister Banomus konnte nicht wissen, daß dieser feste Boden auf einer etwa 30 Meter mächtigen Schicht weichen, stark verformbaren Tones aufliegt (Textabb. S. 275). Dadurch stellte sich zwischen Turm und Baugrund jene Wechselbeziehung ein, die den Turm sich neigen, aber nicht einstürzen bzw. umkippen ließ.[261] Glück im Unglück besteht durch den Umstand, daß der Pisaer Turm gesondert vom Kirchenschiff steht, denn dadurch ergeben sich infolge der Turmbewegung keine Schäden für das Kirchengebäude. Anders verliefen ähnliche Erscheinungen bei Kirchen in St. Moritz (Schweiz), Mesnay-Arbois (Frankreich) und Domazlice (ČSFR), wo die Kirchenschiffe wegen Turmbewegungen teilweise einstürzten.[262] Beim Turmeinsturz von St. Marien in Stralsund Ende des 14. Jahrhunderts wird man mit hoher Wahrscheinlichkeit nicht tragfähigen Baugrund als auslösendes Kriterium annehmen können. Die Kirchturmeinstürze in Neuburg an der Donau (1602 Marienkirche und 1641 Sankt-Peter-Kirche) lastete man geneigten Horizonten im Aufbau der geologischen Schichten und leichtfertiger Bauausführung an. Nach der ersten Katastrophe in Neuburg bat man 1605 den Augsburger Stadtbaumeister Elias Holl um Beurteilung des anderen Turmes. Die von ihm als notwendig erkannten und empfohlenen tiefer gegründeten Stützpfeiler (Abb. 187) führte man jedoch vorerst nicht aus. Als sich der Zustand des Turmes weiterhin verschlechtert hatte, nahm man die Arbeiten 1641 in Angriff. Beim Aushub der Fundamentgruben für die Stützpfeiler stürzte der Turm ein.[263]

Das Mauerwerk Die grundsätzlichen Gefahren nicht hinreichenden Verbandes im Mauerwerk wurden verstärkt, jedoch zeitlich u. U. stark verzögert wirksam. Bei der beim höheren Bau dicker gewählten Mauer hielten es die Werkmeister sehr häufig nicht mehr für notwendig, dem Mauerwerksverband in Richtung der Mauerdicke die ihm zukommende große Aufmerksamkeit beizumessen. Das Füllmauerwerk nahm im Vergleich zu den gut gefügten Randschalen (vgl. Exkurs 1) mehr Mauerwerksvolumen ein, und die Beträge der sich einstellenden Querdehnung nahmen zu. Die hieraus resultierende Gefahr trat im Vergleich zu dünneren Mauern verzögert ein, weil die Querdehnung im Kern der dicken Mauer anfangs behindert war. So ist erklärbar, warum ein nicht unerheblicher Anteil mittelalterlicher Berichte von Bauwerkseinstürzen die Türme betreffen und einen weiten Zeitraum von der Errichtung bis Jahrhunderte nach der Fertigstellung umschließen. Der höchste in der Folge mittelalterlicher Bautradition fertiggestellte Turm – von 1564 bis 1569 über der Vierung der Kathedrale von Beauvais errichtet, seine Höhe betrug 153 Meter – stürzte nach vier Jahren, am 30. April 1573, ein. Es darf nicht übersehen werden, daß bei rechtzeitigem Erkennen und klugem, auch schnellem Reagieren Einstürze vermieden wurden. Der ursprünglich höhere, nach 1220 erbaute Nordwest-Turm von Saint-Denis (auch er war schon ein »zweiter« Turm) wurde 1845 abgetragen. Viollet-le-Duc, der mit diesem Objekt seine so erfolgreiche denkmalpflegerische Tätigkeit begann, stellte dabei sehr mangelhaft ausgeführtes Mauerwerk fest.

Die aufgezählten Katastrophen sollen den Blick nicht vor jenen Türmen verstellen, die die Jahrhunderte überdauerten. In Straßburg und Wien erreichten sie beachtliche Höhen von etwa 140 Metern. Die intakten Türme zeichnen sich, abgesehen von tragfähigem Baugrund, zumeist durch Mauerwerk aus großen Werksteinquadern mit gutem Verband und zusätzlichen Verankerungen (Schmiedeeisen, in Blei vergossen oder verstemmt, vgl. S. 160) aus. Dadurch konnten von den gefährlichen Querdehnungen im Mauerwerk keine Risse und weitergehende Schäden ausgehen.

Weitere Ursachen Analysen über Bauwerkszustände von Kirchtürmen bestätigen die allgemeine Erkenntnis im Bauwesen aller Zeiten: Katastrophen lassen sich fast immer auf mehrere Ursachen zurückführen, wobei wesentliche und auslösende Faktoren nicht identisch sein müssen. Neben den schon erwähnten Einflüssen wirkten auch unterlassene Erhaltungsmaßnahmen, Einflüsse von Nachbarbauten und unsachgemäßen Umbauten.[264] So wurde der Einsturz des Campanile von San Marco in Venedig im Jahre 1902 dadurch ausgelöst, daß man, um einen Personenaufzug einbauen zu können, vorhandene Mauerwerksverankerungen beseitigte. Dem Ankerausbau im November 1901 folgte der Einsturz am 14. 07. 1902 (Abb. 186).[265]

Die unvollendeten Türme

Die Schwierigkeiten um das Errichten der Türme und die im Mittelalter auch bekannten Risiken ihrer Standsicherheit lassen es als verständlich erscheinen, wieso eine so große Zahl unvollendet blieb bzw. später in anderen Bauformen (Barockhauben oder Abschlüsse in Neostilen) Vollendung fand. Gelegentlich wurden derart unvollkommene (im Sinne der ursprünglichen Planung) Bauten so interpretiert, als hätten die Werkmeister in bestimmten Fällen keine Türme bzw. deren pyramidenförmige Abschlüsse beabsichtigt (Abb. 188). Die auf Villards Skizze vom Turmschaft der Kathedrale in Laon angedeutete Turmspitze (vgl. Abb. 61) existierte tatsächlich auf jedem der Türme, die letzte wurde 1793 abgebaut.[266] Auf der vermutlich an Giottos Plan von Florenz angelehnten Zeichnung für den Bau eines neuen Turmes in Siena ist ganz zweifelsfrei die Turmspitze erkennbar (Abb. 189). Das läßt vermuten, daß auch der Campanile in Florenz (vgl. Abb. 174) ursprünglich so ausgeführt werden sollte.

An der Fertigstellung der Türme von Köln, Ulm und Regensburg wurde, beginnend im Jahre 1842 und seit der zweiten Hälfte des 19. Jahrhunderts verstärkt, in starker Anlehnung an alte Risse (vgl. Abb. 54) gearbeitet (Abb. 190 und 191). Diese Vollendungen, in Köln durch Sulpiz Boisserée angeregt, von Persönlichkeiten wie Johann Wolfgang von Goethe und Karl Friedrich Schinkel gefördert und im Rahmen nationaler Besinnung und preußischer Politik zu einem Prestigefall erhoben und in der Folge ganz Mitteleuropa erfassend, fanden durchaus keine ungeteilte Zustimmung. Aus Anlaß des 1842 gefaßten Beschlusses, den Kölner Dom vollenden zu wollen, sprachen die Kritiker vom »Thurmbau zu Babel am Rhein«.[267] Das Ende dieser Phase stellt der Veitsdom in Prag dar. Er wurde 1929 vollendet.

Beim Bau der Türme stießen die Werkmeister des Mittelalters an die Grenzen des für sie technisch und ökonomisch Möglichen. Die vollendeten Türme blieben Ausnahmen, »Weltwunder«, wie Conrad Morant im Jahre 1548 fand.

KIRCHENBAU UND TECHNIKWISSENSCHAFTEN

Zur Fragestellung

Zu Beginn wurde behauptet, die Kirchenbauten des Mittelalters hätten den Anlaß gegeben, die handwerklich-technische Entwicklung des Bauwesens voranzutreiben und sogar dessen Entwicklungsstand bestimmt (vgl. S. 10). Die Schilderungen im Hauptteil versuchten, diese Behauptung zu stützen. So bleibt am Ende zu prüfen übrig, ob diese Tätigkeit zu solcher Akkumulation und Abstraktion technischen Wissens führte, daß man von Anfängen technischer Wissenschaft sprechen kann.

Die für mittelalterliches Bauen darstellbaren Tendenzen der Wissensbildung bedürfen zu ihrer Verdeutlichung des großen Zusammenhanges vom Altertum zur Neuzeit. Durch unterschiedliche Traditionen in der das Bauen berührenden Geschichtsschreibung (Archäologie – Architekturgeschichte – Technikgeschichte) wurden unterschiedliche Wertungen erkennbar. Bei Analysen wissenschaftlichen Denkens im Altertum erschien jenes technische Wissen, das sich in den Bauten der alten Kulturepochen manifestiert, wesentlich genug, um im Rahmen zeitbezogener Wissenschaftlichkeit betrachtet zu werden.[268] Derartige Erwähnungen, auf den Bau mittelalterlicher Kirchen bezogen, fehlen, obwohl das dabei offenbarte technische Wissen ungleich höher zu veranschlagen ist. Und wenn seit dem 16. Jahrhundert von Ansätzen wissenschaftlicher Betrachtungen beim Bauen gesprochen wird, so findet dies im Wirken des Zeitgeistes der Renaissance Erklärung. Man erkennt, daß die Bedeutung wissenschaftlicher oder zumindest wissenschaftsähnlicher Denkmodelle für die Planung und Ausführung von Bauten unterschiedlich eingeschätzt wird. So lohnt es sich wohl, der Frage nachzugehen, welcher Art das im Mittelalter gesammelte technische Wissen war und wie es als Vorleistung zur Verwissenschaftlichung im Bauwesen zu werten ist. Und es gilt zu prüfen, ob solche Wissensakkumulation und -abstraktion als Ausdruck neuer Geisteshaltung tatsächlich der Neuzeit vorbehalten blieb.

Die Geschichtsschreibung vieler Wissenschaftszweige hat eine reiche Tradition, die der Technikwissenschaften ist noch jung.[269] Die im Zusammenhang mit mittelalterlichem Bauen gestellten Fragen, wann und wo denn handwerklich-technisches Wissen in Technikwissenschaft umschlug, lassen sich noch nicht beantworten. Man sieht in den bei mittelalterlichem Bauen gewonnenen Erkenntnissen Wurzeln der Technikwissenschaften.[270] Dabei sei vorangesetzt, daß sich erste technische Wissensabstraktionen ausschließlich auf die Probleme der Rißbildung im Mauerwerk und damit Standsicherheit von Bauwerken und auf das Funktionieren einfacher Maschinen orientierten.

Technisches Wissen im mittelalterlichen Bauwesen

Technisches Wissen hebt sich aus handwerklichen Fertigkeiten ab. Es bedarf, um gesammelt und aufbewahrt zu werden, einer Institution, deren Bestand über mehrere Generationen von Handwerksmeistern gesichert erscheint. Von dort sind dann jene Impulse zu erwarten, die zu Wissensabstraktionen führen. Im folgenden seien einige die Wissensbildung besonders begünstigende Elemente aufgezählt:

1. Die seit der Jahrtausendwende stark zunehmende Bautätigkeit führte zu größerer handwerklicher Erfahrung und, daraus abgeleitet, zu umfassenderem technischen Wissen. Aus der größeren Zahl der Bauten und der darin realisierten Vielfalt gestalterischer und konstruktiver Versuche ließen sich solche Lösungen hervorheben, die als besonders günstig empfunden wurden.
2. Der Widerspruch zwischen Bauabsicht und der Verfügbarkeit von Baufachleuten löste vielfältige Reisen von Werkmeistern und Bauhandwerkern aus. Auch wenn der Zweck der Reisen nur darin bestand, eine Bauleistung (Planung, Bauausführung) zu erbringen, so war solches zwangsläufig mit einer Wissensvermittlung an Nichtkundige verbunden. Der Wissenstransfer erfolgte zuerst von Oberitalien aus nach West- und Mitteleuropa und später auch von den nördlichen Großbaustellen, wie z. B. Cluny oder Speyer, kreisförmig ausstrahlend.
3. Besondere Schwierigkeiten bei der Bauplanung bzw. bei der Beurteilung von Bauschäden wurden, wegen der politischen und wirtschaftlichen Konsequenzen im Falle von Mißerfolgen, zumeist kollektiv beraten. So rief man im frühen 14. Jahrhundert Meister zur Kathedrale von Chartres, um aufgetretene Risse beurteilen und Maßnahmen zur Sicherung des Bauwerkes veranlassen zu können. 1400 stritten mehrere Meister, darunter auch Jean Mignot (vgl. S. 82), wie der Mailänder Dom weiter zu bauen wäre, und 1417 wurde über die Planung der Kathedrale von Gerona ebenfalls in größerem Kreise debattiert. Als Ort solcher Gespräche kamen Räumlichkeiten des Domkapitels oder auch der Bauhütte in Frage. Mit dem schon erwähnten Sammeln und Bewahren des bei solchen Treffen formulierten technischen Wissens nahm die Bauhütte jene institutionelle Aufgabe wahr, deren es bedurfte, um weiterführende Abstraktionen zu ermöglichen.[271] Der Wissensaustausch gestaltete sich dann besonders intensiv, wenn die Meister, nicht zuletzt

180 Das Straßburger Münster. Holzschnitt von Conrad Morant. 1548. Auf diesem Flugblatt wurde das Straßburger Münster trotz des unvollendeten Turmes in den Rang eines Weltwunders erhoben.

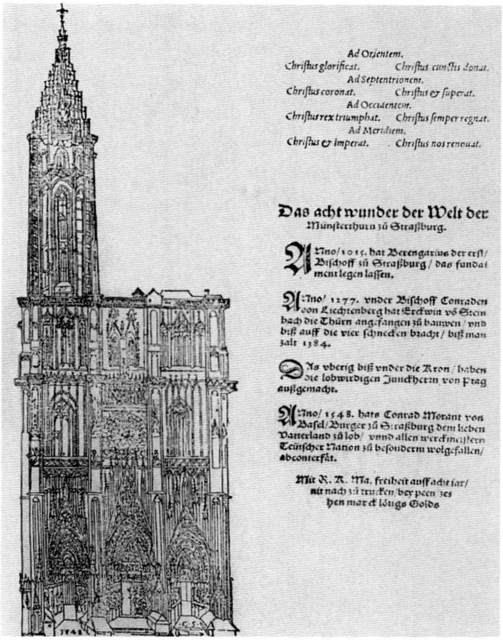

181 Turmbau zu Babel. Aus der Velislaw-Bibel. Um 1340. Státní Knihovna, Prag. Ms. XXIIIc. 124, fol. 11. Während bei den Zeichnern und Malern, die mittelalterliche Turmbaustellen darstellten, vorbehaltlose Freude an menschlichem Schöpfertum erkennbar ist, hat hier der Künstler göttliches Eingreifen gegen menschlichen Hochmut darzustellen versucht.

182 Holzrelief am Hauptportal der Kirche S. Sabina in Rom. Um 430. Die am Bauwerk sichtbaren Türme gelten als frühester Beleg für die Existenz von Kirchentürmen.

183 Der Campanile der Kirche San' Apollinare in Classe, Ravenna. 6. Jahrhundert. In diesem Bauwerk glaubt man das älteste erhaltene monumentale Beispiel für einen Kirchturm sehen zu können.

Ainer vngerischen
der ander reusischen
Der drit pehaimischen ver
der vierd dæutsch an der stet
Der funft vecer chriechischen
der sechst haidenischen
Also het sich ir red verchert
alz si got selber het gelert
In zwo vnd sibenczick zungen
also waz in gelungen
Gegen siwen ein maurmaister ret
der werchman ie ein andrs tet
Wolt er stain er pracht im sant
wan im sein red waz vnbechant
Da liezzen si den turn sten
vnd begunden an die erd gen
Dhain maurer chom hin wider
also belaib der turn sider
Die sprach wil ich ew nennen
daz ir si müst erchennen
Vnd wil auch si beschaiden
dew sprach vnder den haiden
Waz ain vnd sibenczick bechant
vber al in der haiden lant
Die iuden habent auch ainew
vnd auch nie dhainew
Ebraisch ist si genant
wan si got pey dem ersten vant
Da von so ist imr swær
daz got vnser schepfær
Den christen hat newr zwelf geben
di christenleichen solten leben
Vnd ist daz die zwelf zungen recht
lebent so sind si gotes chnecht
Die sechczick zung vlorn sint
die müzzen sein der hell chint
Alz vnz die pfaffen habent gesait
für die ganczen warhait

184 Turmbau zu Babel. Enikels Weltchronik. Um 1370. Bayerische Staatsbibliothek München, Cod. germ. 5, fol. 29 r. Sowohl Arbeitsplattform als auch Transportgeräte und Transportwege machten es unmöglich, den Turmbau durch Einsatz vieler Arbeitskräfte zu beschleunigen.

185 Der Campanile des Domes zu Pisa. 1173–1370. Dieser Turm, 1173 begonnen und wegen der sehr bald einsetzenden Schiefstellung nach langen Bauunterbrechungen erst 1370 vollendet, gilt als besondere bautechnische Attraktion, die Baufachleute seither stark beschäftigte. Bei einer Höhe von 55 Metern beträgt die Schiefstellung etwa 5,70 Meter.

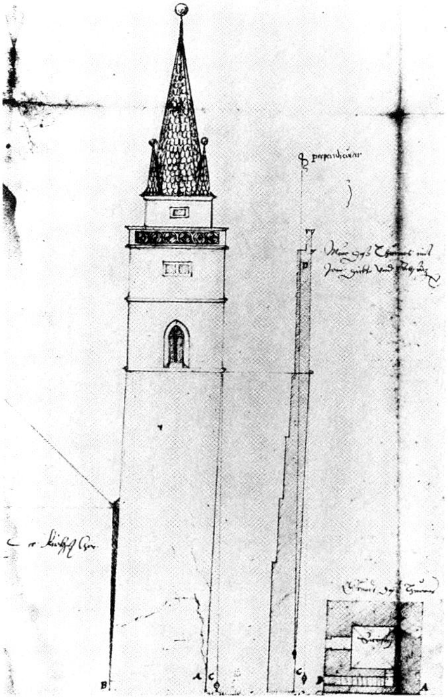

186 Der einstürzende Campanile des Domes S. Marco in Venedig. Da sich der Einsturz am Morgen des 14. Juli 1902 durch schnell wachsende Risse ankündigte, konnten der Platz und die umliegenden Gebäude geräumt werden. So kamen keine Menschen zu Schaden. Der Turm wurde in den Jahren 1910 bis 1912 neu errichtet.

187 Skizze vom Zustand des Neuburger Peterskirchturmes. Elias Holl. 1605. Neuburg an der Donau, Stadtarchiv. Die Skizze Holls ist Bestandteil seines Gutachtens über die Möglichkeit, diesen Turm zu erhalten. Sie zeigt die Schiefstellung des Turmes und den breiten Riß zum Mauerwerk des Kirchenschiffes.

188 Westminster Abbey in London. Westfassade. 1483–1509, Turmstümpfe 1722–1740. Die Turmstümpfe wurden nach Plänen des Mathematikprofessors und Architekten der Paulskathedrale von London, Sir Christopher Wren, errichtet.

189 Zeichnung für einen Turmbau beim Dom zu Siena. Braune Tinte mit Pinsellavierung auf Pergament. 2220 × ca. 320 Millimeter. Um 1339. »Pergamena senese«. Siena, Museo dell' Opera del Duomo. Nr. 154.

190, 191 Der Regensburger Dom im Jahre 1820 (Steindruck von Domenicus Quaglio. Staatliche Kunstsammlungen Dresden, Kupferstich-Kabinett) und in der Gegenwart. In Vorbereitung der Turmvollendung erfolgte 1826 eine Aufnahme der Bausubstanz, an der Gottfried Semper als Student beteiligt war.

192 Der Wettstreit um die sicherste Methode des Obeliskentransportes. Kupferstich aus Fontana, 1590. Bl. 8. Am 18. September 1585 wurde ein Wettbewerb ausgetragen, bei dem einige Teilnehmer die von ihnen entwickelten Methoden des Obeliskentransportes anhand von Modellen erläuterten. Die Modelle wurden am alten Standort des Obelisken, südlich der Peterskirche, aufgestellt. Im Hintergrund ist der noch nicht vollendete Renaissancebau erkennbar.

193 Tommaso Le Seur und Francesco Jacquier bei wissenschaftlicher Arbeit. Gemälde von L. G. Blanchet. Um 1750. Musée des Beaux-Arts, Nantes. Die beiden Mathematiker unternahmen es gemeinsam mit Ruggiero Giuseppe Boscovich, die Standsicherheit der durch Risse stark geschädigten Kuppel der Peterskirche in Rom zu untersuchen.

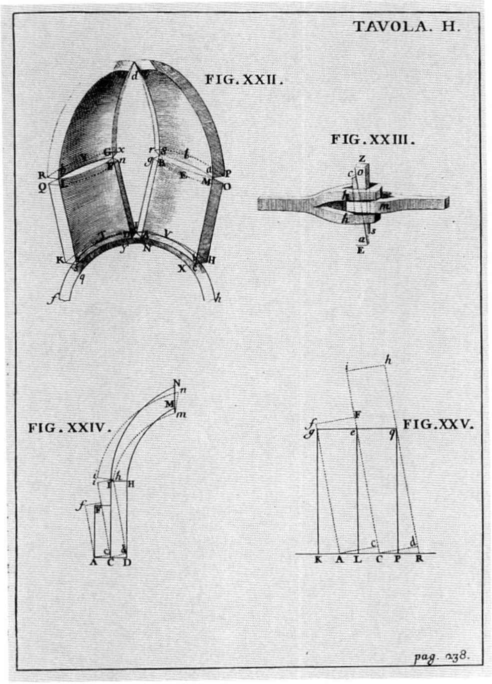

194 Darstellung der idealisierten Bewegung der durch Risse in Segmente aufgeteilt gedachten Kuppel. Aus Poleni, 1748. Tafel H. Poleni stellte in dieser Tafel die Annahmen dar, die die drei Mathematiker ihrer Untersuchung zugrundegelegt hatten. Von ihnen stammte auch der Vorschlag, die anzubringenden Anker durch Keilschlösser zu verbinden und anzuspannen.

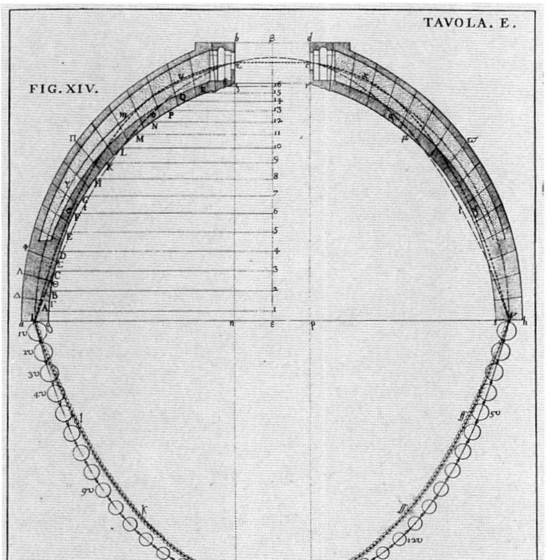

195 Die unterschiedlichen Kuppelformen. Aus Poleni, 1748. Tafel E. Die Form der Peterskirchkuppel diente Poleni dazu, verschiedene Ansätze für die günstigste Kuppelform zu finden. Die »Kettenlinie« ist seither in der Baumechanik zum festen Begriff geworden. Bei den Untersuchungen wurde davon ausgegangen, daß die Kuppelform zuerst statischen Erfordernissen und erst danach ästhetischen Vorstellungen zu entsprechen habe.

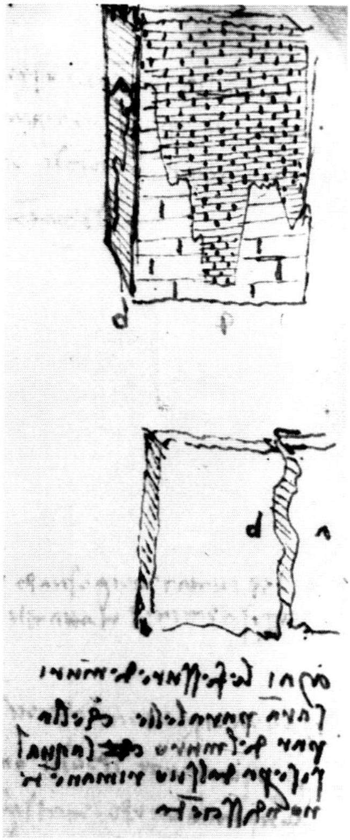

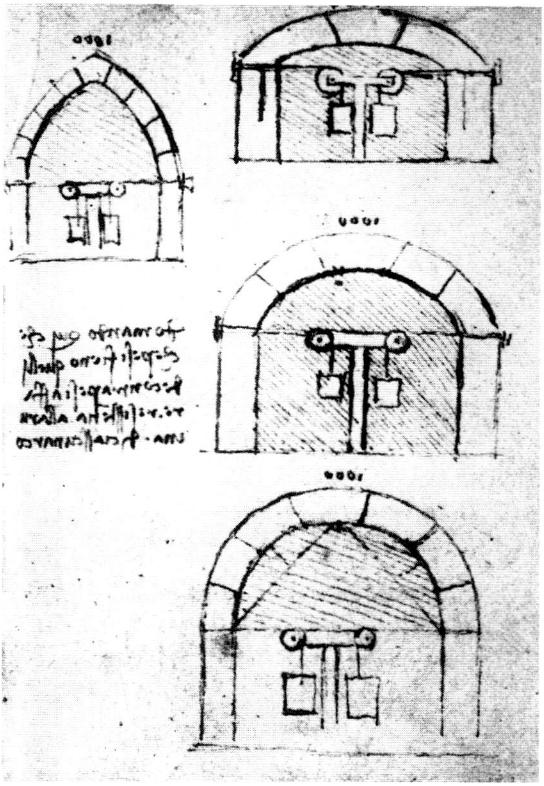

196 Skizze Leonardo da Vincis über den Bruch im Mauerwerk. British Library, London. Codex Arundel, fol. 157v. Der Skizze lagen offenbar Beobachtungen am Mauerwerk zugrunde. Die durch zu große Querdehnung entstandenen Risse hätten sich durch wirkungsvolleren Steinverband vermeiden lassen.

197 Skizzen zum Einfluß der Gewölbeform auf die Größe des Horizontalschubes. Leonardo da Vinci. Codex Forster II, fol. 92. Schweizerische Landesbibliothek Genf. Durch die dargestellte Versuchsanordnung ließe sich tatsächlich die Größe des Bogenschubes ermitteln. Ob Leonardo derartige Versuche ausführte, ist nicht bekannt.

198 Dom zu Magdeburg. Nordwestlicher Vierungspfeiler. 13. Jahrhundert. Wenngleich die Bauteile dieses Domes nicht jenen Grad von Schlankheit und Aufgelöstheit wie bei anderen Bauten dieser Zeit erreichten und demzufolge auch die Materialbeanspruchung nicht so hoch ist, so genügten die hier wirkenden Horizontalkräfte dennoch, den Vierungspfeiler deutlich sichtbar zu verformen. Die Pfeilerkante müßte eine Gerade darstellen. An der Dienstkonsole befindet sich die Figur des Meisters Bonensac (vgl. Abb. 41).

199 Kirche S. Paolo fuori le mura, Rom. 386 bis etwa 410, nach dem Brande von 1823. Zeichnung von Pinelli. Der Blick in den zerstörten Raum verdeutlicht, wie labil die Mittelschiffwand gelagert ist. Gegen eine Bewegung in Querrichtung wurde diese Wand lediglich durch die Holzkonstruktion des Daches gestützt.

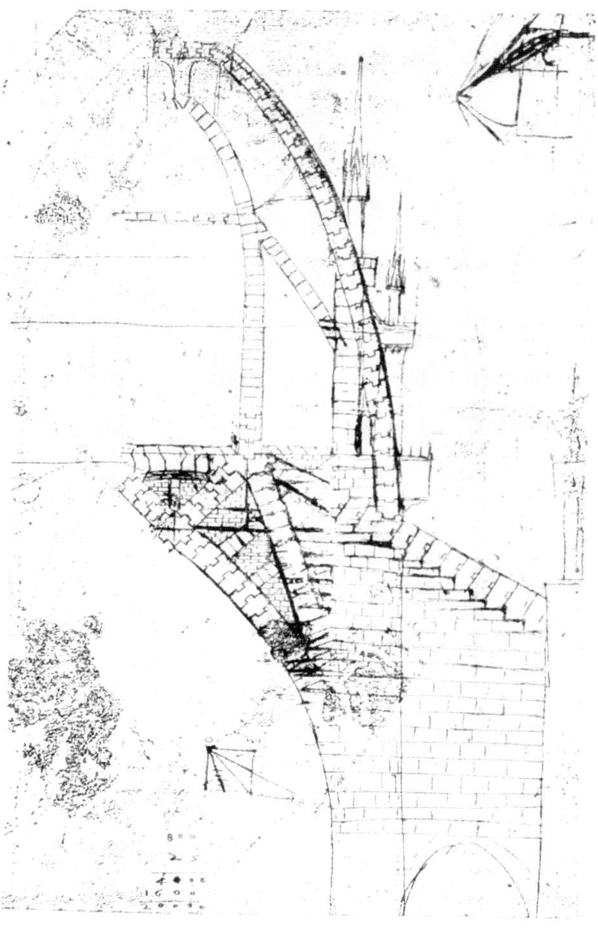

200 Skizze für einen Wettbewerbsvorschlag zum Entwurf der Vierungskuppel des Mailänder Domes. Leonardo da Vinci. Codex Atlanticus. Biblioteca Ambrosiana, Mailand. In der Skizze vereinigte Leonardo Aussagen zu Aussehen und Tragverhalten der Kuppel. Die den Kraftfluß beschreibenden Steinrippen zeichnen sich durch Fugenausbildung der Steine aus, die ähnlich an Theoderichs Grabmal in Ravenna vorgegeben sind.

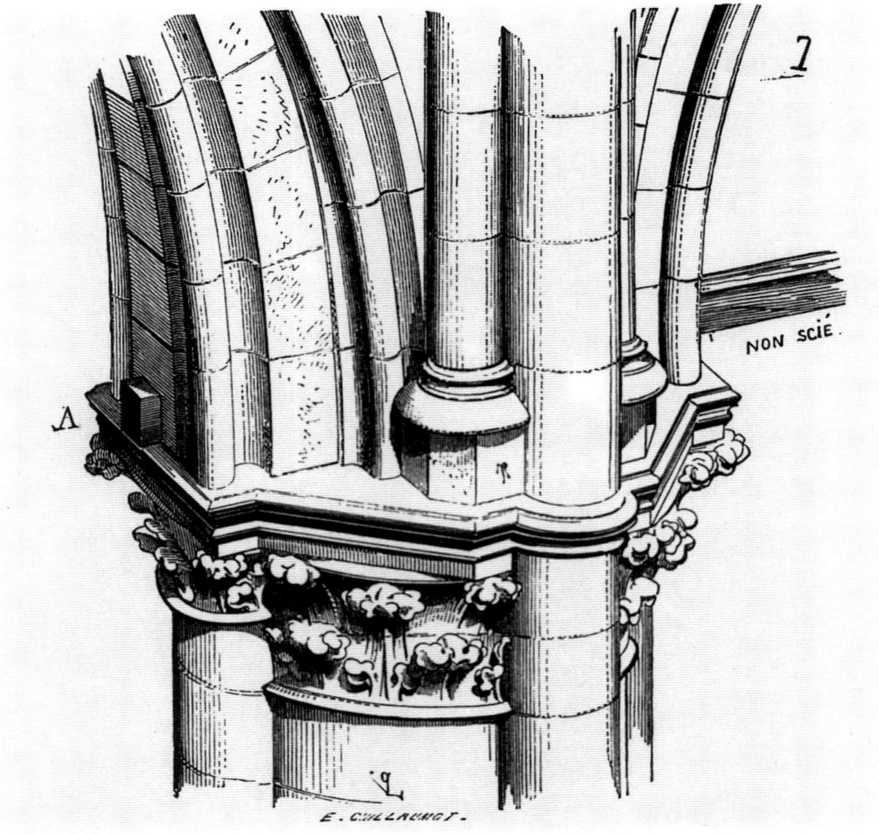

201 Kathedrale in Amiens. Kapitell eines Langhauspfeilers mit hölzernen Zugankern. Nach Viollet-le-Duc. Die ursprünglich an allen Pfeilern angeordneten Holzanker wurden ausgebaut. Es ist anzunehmen, daß die Holzanker die Pfeiler stützen sollten, als die Seitenschiffgewölbe eingebaut wurden.

auch durch verwandtschaftliche Bindungen, sehr eng zusammenarbeiteten, wie dies von den Dombauhütten in Prag und Wien überliefert ist.[272]

4. Technisches Wissen in Schriftform zu besitzen, galt zumindest in Klöstern als nicht unüblich – die Vitruv-Abschriften wurden bereits erwähnt (vgl. S. 33 und 118). Damit lag es nahe, daß auch Werkmeister eigene Erfahrungen schriftlich niederlegten. Sicher spekuliert man nicht abwegig, wenn man Villards Manuskript weder als einzige noch als früheste solcher Wissenssammlungen ansieht. Die Tatsache, daß Werkmeisterwissen bereits im Stadium der Wiegendrucke dem neuen Kommunikationsmittel anvertraut wurde, läßt die so oft und immer wieder postulierten »Hüttengeheimnisse« als Relikt jener romantischen Mittelalterrezeption im 19. und zu Beginn des 20. Jahrhunderts erscheinen.

5. Der Zwang zu Rationalisierung des Mauerwerksbaues vor allem im 13. Jahrhundert (vgl. S. 170) erwuchs nicht primär dem Geldmangel der Auftraggeber, sondern dem Widerspruch zwischen Bauabsichten und verfügbaren Baukapazitäten. Nachdem dieses Mißverhältnis abgeklungen war, gerieten die gefundenen Möglichkeiten der seriellen Vorfertigung teilweise oder ganz wieder in Vergessenheit. Aber die durch die Rationalisierungsmaßnahmen notwendig gewordene Qualifizierung der Bauplanung blieb erhalten. In den in wachsendem Umfang und in höherer Qualität entstandenen Zeichnungen schlug sich technisches Wissen nieder und blieb ständig verfügbar.

Die bei Wissensaneignung und -mehrung mittelalterlicher Werkmeister erreichten Fortschritte spiegelten sich in den größeren, kühneren und schlankeren Konstruktionen und in schriftlich niedergelegten Dimensionierungsregeln für Bauwerke und Bauteile wider: ersteres augenscheinlich überzeugend erkennbar (vgl. S. 236) und in der architekturhistorischen Literatur umfassend beschrieben, letzteres nur langsames Vorankommen andeutend, aber für die Beurteilung als Wurzeln technischer Wissenschaften um so bedeutsamer.[273]

Der wesentliche, dem Wirken mittelalterlicher Werkmeister zu verdankende Fortschritt ist im Übergang vom antiken Denken in weitestgehend statischen Systemen zum neugierigen, Überliefertes in Zweifel ziehenden Forschen der Neuzeit zu sehen. Um im langsamen Vorankommen schriftlich fixierten Wissens den qualitativen Wandel sichtbar machen zu können, seien drei Beispiele in zeitlich großem Abstand als Exempel gewählt: Sankt Michael in Hildesheim und sein geistiger Schöpfer, Bischof Bernward (nach 1010), der Dom in Mailand und die um 1400 streitenden Meister und Lorenz Lechler mit seinen 1516 verfaßten »Unterweisungen«. Bischof Bernward legte die Bauwerksabmessungen in Maßbeträgen fest, denen Zahlenverhältnisse zugrunde lagen. Der Brauch entstand aus der Transformierung platonischer und pythagoräischer Lehre in die Theologie und entsprach der Überzeugung, daß die Welt in ihrer Gesamtheit von Gott nach Zahlenverhältnissen geschaffen sei. Musikalische Harmonien, durch Töne in bestimmten Intervallen erzeugt, ließen sich durch die Länge schwingender Saiten in Zahlenverhältnisse umsetzen (1:2 für die Oktave, 2:3 für die Quinte, 3:4 für die Quarte) und schienen diese Auffassung zu bestätigen. Neu zu erbauende Kirchen – so folgerte man – sollten in ihren Abmessungen solcher Weltharmonie entsprechen. Die Entwicklung dieser Lehre zu komplizierteren Zahlenverhältnissen – bei Sankt Michael wurden die Zahlen 20; 35; 56 und 84 nachgewiesen – erwuchs abstrahierendem Denken in philosophisch-theologischen Kategorien und floß von da in Baumaße (vgl. S.79/80, insbes. Anm.106). Für eine fruchtbare Weiterführung des Bemühens, technisches Wissen in Zahlenverhältnissen zu speichern, hätte es der Rückwirkung von Bauerfahrungen auf die Zahlenverhältnisse bedurft. Das konnte nicht sein, denn neue Erfahrungen beim Bauen hätten dann u.U. jene angenommenen göttlichen Harmonien gestört. Das sich über Jahrhunderte als nützlich erwiesene Mittel der Bauwerks- und Bauteildimensionierung wurde steril und provozierte die Frage, was denn als relevantes Kriterium für Bauabmessungen treffender zu wählen sei. Die Zahlenverhältnisse behielten die Bedeutung baubezogener Dimensionierungsregeln, fanden aber nicht mehr die vorher so bedeutsame geistige und geistliche Begründung. Die Idee, Gesteinsstrukturen oder Mauerwerksausführungen als Größen zu erkennen, die Mauerwerks- oder Pfeilerabmessungen beeinflussen könnten, scheint aus dieser Sicht naheliegend. So will es nicht wundern, wenn die italienischen Werkmeister beim Mailänder Streit 1400 behaupteten, ein Pfeiler gegebener Abmessung bedürfe, aus italienischem Marmor gefügt, nur der halben Abmessung, als wenn er aus französischem Kalkstein bestünde.[274] Lorenz Lechler empfahl, eine aus der lichten Weite des Chorraumes durch das Verhältnis 1:10 abgeleitete Mauerwerksstärke von »zwen Werkhschuech« bei gutem Stein zu wählen, sie aber um drei Zoll dicker auszuführen, wenn »fauller« Stein zur Verfügung stünde oder sie um drei Zoll dünner zu bemessen, sofern sie in »Eydlen gehauen steinwerkh« errichtet würde.[275]

Zweifellos waren diese Meister – die Jahreszahlen der Beispiele weisen sie der späten Gotik zu – noch weit davon entfernt, Kräfte und deren Wirkung auf Mauerwerksquerschnitte beschreiben oder gar quantifizieren zu können. Sie ließen aber durch solche Denkansätze die Fähigkeit und Bereitschaft erkennen, die Grenzen der aus antiker Tradition geformten Denkmodelle zu übertreten. Als Generationen später wissenschaftliche Erkenntnisse im Bauen wirksam werden sollten, bedurfte es seitens der Praktiker dieser geistigen Reife, um die Nützlichkeit von Theorien erkennen zu können. In diesem Zusammenhang sei das häufig überhöht dargestellte »statische Gefühl« der Werkmeister erwähnt: sowohl die Bauwerkseinstürze schon damals als auch statische Untersuchungen der Gegenwart konnten die Existenz solcher sensiblen Erkenntnisform nur mit Einschränkungen bestätigen.[276]

»Artes liberales« und »artes mechanicae«

Antike Wissenschaften fanden, seit etwa 400 durch Marianus Capella als *artes liberales* gegliedert und zusammengefaßt, durch Cassiodors Bemühungen seit dem 6. Jahrhundert in Klöstern Bewahrung und Pflege. Mit Boethius' Übersetzungen und Kommentaren begann auch bereits in dieser Zeit jene Aneignung, die ihren Höhepunkt in scholastischen Lehren des 12. Jahrhunderts fand. Die Pflege von Arithmetik und Geometrie als Wissenschaftszweige des Quadriviums – ihm sind noch Musik und Astronomie zugeordnet, insgesamt wurde solches nur an Hochschulen gelehrt – schloß die Mechanik ein. Der Zweck dieser Wissenschaften wurde darin gesehen, die Welt zu erkennen, nicht darin, Probleme der Produktionssphäre einer Lösung näher zu bringen. Hinweise auf die Nützlichkeit von Kenntnissen in Arithmetik und Geometrie – man lernt Zeichnen, kann die Kosten für den Bau eines Gebäudes ermitteln, ist in der Lage, Maßeinteilungen und Symmetrien zu entwickeln (Vitruv), Ärzte können besser heilen, Philosophen haben bessere Urteilskraft, und Mechanik erhöht die Geschicklichkeit (Boethius)[277] – ließen technisches Wissen sich bilden und festigen, aber keinen direkten Wissenschaft-Praxis-Bezug entstehen. An der Konstellation änderte sich vorerst nichts, wenngleich die Stätten der Bildung verweltlicht wurden (aus der Kathedrallehrstätte von Notre-Dame in Paris wurde Ende des 12. Jahrhunderts die Universität) und es dort auch Gelehrte wie Hugo von Saint-Victor oder Albertus Magnus gab, die den Naturwissenschaften und der Technik aufgeschlossen waren.

Der beschriebene Weg der Wissenschaften wurde, so wie dies Vitruv und Boethius andeuteten, von Anwendungsregeln begleitet, die dem Werkmeister zwar immer, in zunehmendem Maße jedoch seit dem 12. Jahrhundert zur Verfügung standen, und die dieser nutzen konnte, ohne durch Studien der *artes liberales* vorgebildet zu sein. In einer Untersuchung am Beispiel der Fünfeckkonstruktion wurde dieser Parallellauf dargestellt: praktisch handhabbare Konstruktionsregeln, die nach dem Prinzip »so genau wie notwendig« funktionierten, und die den geometrischen Beweis einschließenden Konstruktionen im Rahmen der *artes liberales*, bei denen das Prinzip »so genau wie möglich« galt.[278] Der Werkmeister in Hildesheim war der in den *artes liberales* hochgebildete Geistliche, der die in Zahlenverhältnisse gekleidete Harmonie der Welt auf ein geplantes Bauwerk zu übertragen suchte. Der aus dem Handwerkerstand kommende Werkmeister der Gotik bewegte sich auf niederem Bildungsniveau und war dadurch doppelt frei: einmal, aus handwerklicher Erfahrung heraus solche Regeln, die scholastischem Wissen entstammten, unbeachtet lassen oder in Frage stellen zu können, und ein andermal, nach neuen Zusammenhängen und besseren Kriterien auszuschauen. Wenn diese Meister die Begriffe *artes* oder *scientia* gebrauchten, meinten sie jenes verallgemeinerte und praktikable technische Wissen, das mit der Bezeichnung *artes mechanicae* umschrieben ist und zusammenfassend Wissen über alle die Tätigkeitsbereiche meinte, die der Erhaltung menschlichen Lebens dienten.[279]

Die Ingenieurleistungen der Jahre 1586 und 1742

Wenngleich keinen Kirchenbau, sondern die Gestaltung des Platzes vor der Kirche betreffend, gab es im Jahre 1586 Anlaß, ein außergewöhnliches Ereignis zu beobachten: das Versetzen des vatikanischen Obelisken auf den Platz vor der Peterskirche in Rom. Der Obelisk als Aufbewahrungsort der Urne Caesars und als Zeugnis des Petrus-Martyriums, bisher abseits stehend, sollte den Mittelpunkt des noch zu schaffenden Platzes vor der in Bau befindlichen Peterskirche markieren. Schien es den Zeitgenossen ungewöhnlich, wie unter dem Befehl Domenico Fontanas durch die Arbeit von etwa 1000 Männern und 100 Pferden der 25 Meter hohe und 320 Tonnen schwere Monolith am alten Standort umgelegt und nach einem 260 Meter betragenden Horizontaltransport wieder aufgerichtet wurde, so sieht der Technikhistoriker heute in der Vorbereitung dieses Unternehmens das Besondere: die erste durch Berechnung begründete Baumaßnahme, die überliefert ist. Aus der Vielfalt erwähnenswerter Details seien solche aufgeführt, die theoretische Erwägungen in Zusammenhang mit Bauleistungen und damit ein Aufeinanderzugehen von Wissenschaft und Praxis andeuten. Zum ausgeschriebenen Wettbewerb, in dem technische Möglichkeiten für den Transport dieses Monolithen vorgeschlagen werden sollten, erschienen 500 (!) »Mathematiker, Architekten, Ingenieure und andere fähige Männer« (Abb. 192).[280] Der den Auftrag ausführende Fontana verfügte als Bauunternehmer in Rom über reiche Erfahrungen und technisches Wissen: allein, er bereitete das Unternehmen durch physikalische Messungen und Berechnungen vor. Die Kenntnisse hierzu konnte er sich durch solche Bücher wie Albertis *»Ludi matematici«* aneignen. Er bestimmte die Dichte eines dem Monolithen ähnlichen Steines, errechnete das Volumen des Monolithen (ohne Pyramidenstumpf-Formel und Dezimalzahlen) und danach dessen Masse. Fontana wußte, welche Kraft durch eine Winde zu erzeugen sei, und bestimmte die Zahl der notwendigen Winden zum Anheben des Obelisken. Das Ereignis war epochemachend und diente in der mathematisch-physikalischen Literatur noch im 18. Jahrhundert als Exempel. Entscheidend für diese Phase scheint, daß es der handwerklichen Erfahrung und sowohl gleichzeitig als auch gleichwertig der Nutzung theoretischer Erkenntnisse bedurfte, um diese Aufgabe überhaupt lösen zu können.

Auf technischem Gebiet konnte sich der Wechsel von alter zu neuer Denkweise ungehindert vollziehen: bei der so ideologieträchtigen Astronomie führte der Weg vom Ptolemäischen Weltsystem zum Kopernikanischen über Inquisitionstribunale und Scheiterhaufen. Jenem Sommer 1586, in dem beim Obeliskentransport neuzeitlicher Geist zu triumphieren schien, folgten der 23. Mai 1592, an dem ein venezianischer Buchhändler Giordano Bruno beim Pater Inquisitor anzeigte, und der 17. Februar 1600, an dem dieser Philosoph und Astronom auf dem Scheiterhaufen starb. Galileis Abschwören wurde 1633 erzwungen, der verhängte Hausarrest währte bis zu seinem Tode im Jahre 1642.

Weiterentwickelte Mechanik und die durch Galilei begründete Festigkeitslehre und eine Reihe weiterer wissenschaftlicher Leistungen[281] ermöglichten es, im Jahre 1742 den desolaten Zustand der Peterskirchkuppel in Rom zu analysieren und Maßnahmen zu deren Erhaltung vorzuschlagen. Unter den hierzu abgegebenen Gutachten ragt das der Mathematiker Ruggiero Guiseppe Boscovich (Jesuit), Tommaso Le Seur und Francesco Jacquier (beide Franziskaner) heraus (Abb. 193), weil in ihm alle Elemente statischer Überlegungen vorgezeigt waren.[282] Es wurden die aus der Kuppel herrührenden Horizontalkräfte mit den einem Kippen der Tambour-Wände entgegenwirkenden Kräften verglichen und ein Differenzbetrag anzubringenden Ankern zugewiesen (Abb. 194). Bei der Dimensionierung der Ankerquerschnitte wurden wirkende Kraft und Materialfestigkeit in Bezug gebracht und ein Sicherheitsfaktor in Rechnung gestellt. Diese Tat gilt wohl zu Recht als Geburtsstunde modernen Bauingenieurwesens und diente insofern als eine die Stilepochen überspannende Zäsur, nach der bauliche Leistungen auch zu werten seien.[283]

Der sehr vielseitig tätige, an der Universität Padua lehrende Professor für Mathematik Giovanni Poleni unternahm es, kurze Zeit darauf die eingereichten Gutachten zusammenzufassen und auszuwerten und in der Folge dieses Bemühens einen den Stand der Wissenschaft zur Gewölbestatik repräsentierenden Band vorzulegen (Abb. 195).[284] Es wird deutlich, daß Fragen, die die Standsicherheit so großer Bauwerke betrafen, immer stärker in die Kompetenz der Wissenschaftler gerieten. Mit handwerklicher Erfahrung und daraus gewonnenem technischem Wissen, mochten sie noch so umfangreich sein, konnte hier kein ernstzunehmender Beitrag mehr geleistet werden. Daß nicht alle Fachleute, die sich zu Wort meldeten, solchem Anspruch gerecht wurden, blieb seither eine zeitlose Erscheinung. Die Empfehlung Gaetano Chiaveris, die Kuppel abzureißen und durch eine leichtere Holzkonstruktion zu ersetzen, blieb glücklicherweise unbeachtet.

Die eingangs gestellte Frage, ob es Beziehungen zwischen dem Kirchenbau und der Entwicklung von Technikwissenschaften gäbe, läßt sich, wenn auch für einzelne Zeitabschnitte differenziert, grundsätzlich bejahen. Die Werkmeister des späten Mittelalters überwanden die Antikenrezeption und bereiteten den Boden, auf dem die seit dem 16. Jahrhundert in stürmischer Entwicklung befindliche praktische Mechanik Frucht bringen konnte. Das geschah, für Wissenschaft und Baupraxis gleichermaßen sichtbar und überzeugend, mit dem Obeliskentransport im Jahre 1586 und 1742 mit der Aussage, daß die Kuppel der Peterskirche nach Anbringen zusätzlicher Anker standsicher sei. Beide Ereignisse beflügelten viele Forscher im Experimentieren und Nachdenken. Der Stand heutiger Bauwissenschaften ist durch eine große Tradition geprägt worden, deren Wurzeln zu nicht unerheblichem Anteil im Kirchenbau Nahrung fanden.

DIE EXKURSE

Mittelalterliche Bauwerke werden vom Betrachter in erster Linie unter ästhetischen Gesichtspunkten wahrgenommen und beurteilt. Hinsichtlich der Einschätzung von deren Standsicherheit und Tragfähigkeit sieht sich lediglich der im Bauwesen Tätige zu Beobachtungen und Überlegungen veranlaßt. Er verfügt über die naturwissenschaftlichen Kenntnisse, um optische Wahrnehmungen und verbale Urteile durch zahlenmäßige Analysen qualifizieren zu können. Dem mittelalterlichen Werkmeister stellte sich die Situation anders: Er konnte das im wesentlichen erst im 19. Jahrhundert anwendungsbereit vorliegende theoretische Wissen von Mechanik (Statik) und Festigkeitslehre noch nicht nutzen, er arbeitete nach Handwerksregeln oder den Empfehlungen antiker Schriften. Diese genügten wohl der allgemeinen Bauaufgabe, jedoch nicht dem Sonderfall. Der mit neuen Konstruktionsideen und Gestaltungsabsichten ständig in fachliches Neuland vordringende Werkmeister vor allem in der Zeit der späten Romanik und der Gotik lief ständig Gefahr, daß sein Bemühen trotz peinlichster Beachtung geltender Regeln durch Versagen eines Bauteiles zunichte gemacht wurde. Will man die Entwicklung bei mittelalterlichen Bauwerken verstehen, ist es nützlich, Beobachtungen, in spätantiker und mittelalterlicher Zeit wahrgenommen und zu Erfahrungen und Handwerksregeln verallgemeinert, mit den seit etwa 100 Jahren wissenschaftlich begründbaren Zuständen in Bauwerk und Baugrund zu vergleichen.

Exkurs 1: Die Bedeutung von Mauerwerksverband und Mauerwerkskonstruktion für Standsicherheit und Tragfähigkeit eines Mauerwerkskörpers

Mauert man Steine aufeinander, so wirkt jede neu aufgebrachte Masse (Stein und Mörtel) belastend auf die bereits darunter liegende Mauerwerksschicht (Textabb. S. 303 links). Der Mörtel, in den ein Stein verlegt oder der beim Versetzen der Steine auf Stahl- oder Holzkeile nachträglich in die Fugen gegossen oder gedrückt

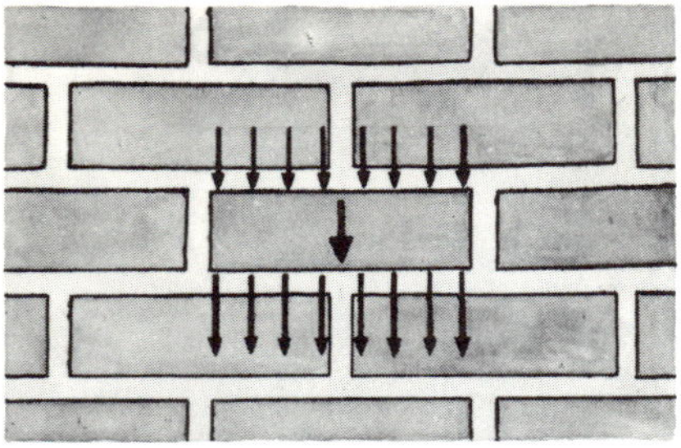

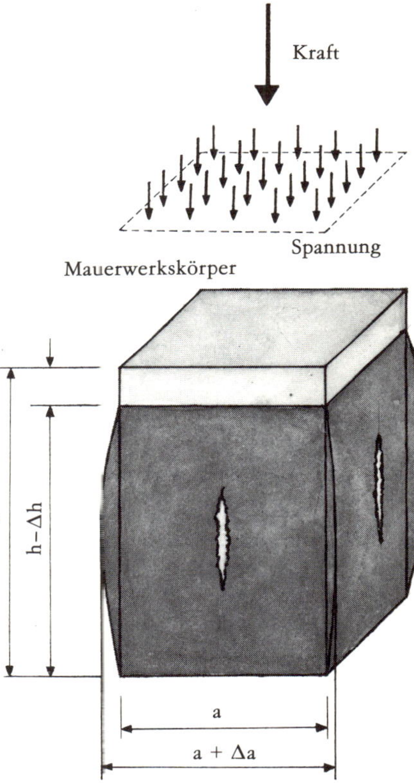

Die Belastung im Mauerwerk. Die über dem betrachteten Stein wirkenden Massen üben auf ihn den Flächendruck »p_n« aus. Er gibt diese Flächenpressung, um den der Eigenmasse entsprechenden Betrag auf »p_{n+1}« vergrößert, auf die darunter liegende Schicht weiter.

Der Mauerwerkskörper und die sich einstellenden Verformungen. Die auftretenden Verformungen sind stark übertrieben dargestellt. Sie sind ohne Meßmittel nicht feststellbar. Dem mittelalterlichen Werkmeister blieben diese Erscheinungen verborgen. Er erkannte erst die Folgen zu großer Querdehnung: die Risse.

wurde, gewann seine Festigkeit im Laufe der eintretenden Karbonatisierung des Kalkes, also in einem Zeitraum, der zwischen zehn Tagen und mehreren Jahren liegen konnte. Eine scheinbare Frühfestigkeit entstand im Mauerwerk dann, wenn die vermauerten Steine infolge ihrer Porosität dem Mörtel Wasser entzogen. Der erhärtete Mauerwerkskörper erlitt bei weiterem Baufortschritt und damit zunehmender Belastung Verformungen: in Richtung der Kraftwirkung Stauchungen und quer dazu Dehnungen (Textabb. oben rechts). Es liegt im Wesen des – als Modellfall angenommenen – festen elastischen Körpers, daß sich Materialbeanspruchungen (Spannungen) und Formänderungen (Stauchungen, Dehnungen) gegenseitig bedingen. Die Druckspannungen infolge Massekräften bzw. Gewölbekräften verursachen Stauchungen, diese bedingen Querdehnungen, und mit ihnen entstehen in der Querrichtung Zugspannungen, die die Material- und Verbundfestigkeit im Mauerwerk erreichen und zu Rißbildungen und weitergehenden Zerstörungen führen können. Leonardo da Vinci hat derartige Risse beobachtet und aufgezeichnet (Abb. 196). Es bedurfte der Entwicklung der Wissenschaften, um im 19. Jahrhundert diese Erscheinung messen, begründen und Maßzahlen dafür nennen zu können. Mittelalterliche Werkmeister nahmen dieses Phänomen wegen der sehr kleinen Formänderungen erst wahr, wenn der daraus entstandene Schaden – der Riß – eingetreten war.

Wenn seit Anbeginn des Mauerwerksbaues Steine so versetzt wurden, daß sie jeweils darunterliegende Fugen überdecken, und aus diesem Brauch Verbandregeln entstanden, so war das aus der Tradition des mörtellosen Steinbaues übernommen. Auch dort hatte man die Erfahrung sammeln können, daß eine Steinwand um so haltbarer ist, je mehr möglichst lange Steine fugenüberdeckend verlegt sind. Die Übertragung jener durch Querdehnung verursachten Zugkräfte im Mauerwerk erfolgte zum einen durch den Stein und zum anderen durch die Scherflächen zwischen Steinlagerfläche und Lagerfugenmörtel (Textabb. unten). Ein Riß entstand dann, wenn entweder die Zugfestigkeit des Steines oder die Scherfestigkeit im Haftverbund zwischen Stein und Mörtel erschöpft waren.

Die Querdehnung im Mauerwerk tritt in zwei Ebenen auf: in der Längsrichtung der Mauer und in deren Querrichtung, also in Richtung der Mauerdicke. Bei großer Mauerlänge ist die so gerichtete Querdehnung mit Ausnahme der Endabschlüsse (Mauerwerksecken) behindert, hinsichtlich der Mauerwerksdicke jedoch nicht. Die größere Gefahr zur Rißbildung besteht demzufolge im Mauerwerkskern. Beginnende Rißbildungen in dieser ihrer gefährlichsten Form waren für den mittelalterlichen Meister nicht erkennbar.

Nach den empirisch gewonnenen Regeln für die Mauerwerksverbände ordnete man möglichst lange Steine in Richung der Mauer als »Läufer« und in Richtung der Mauerdicke als »Binder« an. Das Mauerwerk erwies sich um so standsicherer und tragfähiger, je ausgewogener Läufer- und Bindersteine angeordnet waren. Ein schön aussehender Mauerwerksverband ließ keine Aussage über das Ver-

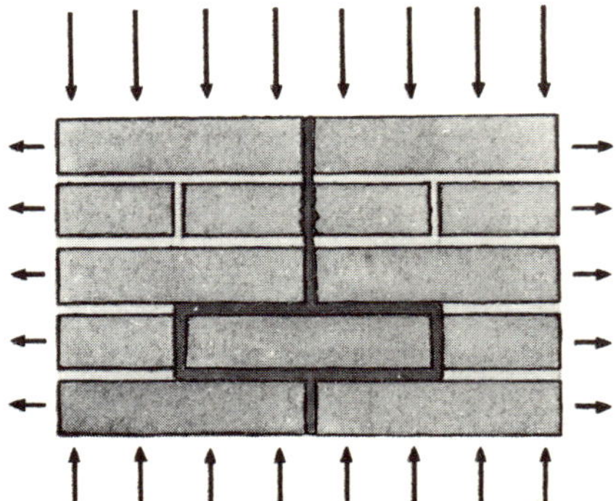

Der Kraftfluß im Mauerwerk bei Zugbeanspruchung nach Pieper. Die durch Querdehnung bedingte Zugkraft im Mauerwerk wird entweder durch den Stein selbst oder durch die Haftflächen zwischen Stein und Mörtelfugenstein aufgenommen. Erst wenn das Tragvermögen einer dieser Größen erschöpft ist, kann ein Riß im Mauerwerk entstehen.

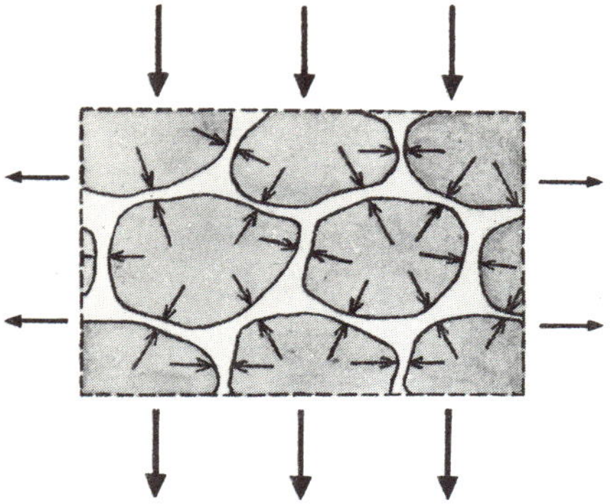

Der Kraftfluß im Feldsteinmauerwerk. In diesem Mauerwerk treten neben der durch Querdehnung bedingten horizontalen Zugkraft noch zusätzliche Kraftkomponenten hinzu, die sich aus der Abstützung der Steine untereinander ergeben.

bundverhalten im Mauerwerkskern zu. Einstürze von Mauerwerkskörpern konnten plötzlich auftreten.

Die bisherigen Ausführungen bezogen sich auf die Mauerwerksarten, bei denen quaderförmige, längliche Steine in waagerecht liegenden Lagerfugen versetzt wurden: also Ziegelmauerwerk, Werk- und Hausteinmauerwerk und Bruchsteinmauerwerk solchen Gesteinsmaterials, das annähernd orthogonal geklüftet anstand. Es ist jenes Mauerwerk, welches Vitruv als *opus isodomum* und *opus pseudoisodomum* bezeichnete (vgl. S. 159/160). Bei Gesteinsmaterial, bei dem die Klüftung schiefwinklige bzw. gedrungene Formen der Bruchsteine entstehen ließ, oder beim Feldsteinmauerwerk, bei dem eiszeitliche Findlinge mit rundgeschliffener Kugel- oder Eiform als Steinmaterial dienten, entstanden weitere Probleme. Hier wirkte die Tatsache, daß Festigkeit und Elastizitätsmodul des Steines erheblich über denen des erhärteten Mörtels lagen und sich die Steine trotz Mörtelverbundes punktförmig wie in einer Steinschüttung abstützten (Textabb. oben). Bei solchen Steinarten standen längliche Formate als Läufer und Binder meist gar nicht zur Verfügung. Die Schwierigkeiten begannen häufig schon beim Mauern. Die zumeist aus Granit bestehenden Feldsteine konnten infolge ihrer dichten Struktur kein Wasser aufsaugen, so daß sich die auf Kohäsion zwischen Mörtel und Stein beruhende Frühfestigkeit im Mauerwerk nicht einstellte. Jeder neu im Mörtel verlegte Feldstein wirkte wie ein Keil auf seine mehr oder weniger erhärtete Mauerwerksunterlage. Mauerwerkseinstürze konnten dann schon während des Mauerns auftreten, wenn nicht mit allergrößter Sorgfalt gearbeitet wurde. Die mittelalterlichen Meister bemühten sich, dieser besonderen Gefahr dadurch entgegen zu wirken, daß sie versuchten, den Feldsteinen lagerhafte Flächen anzuarbeiten (vgl. Abb. 115 und 116) und an Mauerecken, auch bei Tür und Fensterleibungen, Ziegelmauerwerk einzufügen.

Vitruvs Empfehlungen (vgl. S. 159 ff.) sind ebenfalls aus Erfahrungen geschöpft, die er durch Beobachten von Bauwerken gewann. Die von ihm formulierten

Mauerwerk mit Außenschalen und Füllwerk: Das gut ausgeführte Mauerwerk der Außenschalen mit günstigen Werten für die physikalischen Eigenschaften (Festigkeit, Elastizität und Querdehnung – dunkel angelegte Flächen) wird vom Füllmauerwerk mit ungünstigen Werten (hell angelegte Fläche) wie durch eine Hinterfüllung belastet).

Schlußfolgerungen sind sachlich richtig. Sie könnten heute, gestützt auf ein umfassendes Theorienarsenal, kaum besser formuliert werden:
Er verurteilte das *opus reticulatum*, weil es sehr stark zur Rißbildung neige. Tatsächlich fehlen bei diesem Mauerwerk die zugkraftübertragenden Scherflächen zwischen Lagerfugenmörtel und Stein. Außerdem addieren sich zu den aus Querdehnung resultierenden Zugkräften noch Keilkräfte, die sich aus der Zerlegung der senkrecht wirkenden Massekräfte in senkrecht zu den Lagerfugen wirkende Komponenten ergeben.
Vitruv empfahl beim *opus implectum* die die ganze Mauerdicke durchlaufenden Bindersteine bzw. so gerichtete verbleite Eisenklammern als Mittel, um besonders dauerhaftes Mauerwerk herzustellen, und bevorzugte die griechische Bauweise. Da die Länge von Bindersteinen beschränkt war und damit der Mauerdicke eine Grenze gesetzt würde, empfahl er beim Anlegen von Stadtmauern, in Richtung der Mauerdicke Balken einzubauen. Wenngleich diese Balken willkommen waren, um stadtseitig einen Laufgang aufnehmen zu können, so betonte er doch ausdrücklich deren verfestigende Wirkung für die Mauer.

Diesen Empfehlungen folgten die Meister des Mittelalters, gleich, ob in bewußter Anwendung Vitruvschen Wissens oder aus handwerklicher Tradition (vgl. S. 118) in vielerlei Hinsicht. Auf das Heranschaffen von Werksteinen oder Ziegeln aus größeren Entfernungen für solche Bauten, bei denen vorwiegend Bruch- und Feldsteine verarbeitet werden mußten, wurde schon hingewiesen. Weiterhin verbanden sie die Werksteine einer Lage untereinander tatsächlich mit verbleiten Eisenklammern, beim Wiener Stephansdom z. B. etwa in jeder 5. Steinlage. Auch die von Vitruv erwähnten Holzbalken in Mauern zu deren Festigkeitserhöhung sind in mittelalterlichen Bauten nachgewiesen.

Die aus dem römischen *opus implectum* tradierte Bauweise, zwischen wohlgefügten Randschalen des sichtbaren Mauerwerks weniger sorgfältig bearbeitete Steine in viel Mörtel (Füllmauerwerk) zu verlegen, verursachte erhebliche Probleme. Da der Mörtel nahezu immer das schwächere Glied im Verbund darstellte, ergab sich für das Füllmauerwerk im Vergleich zum Schalenmauerwerk die kleinere Festigkeit, der kleinere Elastizitätsmodul und die größere Querdehnung (Textabb. links). Eine die Wand belastende Kraft verlagerte sich infolge der ungleichen Elastizitätsmoduli auf die Außenschalen, für die sich daraus u. U. Knick- bzw. Beulprobleme ergaben und das Füllmauerwerk eher wie eine Hinterfüllung wirkte.

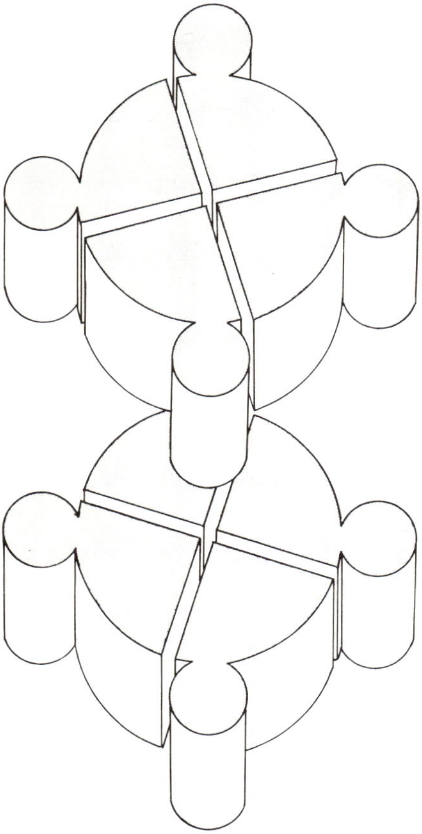

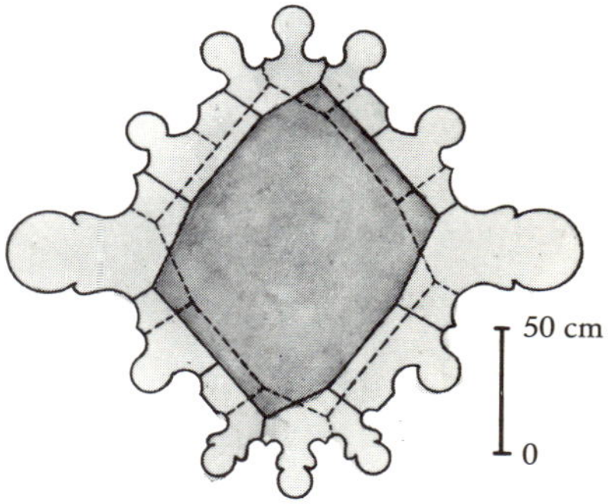

Fugenteilung in einem der Pfeiler des Stephansdomes in Wien. Bauzeit 2. Hälfte des 14. Jahrhunderts. Nach Kieslinger. Die überdeckten Fugen und die unterschiedlich tief einbindenden Werksteinschichten des sichtbaren Mauerwerkes entsprechen geltenden Handwerksregeln. Infolge des unverhältnismäßig großen Kernes aus Mörtelmauerwerk entstanden trotzdem erhebliche Schäden.

Der Steinschnitt einiger Langhauspfeiler der Kathedrale von Amiens nach Kimpel. Bauzeit des Langhauses um 1220 bis 1235. Der Vergleich zur Textabbildung Seite 171 läßt die geringere Fugendeckung in Pfeilermitte deutlich werden. Hierin dürfte die Ursache für das Versagen dieser Pfeiler schon um 1500 zu suchen sein.

Die Gefahr steigerte sich noch, wenn infolge einer Bemerkung Vitruvs im Kapitel über Wasserbauten (V. 12, 5) der Bauteilkern mit Bauschutt aufgefüllt wurde.

Beim Pfeilermauerwerk kam den dargestellten Problemen besondere Bedeutung zu, und zwar um so mehr, je schlanker Pfeiler und Säulen dimensioniert waren. Hier erlangte ein gut funktionierender Verband seine größte Bedeutung. In der Textabbildung auf Seite 171 wurden solche Verbände unter dem Gesichtspunkt optimaler Werksteinherstellung betrachtet. Sie entsprechen auch in vollem Umfang den festigkeitstheoretisch begründeten Forderungen. Der an weiteren Pfeilern in Amiens festgestellte Verband (Textabb. S. 307 links) wirkte wegen der in keiner Lage überdeckten Pfeilermitte ungünstig. Wenn einige dieser Pfeiler um 1500 versagten und ausgewechselt werden mußten (vgl. S. 202 mit Anm. 217), so kann die Ursache tatsächlich in diesem Steinschnitt zu sehen sein. Die Pfeiler des Stephansdomes in Wien befanden sich wegen des ungünstigen Flächenverhältnisses von Werksteinumfassung und Füllmauerwerk ebenfalls in sehr schlechtem Zustand (Textabb. S. 307 rechts).

Die Standsicherheit und Tragfähigkeit einer Mauer oder eines Pfeilers stellt sich aus heutiger Sicht abhängig vom verarbeiteten Material, der gewählten Konstruktion und der aufgewendeten Sorgfalt beim Arbeiten dar. Solche Zusammenhänge mag der mittelalterliche Werkmeister geahnt haben. Im Falle eines Schadens konnte er jedoch Ursache und Wirkung nur sehr bedingt in Beziehung bringen. So ist erklärbar, warum viele Mauerwerksteile nach heutigen Maßstäben so stark über-, andere dagegen unterdimensioniert sind.

Exkurs 2: Zur Tragfähigkeit des Baugrundes

Ein Baugrund, er mag aus Fels, Kies oder Ton bestehen, zeigt bei Belastung ein ähnliches Verhalten wie das Mauerwerk: er verformt sich. Das sich einstellende Maß dieser Verformung, man nimmt sie am Bauwerk als »Setzung« wahr, ist abhängig von der Größe der Belastung, von der Art des Baugrundes und von der Standzeit des Bauwerkes. Infolge seiner großen Festigkeit und seiner hohen Elastizität tritt die Setzung bei Fels als Baugrund sehr schnell ein und liegt bei wenigen Millimetern, bei einem plastischen Ton kann der Zeitraum der Setzung Jahrhunderte währen und das Maß in der Größenordnung von Meterbeträgen liegen (man erinnere sich des Campanile in Pisa, vgl. S. 274–276, Abb. 185 und Textabb. S. 275). Die als Baugrund anstehenden Böden verursachen bei der Vielfalt möglicher Erscheinungen (letztlich abhängig von der geologischen Entstehungsgeschichte) Setzungen, die sich zwischen den genannten Extremen bewegen. Man weiß, daß sich im allgemeinen der Baugrund unter einem Bauwerk um so weniger verformt, je tiefer die Bauwerkssohle unter der Geländeoberkante liegt, weil er durch die darüberliegenden Erdschichten geologisch vorbelastet und dadurch verdichtet wurde. Daher gilt ein Bauwerk als um so sicherer gegründet, je tiefer die Fundamente in den Baugrund hineinreichen. Die Vielfalt geologischer Veränderungen im oberen Bereich der Erdrinde ließen unterschiedlichste Baugrundverhältnisse entstehen, durch die scheinbar gesichertes Erfahrungswissen häufig genug grundsätzlich in Frage gestellt wurde. Aus der Kenntnis von Bauwerkslast und Baugrundeigenschaft können heute die notwendigen Abmessungen, Formen und Konstruktionsweisen von Fundamenten exakt festgelegt werden.

Mittelalterlichen Werkmeistern waren derart vielfältige und schwer durchschaubare Erscheinungsweisen nicht faßbar. Erfahrungswissen, üblicherweise durch häufige Wiederholung gleicher oder ähnlicher Arbeitsgänge zu erwerben, konnte sich hier nicht einstellen. Wie sollte ein Werkmeister Erfahrungen sammeln können, wenn er infolge üblicher Bauzeiten bestenfalls zweimal in seinem Leben die Gelegenheit erhielt, den Bau eines Fundamentes zu leiten? Und wie sollte er Erfahrungen, womöglich auch von anderen Werkmeistern übernehmend, verallgemeinern können, wenn er nicht in der Lage war, Baugrundverhältnisse analysieren zu können?

Die besondere Gefahr einer zu flach angelegten Baugrubensohle bestand darin, daß nicht nur der Boden infolge nicht vorhanden gewesener geologischer Auflast bei Belastung stärker verdichtet wurde und dadurch große Bauwerkssetzungen eintraten, sondern darüber hinaus ein unmittelbar unter der Fundamentsohle besonders stark verdichteter Bodenbereich keilförmig wirkte und die weniger belasteten Bodenbereiche am Rande des Fundamentes seitlich wegzudrücken bestrebt war. Diese Erscheinung, im Bauwesen als »Grundbruch« bezeichnet, führte zu plötzlich auftretenden großen Setzungen und nicht selten zu Einstürzen.

Die Tragfähigkeit einer Baugrubensohle wurde geprüft, indem man versuchte, Holzpfähle einzuschlagen. Gelang dies nicht, war man zufrieden und begann mit dem Mauern. Ließen sich Holzpfähle eintreiben, so zog das die Konsequenz nach sich, solches auf der gesamten Baugrubensohle auszuführen. Wenn im modernen Bauwesen Pfahlgründungen ausgeführt werden, so geschieht das mit der Absicht, die Bauwerkslasten auf tragfähigere tieferliegende Bodenschichten zu übertragen. Die Wirkungsweise der mittelalterlichen Pfahlgründungen beruhte lediglich darauf, den Boden durch das Einschlagen der Pfähle zu verdichten und dadurch dessen Tragfähigkeit etwas zu erhöhen.

Exkurs 3: Der Gewölbebau

Betrachtet man den Bau eines Gewölbes, so durchdringen sich in besonders vielfältiger Weise handwerkliche, technologische, konstruktive und statische Gesichtspunkte. Der mittelalterliche Meister konnte die statische Wirkungsweise eines Gewölbes zwar intuitiv wahrnehmen, jedoch nicht analysieren. Im Text

Spannungsverhältnisse und Auflagerkräfte bei Balken und Bogen. Das Material des Balkens muß hohe Druck- und Zugspannungen aufnehmen können. Beim Bogen bedarf es nur der Druckfestigkeit. Daher gilt der Bogen und die daraus entwickelten flächigen Gewölbe als steintypische Konstruktion zur Überdeckung eines Freiraumes.

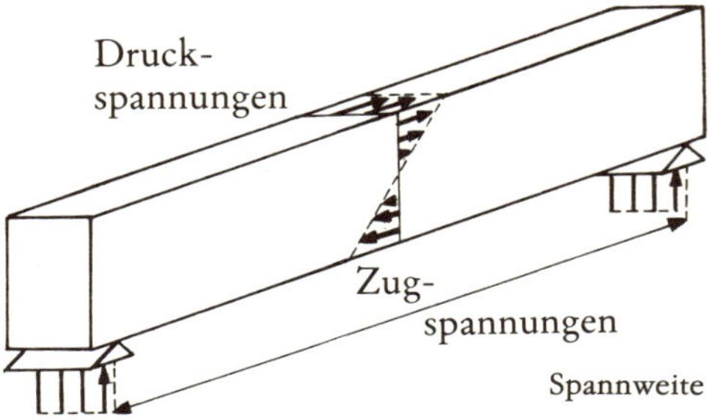

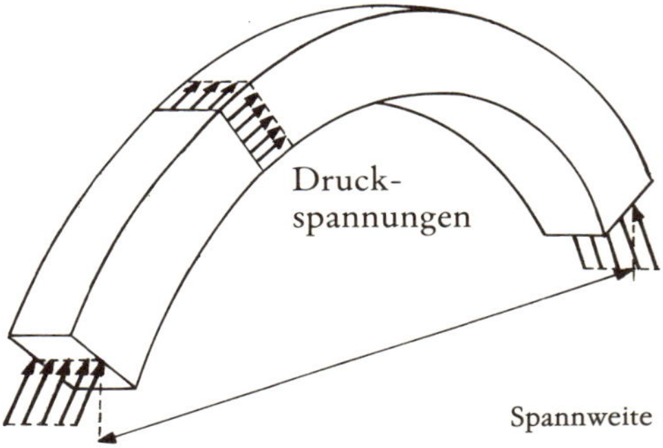

(S. 225 bis 245) wurden statische Probleme nur angedeutet, tieferes Eindringen in Details soll dieser Exkurs ermöglichen.

Das Gewölbe gilt deswegen als eine besonders stein- bzw. mauerwerkstypische Form der Raumabdeckung, weil in seinem Querschnitt keine oder nur geringe Zugspannungen auftreten (Textabb. oben). An seinen Auflagern verursacht das Gewölbe jedoch nicht nur vertikale, sondern auch horizontale Kraftkomponenten (Textabb. rechts). Für die Standsicherheit eines Gewölbes bestehen nur zwei Kriterien: Form und Stärke der Gewölbeschale müssen gewährleisten, daß die in ihr wirkende Kraftresultierende im Kerndrittel verläuft und dadurch keine Zugspannungen am Gewölberand erzeugt werden und die das Gewölbe stützende Konstruktion hinreichend stabil ist und sich unter Einwirkung der Gewölbeauflagerkräfte insbesondere horizontal möglichst wenig verformt.

Die in der Textabbildung auf Seite 230 dargestellte Stufen der Entwicklung des Gewölbebaues lassen erkennen, daß die Hauptsorge der Stabilisierung der weitergespannten Gewölbewiderlager des Mittelschiffes, also dem zweiten Kriterium, galt. Tatsächlich sind die beschriebenen Bauwerkseinstürze, sofern hinsichtlich

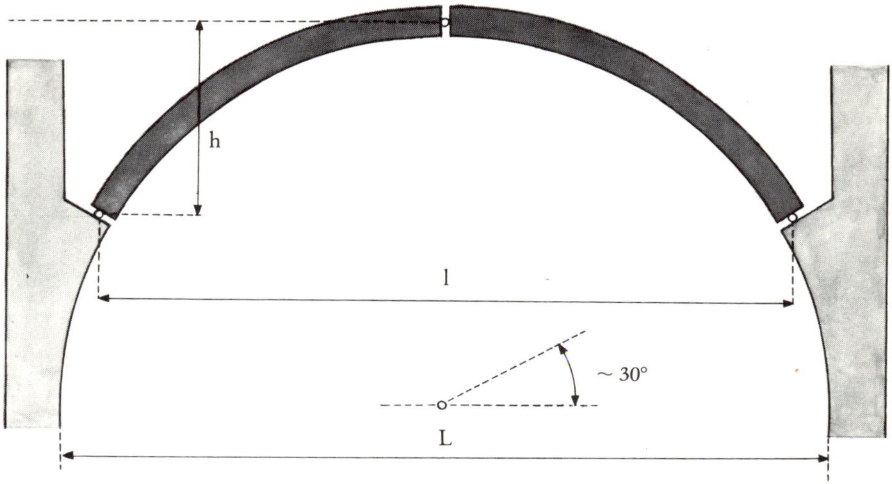

1

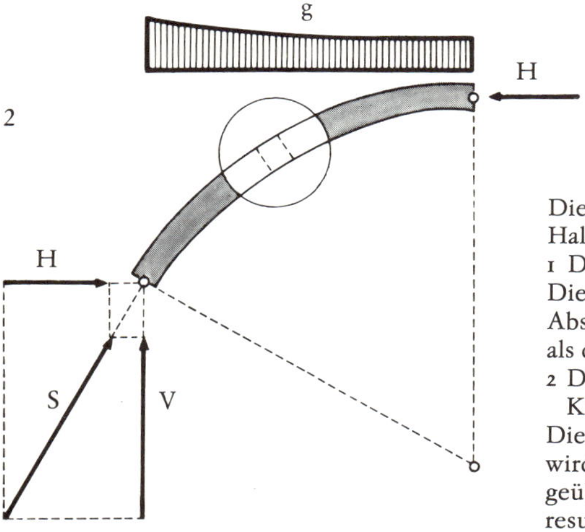

2

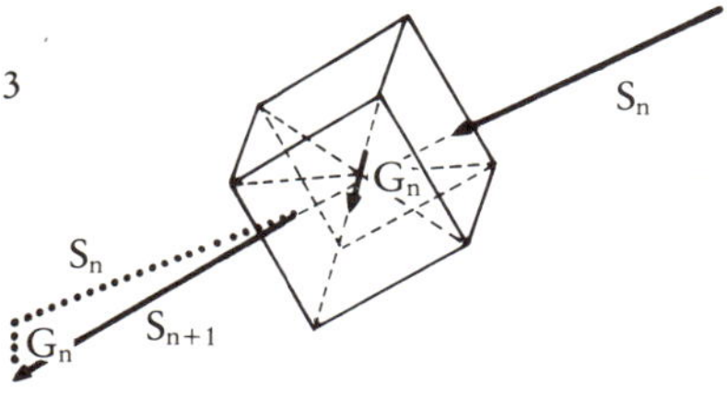

3

Die statischen Verhältnisse an einem Halbkreisbogen:

1 Die Geometrie des Bogens

Die Stützweite l des Gewölbes als Abstand der Widerlagergelenke ist kleiner als das lichte Raummaß L.

2 Die an einer Bogenhälfte wirkenden Kräfte

Die im Bogenscheitel wirkende Kraft H wird durch die andere Bogenhälfte ausgeübt. Aus dieser und der Bogenmasse g resultiert die Schubkraft, der die gleichgroße, aber entgegengesetzt wirkende Widerlagerkraft S widerstehen muß, wenn das Gewölbe standfest sein soll.

3 Die an einem Gewölbestein wirkenden Kräfte

Der Würfel könnte einen im Gewölbe vermauerten Stein darstellen. Auf ihn wirkt die vom Scheitel herkommende Kraft S_n. Diese ergibt nach vektorieller Addition mit der Eigenmasse G_n die Kraft S_{n+1}, die auf den nächsten Stein wirkt.

Die Wirkungsweise des Zugankers im Gewölbe. Der Bogenschub soll durch Anker aufgenommen werden. Die konstruktive Ausbildung der Verankerung blieb im Mittelalter immer ein Schwachpunkt.

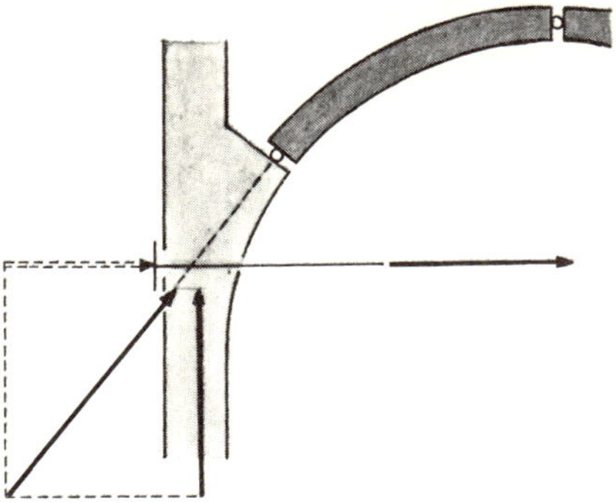

der Ursachen überhaupt rekonstruierbar, vorwiegend auf derartige horizontale Widerlagerverschiebungen zurückzuführen. Es lag nahe, Zuganker zu verwenden, um Gewölbe zu sichern (Textabb. oben).

Die Größe der von einem Gewölbe verursachten Horizontalkomponente am Widerlager läßt sich, vereinfachend auf das System eines Dreigelenkbogens bezogen, mit der Beziehung

$H = \frac{g \cdot l^2}{h}$ beschreiben.

Dabei bedeuten:
H = Horizontalkomponente der Gewölbeauflagerkraft
g = Eigenmasse des Gewölbemauerwerkes
l = Spannweite des eigentlichen Gewölbes, also ohne den Bereich, den überkragende Schichten überdecken
h = Bogenstich
(alle Bezeichnungen sind in der Textabbildung auf Seite 295 eingetragen).

Diese den mittelalterlichen Werkmeistern nicht bekannte Beziehung nutzten sie intuitiv: Sie bemühten sich, die Gewölbe leichter (also dünner oder aus leichterem Material) herzustellen, und sie erkannten (vielleicht), daß das spitzbogige Gewölbe infolge größeren Bogenstiches weniger gefährliche Horizontalkräfte verursachte (Textabb. S. 313).

Die Beziehung läßt aber auch erkennen, in welch großem Maße das Wagnis tatsächlich mit der zu überwölbenden Raumbreite zunahm. Ein erster Nachweis, das Problem des Bogenschubes experimentell zu untersuchen, ist von Leonardo da Vinci überliefert (Abb. 197). Sowohl Versuchsaufbau als auch ausgewählte Varianten lassen erkennen, daß er beeinflussende Parameter suchte.

Die horizontal wirkende Kraftkomponente am Gewölbewiderlager wurde hinsichtlich des insgesamt zu betrachtenden Bauwerkes um so bedeutsamer, je höher das Gewölbe im Bauwerk angeordnet war. Eine sich aus Horizontalkomponente der Gewölbekraft und Vertikalkraft des gesamten Mauerwerks zusammensetzende Resultierende wirkte mit zunehmender Höhe des Gewölbes um so weiter außerhalb des Mauerwerks- und Fundamentschwerpunktes und verursachte Mauerwerksverformungen (Abb. 198), ungleichmäßige Bodenpressung, Bodensetzung und damit Neigung der Wand (vgl. Textabb. S. 237). Insofern nahm das Risiko gefährdeter Standsicherheit eines mit Gewölbe versehenen Gebäudes um so mehr zu, je größer die zu überspannende Weite der Räume und je höher die Gewölbe angeordnet waren.

Standen bei den bisherigen Ausführungen der Gewölbeschub und dessen Ableitung in Fundament und Baugrund im Blickfeld, so müßte noch die Bogenform des Gewölbes Erwähnung finden. Für den Gewölbequerschnitt galt aus römischer Tradition der Halbkreis als Norm, nach Aufkommen des Spitzbogens der Kreisbogenabschnitt. Diskussionen darüber, ob diese Formen zweckmäßig oder durch bessere zu ersetzen seien, gingen mit dem Beginn wissenschaftlicher Durchdringung des Tragverhaltens von Gewölben einher und fanden wohl ehestens seit dem 17. Jahrhundert statt. Mit Polenis Wirken (vgl. Abb. 195) wurde diese Thematik angedeutet, sie sei in diesem Zusammenhang nicht weiter verfolgt.

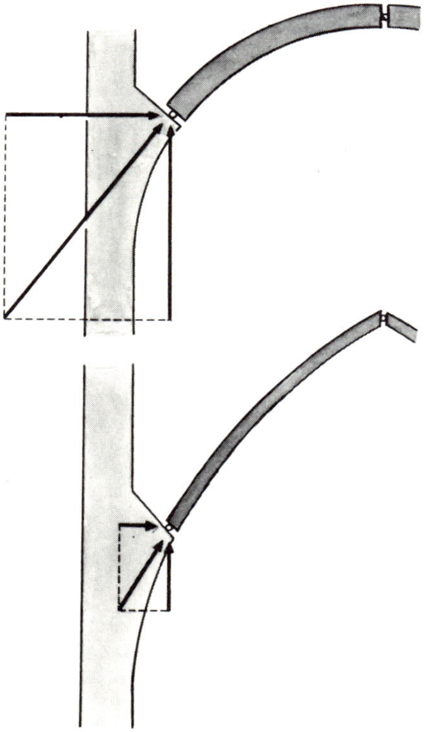

Der Einfluß der Gewölbeform auf die Schubkraft. Infolge geringerer Baumassen und steilerer Kraftrichtung beim gotischen Gewölbe nimmt die Schubkraft ab. Wegen des zumeist viel höheren Kraftangriffes bei gotischen Bauten blieb die Schubkraft trotzdem immer eine kritische Größe.

Exkurs 4: Zur Standsicherheit der Kirchengebäude

Wenngleich es nützlich erschien, technische und handwerkliche Details des Kirchenbaues von der Spätantike bis zum ausgehenden Mittelalter und darüber hinaus nach Tätigkeitsbereichen oder Bauwerksteilen zu betrachten, so barg solches Vorgehen die Gefahr in sich, den Blick für das Bauwerk als Ganzes zu verlieren. Hierzu seien wenige Ergänzungen angedeutet, die aus heutigem Wissen erklären lassen, warum in der Vergangenheit Schäden an Gebäuden eintraten. Man darf davon ausgehen, daß die Werkmeister jeden bekanntgewordenen Bauwerksschaden auszuwerten suchten. Wenn auch fraglich bleibt, ob sie in jedem einzelnen Fall die wirkenden Ursachen erkennen konnten und auch die richtigen Schlußfolgerungen zogen, so läßt sich in der Gesamtheit der Entwicklung zwischen den Bauten der Spätantike und der Gotik das Bemühen um bessere räumliche Aussteifung des Gesamtbauwerkes erkennen.

Die in später Antike entstandenen Kirchen waren zumeist Säulenbasiliken. Die großen Baukörper lagerten, von außen betrachtet, breit und wuchtig und ließen keinen Zweifel an ihrer Standsicherheit aufkommen: Der Raumeindruck innen war prächtig (vgl. Abb. 84) und schloß solche Überlegungen aus. Projiziert man in eines dieser Bauwerke ein statisches System, so wird leicht erkennbar, wie gering das Bauwerk in Quer- und Längsrichtung gegen Verschiebung (d. h. Schiefstellung von Gebäudeteilen, Rißbildungen und letztlich Einsturz) gesichert war. Das Bild von der am 15. Juli 1873 durch Brand zerstörten Kirche San Paolo fuori le mura in Rom verdeutlicht diese Labilität recht augenscheinlich (Abb. 199).

Die sich aus den Bemühungen um den Gewölbebau ergebenden Konsequenzen für das gesamte Bauwerk (vgl. S. 228 ff. und Textabb. S. 230) sind in gleichem Maße hinsichtlich der Stabilisierung des Baukörpers zu deuten. Dabei wirkte das Gewölbe selbst nicht nur nachteilhaft auf das Bauwerk, weil es Horizontalkräfte erzeugte, sondern auch vorteilhaft, weil es die vertikalen Bauteile (Wände, Säulen, Pfeiler) horizontal miteinander verband und verspannte. So konnte das Bauwerk horizontalen Kräften von außen – ein Teil der überlieferten Kircheneinstürze waren von Stürmen begleitet – viel besser widerstehen.

Die Kirche der französischen Gotik im 13. Jahrhundert ist konstruktiv so durchgebildet, daß jeglicher Ort in Bauwerk gegen horizontale Verschiebungen in Längs- und Querrichtung gesichert ist (Textabb. rechts). Die kräftigen quergestellten Strebepfeiler stabilisieren das Bauwerk in Querrichtung, die Strebepfeiler des Chorpolygons und die massiven Westtürme geben den Pfeilerreihen in Längsrichtung sicheren Halt, und die Gewölbe wirken horizontal aussteifend. Nicht von ungefähr wurden beim Langhausbau fast immer die Westtürme im voraus oder gleichzeitig bis zur Schiffhöhe aufgeführt. Es wird sich kaum feststellen lassen, mit welchem Grad bewußter Zielsicherheit der mittelalterliche Werkmeister diese statischen Gesichtspunkte in seine Planung hat einfließen lassen: in Leonardos Planung für die Ausführung der Vierungskuppel beim Mailänder Dom ist solches statisches Denken zwar noch nicht durch Zahlenrechnung realisiert, aber konstruktiv zweifelsfrei dokumentiert (Abb. 200).

Räumlicher Aussteifung bedurften die Teile eines Bauwerkes nicht erst zum Zeitpunkt dessen Fertigstellung, viel größere Bedeutung besaß solche während aller Phasen der Bauausführung. Als besonders kritisch muß jener Bauzustand empfunden worden sein, wenn ein Seitenschiffgewölbe eingebaut wurde, bevor die Mittelschiffwände zu endgültiger Höhe aufgeführt und durch die Deckenbalken des Dachstuhles verbunden waren. In dieser Phase hielten es die Meister für

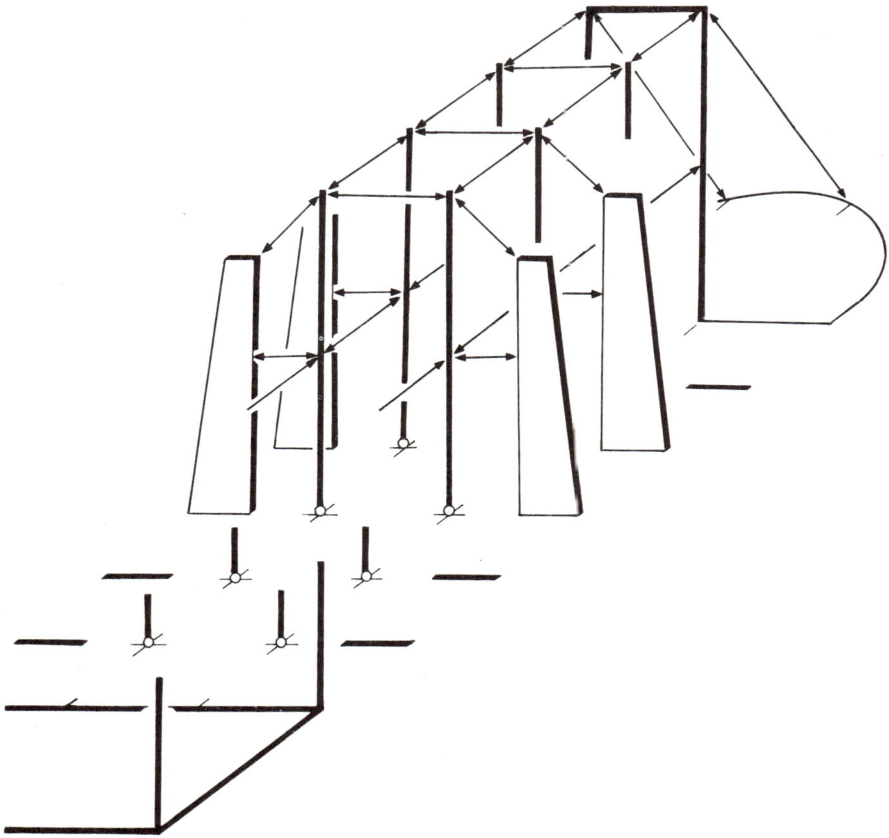

Das statische System des Kölner Domes nach Segger. Die Abbildung verdeutlicht das Tragsystem eines gotischen Kirchenbaues mit Strebepfeilern. Die Stabilität des Systems ist in Längs- wie in Querrichtung gleichermaßen gut gewährleistet.

notwendig, die Mittelschiffsäulen bzw. Mittelschiffpfeiler durch Holzbalken gegeneinander und zur Seitenschiffwand zu verankern – man sollte besser »stabilisieren« sagen. In der Kathedrale von Amiens wurden solche Holzbalken nach Fertigstellung beseitigt (Abb. 201), die beim Aufmauern der Arkadenbögen verbliebenen Öffnungen, unmittelbar oberhalb der Pfeilerkapitelle, sind am Bauwerk noch heute zu erkennen.

Es bedurfte der Mitwirkung vieler Helfer und Helferinnen, um die Idee von einer Geschichte mittelalterlichen Bauens zum Manuskript reifen zu lassen. Elisabeth Hütter und Reiner Frenzel ermutigten mich, diese Arbeit nach langen Bedenken doch in Angriff zu nehmen. Eine technikhistorische Lehre durfte ich bei Gisela Buchheim, Rolf Sonnemann und Thomas Hänseroth absolvieren. Ernst Badstübner gab Hinweise zu architekturhistorischen Details und Zusammenhängen, und Klaus Mertens unterzog sich der Mühe, ordnend in das Manuskript einzugreifen. Der Sisyphusarbeit, die Bilder zu beschaffen, unterzog sich Angelika Böttcher mit großem Eifer, Bernd Kruhl gestaltete das Material sehr einfühlsam, und Peter Brüx zeichnete wissenschaftlich exakt zum nun vorliegenden Buch. Die Verlagsleitung ermöglichte die gediegene Ausstattung. Schreibarbeiten erledigte meine Frau Hella. Sie und unsere Kinder brachten viel Geduld mit dem Vater auf. Allen, auch den hier nicht benannten Helfern, sei von Herzen gedankt.

Die Zusammenarbeit von Architekturhistorikern und Technikhistorikern erwies sich als nutzbringend und gestaltete sich dann besonders erkenntnisträchtig, wenn unterschiedliche Auffassungen und Meinungen aufeinanderprallten. Sollten Aussagen oder Deutungen des behandelten Stoffes vor der Kritik des Lesers nicht bestehen können, so trage ich dafür allein die Verantwortung. Kritische und weiterführende Hinweise nehme ich gern entgegen.

Dresden, im Januar 1990 Dietrich Conrad

Anmerkungen

1 Kultermann sieht, von Vorstufen abgesehen, in Vasaris Künstlerbiografien den Beginn kunstwissenschaftlicher Betrachtungen.

2 Goethe veröffentlichte seine Schrift »Von deutscher Baukunst« im Jahre 1772 anonym als Protest gegen die Ausführungen zum Terminus »Gotik« in J. G. Sulzers Lexikon »Allgemeine Theorie der schönen Künste«. Vgl. hierzu Liess u. a.

3 Diese Begriffe wurden von Jantzen geprägt.

4 Sedlmayr brachte diese Gleichrangigkeit in einer Fußnote des Anhangs I (S. 513) zum Ausdruck. Er reduzierte die »technischen Probleme« jedoch auf die statische Wirkung von Gewölbeformen und Gewölberippen. Damit schränkte er den Komplex möglicher und notwendiger Betrachtungen ein. In jüngeren Arbeiten finden bautechnische und baukonstruktive Gesichtspunkte zunehmende Beachtung.

5 Die Aufzählung in dieser Reihenfolge ist schon bei Vitruv (I. Buch,3,2) zu finden. Auch v. Simson (S. 1) stellt sie so an den Beginn seiner grundlegenden Betrachtungen.

6 Viollet-le-Ducs Herangehensweise fand Nachahmung. Durm ermahnte jüngere Fachkollegen im Jahre 1887, »auch der constructiven Seite der Bauwerke größere Aufmerksamkeit zuzuwenden und endlich einmal vom Bilderchen-machen oder ausschließlichen Decorationsstudien in etwas abzusehen«.

7 Von den im Literaturverzeichnis genannten Arbeiten sei hier insbesondere auf die Arbeiten von Booz, Fitchen, Kimpel und Segger zu Konstruktion und Technologie, von Binding, Du Colombier, Gerstenberg und Schöller (1987) zu zeitgenössischen Bauszenen, von Cowan, Grote, Harvey, Meckseper und Ricken zum Berufsbild des Architekten, von Koepf, Pause und Sellenriek zu alten Zeichnungen und von Binding und Warnke zu wirtschaftlichen Problemen des Bauens hingewiesen. Monografien zu ausgezeichneten Kirchenbauwerken oder Bauwerksgruppen, so z. B. Kimpel/Suckale über die Bauten der französischen Gotik aus der Zeit von 1130 bis 1270, v. Winterfeld über den Dom zu Bamberg, Kubach/Haas über den Dom zu Speyer und Voigtländer über die Stiftskirche zu Gernrode berücksichtigten die unterschiedlichen Gesichtspunkte summarisch. Beispiele zum Einsatz moderner Technik bei der Erhaltung dieser alten Bauten beschrieben Pieper und Wenzel.

8 Zunehmender Wissensstand hat jene Phase »finsteren Mittelalters« aufhellen lassen. Zur Entwicklung der Architektur vom 4. Jahrhundert bis in die Zeit der Karolinger vgl. Effenberger und Schwarz mit umfangreichem Literaturverzeichnis.

9 Noch zu Lebzeiten Kaiser Konstantins I. (gest. 337) ist für Trier die Schenkung eines Palastes aus kaiserlichem Besitz als Bischofskirche überliefert. Bereits das Osterfest 346 feierte die Gemeinde in einer noch nicht fertiggestellten Kirche. Vgl. hierzu Oswald und Schindler.

10 Zitat nach Schönberger. Zum Thema auch Borger und Doppelfeld mit Hinweisen auf zahlreiche Quellen.

11 Ahrens schließt vom herausgehobenen Zweck der Bauten auf »jeweils qualitativ höherstehenden Stand der Zimmermannkunst«.

12 Die Begriffe sind von Zimmermann mit »Holzkirche« und »Kirche aus vertäfeltem Holz« übersetzt. Neuester Stand der Sammlung und Interpretation von Funden bei Ahrens.

13 Vgl. hierzu Arbeiten von Binding (1970), Fehring, Sage und Zippelius. Die Lebensdauer eines Pfostenbaues beträgt etwa 20 Jahre, die eines Schwellenständerbaues auf Steinsockel rund 200 Jahre. Diese Zeitspannen können auf Grund örtlicher Gegebenheiten und konstruktiver Details in sehr großen Bereichen schwanken.

14 Die Entwicklung der großen mittelalterlichen Dachkonstruktionen wird sowohl auf das römische Hängewerksdach als auch auf das germanische Sparrendach zurückgeführt.

15 Ahrens sieht diese Kirchenbauten als »ein wichtiges, aber weitgehend unbekanntes Kapitel europäischer Bau- und Architekturentwicklung« und spannt den Zeitraum, in dem diese Bauweise vorherrschte, vom Beginn der Christianisierung in römischen Provinzen Galliens bis nach Lappland über eineinhalb Jahrtausend.

16 Auf diesbezügliche Schriftquellen und deren Auswertungen wird in Abschnitt Zur Motivation der Bauherren einzugehen sein.

17 Vgl. Schwarz (1984) S. 67 und 170

18 Fakten und Zitate bei Engel, Herrmann und Schuchhardt. Die Bemerkung Ebbos ist um so bedeutsamer, als er den kaiserlichen Bau des Domes von Speyer gekannt hat.

19 Diese Entwicklung wird von Ahrens S. 92–94 und 207 unter Bezug auf Fehring für möglich gehalten, wenngleich der Fund eines solchen Mauerwerksgrundrisses unter dem Bonner Münster schon um 400 u. Z. zu datieren ist.

20 Die Bauwerke im deutschsprachigen Raum stellten Oswald u. a. zusammen, im französischsprachigen Raum sind sie im »Fichier Préroman« unter Betreuung der École des Hautes Études, Paris, erfaßt.

21 Vgl. hierzu Boeckelmann S. 40

22 Als bedeutendstes Beispiel sei die Kirche St. Irminen in Trier angeführt, die unter Nutzung des Mauerwerkes großer spätrömischer Getreidespeicher entstand. Auch in Carnuntum (bei Petronell in Niederösterreich) entstand Ende des 4. Jahrhunderts eine Kirche unter Nutzung von Bauteilen des dortigen Amphitheaters.

23 Vgl. hierzu die Beschreibungen der Bauten Ravennas von Deichmann (1974)

24 Auf die Forschungsarbeiten Kimpels und Suckales, die die Entwicklung des Mauerwerksbaues bis hin zur seriellen Fertigung der Werksteine an Bauwerken der französischen Architektur, die in der Zeit zwischen 1130 und 1270 entstanden, beschreiben, wird im Abschnitt Der Mauerwerksbau hingewiesen.

25 Weitere Ausführungen zu Vitruvs Werk im Abschnitt Bauhandwerk und Bautechnik. Zur Bedeutung seiner Bücher im Mittelalter nahmen Klemm, H. Koch, Reinle und Roggenkamp Stellung. Bei Erwähnungen und Zitaten Vitruvs wird auf die Ausgabe von Fensterbusch Bezug genommen.

26 Auf die alttestamentlichen Berichte wird auf den Seiten 33/34 u. 79/80 eingegangen.

27 Abb. 21 ist bei Mazal abgebildet und kommentiert. Es bleibt offen, ob solch eine Zeichnung schon am Wallfahrtsort oder nach Rückkehr auf der Grundlage des Reiseberichtes angefertigt wurde.

28 Der Terminus »Mittelalter« sei für den Zeitraum von Anfang des 6. Jahrhunderts bis zum Ende des 15. Jahrhunderts fixiert. Die Schwierigkeit, ein ganzes Jahrtausend pauschal mit diesem Begriff zu kennzeichnen, ist bekannt. Dem Beispiel Cipollas folgend, werden jeweilige Entwicklungslinien zweckmäßigerweise auch erst mit und nach der Jahrtausendwende beginnend dargelegt.

29 Vgl. hierzu Hausherr

30 Die Stätten frühchristlicher Versammlungen vor dem Toleranzedikt sind u. a. bei Effenberger und Kähler beschrieben.

31 Zitat nach Deichmann (1948) S. 37

32 Vgl. hierzu Giese, der Viten und Gesta unter Fixierung idealisierender Ausagen auf tatsächliche Bauaktivitäten von Bischöfen und Äbten hin untersuchte.

33 Fakten und Zitate entstammen, wenn nicht anders gekennzeichnet, der Analyse von Warnke.

34 Vgl. hierzu Ahrens S. 1 und 60

35 Aus der Fülle von Würdigungen der Baukunst der Reformorden, insbesondere der Zisterzienser, sei auf Badstübner (1980), Binding/Untermann, Braunfels, Hahn und Sauer verwiesen.

36 Zitate nach Warnke S. 20 und Reinle S. 228

37 Nach 270 Jahren war der erste Bauabschnitt, das Langhaus, vollendet. Die weiteren geplanten Abschnitte, die kuppelbekrönte Vierung, die Querarme und der Chor, wurden nicht errichtet. Die Langhausfassade blieb unvollendet. Zur Baugeschichte unter besonderer Erwähnung der planerischen Probleme vgl. Hecht (1969–1972).
38 Ein diesbezügliches Gedicht zitiert Entz S. 71.
39 Zitat nach Braunfels S. 302 bis 304
40 Zitat nach Jantzen S. 213 unter Bezug auf Gall
41 Weyres erwähnt die Absicht zum Bau eines neuen Domes im Zusammenhang mit dem Erwerb der Reliquien der Heiligen Drei Könige im Jahre 1164.
42 Vgl. hierzu Gloede S. 30, zum Magdeburger Dom, wo ähnlich argumentiert wurde, vgl. E. Schubert (1984)
43 Diesbezügliche Angaben bei v. Simson S. 327 und Meyer-Barkhausen S. 115
44 Zur Wirtschaftsgeschichte des Mittelalters vgl. Cipolla u. a.
45 Vgl. hierzu Möbius S. 17
46 Vgl. hierzu Gurjewitsch
47 Zitat bei Möbius S. 29
48 Zitat bei v. Simson S. 228
49 Zum Ablaßwesen vgl. die Arbeiten von Dibelius, Frommel, Pickarek und Warnke.
50 Zitat nach Pickarek S. 91
51 Zitat nach Warnke S. 67
52 Vgl. Swaan, S. 73
53 In einer von Kimpel/Suckale S. 223f. dargelegten Analyse sind die Bauzeiten französischer und englischer Kirchenbauten im 13. Jahrhundert in Abhängigkeit von politischen Verhältnissen, der Wirtschaftskraft der Bauherren und der Produktionstechnik dargestellt.
54 Zu den Besonderheiten der Turmbauten vgl. Abschnitt Die Kirchentürme.
55 Vgl. Anm. 37
56 Badstübner (1984) S. 215 vermutet landespolitische Gründe für diese Klosterverlegung.
57 Die zeitgenössischen Bezeichnungen und Tätigkeitsbereiche sind u. a. von Binding (1972 und 1974) und von Schock-Werner gesammelt worden.
58 Eine Zusammenstellung erhaltener Rechnungsbücher bei Schock-Werner
59 Im sich die Haare raufenden Manne rechts im Bilde 34 wird man den Bauverwalter sehen dürfen, der infolge leerer Kasse keine Löhne zahlen kann.
60 Einer jener Bauverwalter, dessen Tätigkeitsbezeichnung in der Forschung Unklarheit über das Arbeitsgebiet aufkommen ließ, ist Bischof Otto I. von Bamberg. Er bekam dieses Amt beim Bau des Domes zu Speyer von Kaiser Heinrich IV. im Jahre 1097, also fünf Jahre vor seiner Einsetzung in das Bischofsamt, übertragen. Vgl. hierzu Bender und Giese
61 Auf die Bedeutung der Klöster für das Bildungswesen wurde bereits Seite 33 hingewiesen. Die Bildungsmöglichkeiten in vorgotischer Zeit erwähnten u. a. Giese, Reinle, Roggenkamp und v. Simson.
62 Vgl. hierzu Perger
63 Neben monographischen Arbeiten zu einzelnen Werkmeistern sei auf die Publikationen von Binding (1978 und 1985), Booz, Bucher, Claussen, Cowan, Du Colombier, Gerstenberg, Grote, Harvey, Jüttner und Ricken verwiesen, in denen dieser Berufsstand über größere Zeiträume oder hinsichtlich größerer Territorien betrachtet wurde.
64 Besonders anschaulich beschreibt Vitruv die Stellung und das gesellschaftliche Ansehen, aber auch tadelnswerte Eigenschaften in den Vorreden zu den Büchern VI und VII.
65 Zitat nach Vitruv (I,1,3). Besonders interessant sind die dem Zitat folgenden Ausführungen, mit denen Vitruv die Notwendigkeit der Wissensgebiete begründet.

66 Vgl. Koch S. 13 und Ricken S. 25
67 Claussen sammelte und klassifizierte eine Vielzahl von Signaturen aus dem 12. und 13. Jahrhundert, an italienischen Kirchen angebracht, die zum Teil als Bildhauersignaturen bezeichnet werden könnten und denen die Goslarer Kennzeichnung nahekommt.
68 Neben den Arbeiten von Bender und Böker ist hierzu vor allem die von Giese bedeutsam.
69 Vgl. Anm. 61
70 Zitat nach Giese S. 397
71 Auf derartige Texte wiesen Reinle, Warnke und Zimmermann hin.
72 Vgl. hierzu Ricken S. 28
73 Der Terminus »Bauhütte« umfaßt wirtschaftliche, organisatorische, soziale, technische und baukünstlerische Aspekte mittelalterlichen, vor allem gotischen Kirchenbaues. Entgegen üblichem Brauch wurde dieser Stoff nicht summarisch in einem Kapitel dargestellt, sondern auf die Abschnitte der hier gewählten Gliederung aufgeteilt.
74 Vgl. Hahnloser. Das jüngst erschienene Werk von Erlande-Brandenburg stand bei der Manuskriptbearbeitung nicht zur Verfügung. Der allgemeinen Auffassung, in Villard einen bedeutenden französischen Werkmeister des 13. Jahrhunderts sehen zu können, widersprachen Kimpel/Suckale S. 366.
75 Vgl. Gerevich
76 Vgl. Carstanjen
77 Die Hütten- und Steinmetzordnungen des 15. und 16. Jahrhunderts finden im Abschnitt Die mittelalterlichen Bauarbeiter Erwähnung.
78 Zum Sammeln, Erweitern, Anwenden und ggf. Verallgemeinern technischen Wissens durch den Werkmeister folgen Ausführungen im Kapitel Kirchenbau und Technikwissenschaften.
79 Vgl. Anm. 67
80 Bedeutung und Tradition der Labyrinthe in französischen Kathedralen sind u. a. bei Viollet-le-Duc, Bd. 1, S. 109, und bei Kimpel/Suckale S. 31, aber auch in einschlägigen Lexika erläutert.
81 Herrn W. Hofrat Dr. Pferschy, Steiermärkisches Landesarchiv, Graz, verdanke ich den Hinweis, daß die Bildwiedergabe im Reallexikon zur deutschen Kunstgeschichte, Bd. II, S. 30 eine das Original verfälschende Fotomontage ist.
82 Vgl. hierzu Perger
83 Berücksichtigt man, daß Werkmeister u. U. für Wohnung und Kost der Lehrlinge und Meisteranwärter aufzukommen hatten, erscheint die Höhe der Zuwendungen realistisch. Vgl. hierzu u. a. Schock-Werner
84 Vgl. hierzu Lemper S. 44
85 Vgl. hierzu Schmidt
86 Villard beschrieb z. B. ein Uhrwerk, welches eine Engelsfigur so um eine senkrechte Achse dreht, daß deren ausgestreckter Arm immer in Richtung der Sonne zeigt, sowie die Nachbildung eines Adlers, dessen Kopf sich dem Diakon zuwendet, der das Evangelium liest.
87 Zitat und Deutung bei Warnke und ähnlich bei Reinle; anders nuancierte Deutungen bei Aubert, Du Colombier und Swaan.
88 Vgl. hierzu Lemper S. 44 und Fehr S. 20f. Die Institutionalisierung von Stadt- und Hofbauämtern erfolgte im 16. Jahrhundert.
89 Vgl. hierzu Heydenreich über Leonardo da Vincis Sakralbaustudien
90 Die Literatur zu Persönlichkeiten der italienischen Renaissance ist sehr umfangreich. Unter dem Gesichtspunkt einer Würdigung der handwerklich-technischen Leistungen in dieser Zeit sei auf Klemm verwiesen.

91 Vgl. hierzu Erpel S. 116
92 Vgl. hierzu Kuns und Pause mit zahlreichen Literaturhinweisen
93 Die Arbeiten über den Plan von Sankt Gallen sind sehr zahlreich. Eine zusammenfassende Wertung stammt von Hecht (1983).
94 Die These formulierte Branner, und Binding (1986), Kimpel/Suckale und Pause folgten ihr.
95 Quellen zum Vorkommen von Bauzeichnungen in alten Kulturen sind bei Haselberger, Pause, Ricken, Sellenriek und im Bericht vom Kolloquium »Bauplanung und Bautheorie in der Antike« zusammengefaßt. Vitruvs Erwähnung der Zeichnungstypen befindet sich in I,2,2.
96 Zitat nach Überwasser S. 45
97 Vitruv berichtete bereits im ersten und siebenten Buch, daß Zeichnungen vom Typ »scaenographia« nach den Regeln der Zentralperspektive konstruiert wurden. Analysen spätantiker Architekturdarstellungen bestätigten diese Aussagen (vgl. Schnyder). Dieses Wissen scheint im 5. Jahrhundert verlorengegangen zu sein und fand erst im Mittelalter seit 1344 wieder Anwendung.
98 Die Beispiele sind bei Braunfels S. 52, und Kletzl S. 120 f. beschrieben.
99 Hierzu Feldhaus (1967), Nedoluha und Kuns
100 Vgl. Carstanjen und Schock-Werner
101 Vgl. Koepf
102 Den wohl bedeutendsten Anteil bei der Erarbeitung von Methoden, die Zeichnungen verständlicher werden zu lassen, leistete Hecht mit einer Reihe von Arbeiten. Dabei analysierte er widersprüchliche Aussagen vieler Autoren.
103 Vgl. hierzu Wolff (1969)
104 Hinweise u. a. bei Bandmann, Schäfke und Schwarz. Beseler wies auf einen detaillierten Bericht hin, den Karl der Große um 808 von der Jerusalemer Grabeskirche erhielt.
105 Weisheit Salomonis 11,21. Als Bestandteil der Apokryphen befindet sich dieser Text nicht in allen Bibelausgaben.
106 Diese Bedeutung von Zahlen und Zahlenreihen für die Proportionierung von Bauwerken hat ältere Wurzeln (vgl. hierzu Ziegler). Man übernahm Vitruvs Deutung von Zahlen in ihren Bezügen zum menschlichen Körper (III,1,2). Im Hinblick auf die im romanischen Baustil errichtete Michaeliskirche in Hildesheim ist Roggenkamp (S. 121 f.) in die aus antiker Überlieferung abgeleitete Zahlenlehre des Boethius (ca. 480–524) eingedrungen und glaubt, Bezüge zwischen ausgezeichneten Zahlenreihen und Baumaßen feststellen zu können. Für die Bauten der französischen Gotik hat v. Simson (S. 36 ff.) dieses Thema im Hinblick auf die besondere Rolle der Klosterschule von Chartres und die Verquickung von Theologie, Kosmologie und Geometrie dargelegt.
107 Die Aufzeichnungen von Werkmeistern wurden von Hahnloser, Hagendorf, Pauken, Rathe, Seeliger-Zeiss, Weber u. a. beschrieben, herausgegeben und klassifiziert, die von Roriczer und Schmuttermayer erschienen Ende des 15. Jahrhunderts bereits gedruckt.
108 Vgl. Lechler S. 133 f. Lechlers »Unterweisungen« wurden von Seeliger-Zeiss und Shelby/Mark analysiert.
109 Hecht (1969–1972) setzte sich mit den Interpretationen von »Quadratur« und »Triangulatur« auseinander und stellte die Kette historischer Irrtümer zu diesen angeblichen Proportionierungsmethoden dar. Auch stellte er jenes vielbemühte Zitat in den Zusammenhang (S. 160). Übersetzung des Ausspruchs nach Hecht, vgl. auch Kimpel/Suckale S. 44
110 Mojon stellte Bauwerksmaße und Idealmaße gegenüber. Die Fehler sind bei der Ableitung anderer Raum-Licht-Maße klein, dagegen bei der Fixierung von Mauerwerksabmessungen unverhältnismäßig groß und stellten damit die konsequente Anwendung der »Quadratur« in Frage.

111 Vgl. hierzu Sellenriek S. 101f. Dürers Buch erschien 1525 in Nürnberg.
112 Vgl. hierzu Kimpel/Suckale (S. 227), Kreusch (1974) und Schöller (1980)
113 Keine Regel ohne Ausnahme: Am Südturm des Stephansdomes in Wien wurde vermutlich auf Grund einer Planänderung des neu berufenen Werkmeisters Peter von Prachatitz im Jahre 1407 ein bereits fertiggestellter Turmabschnitt wieder abgerissen. Hierzu Zykan
114 Die Arbeiten von Borger und Doppelfeld betrachten den Zeitraum von Spätantike bis Mittelalter und bieten quellenkundlich belegte Ansätze und weiterführende Literatur.
115 Vgl. hierzu Busink
116 Vgl. hierzu Hofmann
117 Die Ausführungen von Groten sind besonders instruktiv, weil hier das Archivmaterial grafisch aufbereitet wurde.
118 Vgl. hierzu Jüttner S. 29
119 Zitat nach Swaan. Zum Problem der Löhne und der sozialen Stellung der Bauarbeiter sei auf die Arbeiten von Binding (1985), Schock-Werner und Wilkes und Rotthoff bei Bader hingewiesen.
120 Vgl. hierzu Roeck unter Hinweis auf weitere Quellen
121 Vgl. hierzu Swaan
122 Siehe Anm. 35. Den Bildzyklus von zehn Federzeichnungen, dem Abb. 74 angehört, erläuterten Derwein und Roth.
123 Vgl. hierzu Mettler, Möbius und Werner
124 Drei dieser Berichte sind bei Ullmann wiedergegeben. Weitere Interpretationen und Zitate befinden sich bei Aubert, Jantzen, Röder und Sedlmayr.
125 Aus der Fülle erläuternder Beiträge sei auf Fehr, Lemper, Schock-Werner und Warnke verwiesen. Vgl. hierzu auch Anm. 73
126 Zur Bedeutung der serienmäßigen Vorfertigung folgen im Abschnitt Die Steinbearbeitung Ausführungen in handwerklich-technologischer Sicht, denen die Arbeiten von Kimpel und Kimpel/Suckale (S. 225–227) zugrunde liegen.
127 Vgl. hierzu Dietheuer
128 In der Literatur werden die Begriffe für Hüttenordnung und Steinmetzordnung nicht streng getrennt. Eine Hüttenordnung bezieht sich auf einen konkreten Bauplatz und auf alle dort Tätigen, eine Steinmetzordnung nur auf diesen Beruf, hat aber für ein größeres Territorium Gültigkeit. Einzelne Hüttenordnungen gewannen überregionale Bedeutung.
129 Zum Leben und Schaffen Pilgrams vgl. Oettinger. Die Freiburger Wasserspeier beschrieben Baumgarten und Schmitt.
130 Vgl. Derwein und Roth
131 Die Predigt des Eusebius ist von Kähler wiedergegeben und interpretiert. Sauer faßte die symbolischen Deutungen zusammen.
132 Diese Tendenz ist unabhängig von der weltanschaulich-historischen Herangehensweise der Autoren allgemein feststellbar.
133 Vgl. White jr., daraus auch das folgende Zitat (S. 109). Siehe auch den Beitrag von Hänseroth bei Buchheim/Sonnemann
134 Vgl. Kimpel/Suckale S. 214ff.
135 Vgl. S. 33
136 Zu handwerklich-technischen Details mittelalterlichen Bauens wertete vor allem Binding (1978, 1986 und 1987) Zeugnisse in Schrift und Bild aus.
137 Eine Arbeit dieses Titels verfaßte Neher, zum Thema auch Toussaint.
138 Diese Deutung nach Kimpel/Suckale S. 209, die einer anderen Interpretation Hahnlosers widerspricht.

139 Aus der Fülle von Informationen über Steintransporte für den Bau bedeutsamer Kirchenbauwerke sei auf Efes/Lühr, Grunert, Haas, Hecht, Jung, Kieslinger, Kreusch und Schock-Werner verwiesen.

140 So zitiert bei Entz S. 42. Kimpel (1983) S. 265 stützt mit diesem Zitat die Hypothese, daß infolge veränderter Mauerwerkstechnologie seit den 70er Jahren des 12. Jahrhunderts die Massen der Steinblöcke bedeutend angestiegen seien und deshalb der Chronist des Meisters Wirken so betont schildert. Die Besonderheit der Verladeeinrichtungen dürfte jedoch auch darin bestanden haben, daß sie unter den Bedingungen des gezeitenabhängigen, also stark schwankenden Wasserstandes funktionierten.

141 Den weitergefaßten Begriff »Spolie« verwendete und begründete Deichmann (1975). Weitere Ausführungen zum Problem S. 155

142 Vgl. Vitruv X, 2, 11 u. 12

143 Zitat nach Galls Übersetzung bei Jantzen S. 214. Dort befindet sich auch der detaillierte Bericht über den Säulentransport nach Saint-Denis. Diese Säulen erwiesen sich als nicht hinreichend dauerhaft, sie mußten schon nach etwa 100 Jahren ausgewechselt werden. Vgl. Kimpel/Suckale S. 384 und Ausführungen S. 202.

144 Neben Bindings Katalogen (vgl. Anm. 136) sei auch auf die Sammlungen von Du Colombier und Schöller (1987) hingewiesen.

145 Auf die Erstmaligkeit bildlicher Darstellung in China im 2. Jahrhundert wies Brentjes S. 110 hin. Binding nennt als erste schriftliche Überlieferung für Frankreich das Jahr 1164 und für die erste bildliche Darstellung die Zeit um 1250. Die meisten der von ihm gesammelten Darstellungen mit Schubkarren stammen erst aus dem 15. Jahrhundert.

146 Claussen zitierte und übersetzte die Inschrift auf dem Grabstein des Werkmeisters Busketus am Dom zu Pisa: »Was kaum 1000 Ochsen vereint im Joch bewegen können, was kaum ein Schiff übers Meer tragen kann, diese Last hob, staunenswert anzusehen, durch den Anstoß des Busketus eine Schar von zehn Mädchen.« Claussen vermutet darin einen Hinweis auf die Verwendung des dort zu dieser Zeit offenbar nicht bekannten Flaschenzuges.

147 Vgl. Hahnloser S. 136

148 Vgl. Vitruv I, 2, 8

149 Diesbezügliche Schriftzeugnisse wurden von Beseler/Roggenkamp und Binding zusammengestellt und interpretiert.

150 Zitat nach Bialas S. 38. Die Wurzeln römischen Vermessungswesens liegen in etruskischer Vergangenheit.

151 Hinweise auf den Apokryphentext siehe Anm. 105, auf Boethius siehe Anm. 106. Das Zitat der Roswitha führte Roggenkamp S. 138 an.

152 Legenden verwandten Inhalts beziehen sich auf die Grundrisse von Santa Maria Maggiore in Rom (4. Jahrhundert) und der Maria-Schnee-Kirche in Prag (14. Jahrhundert).

153 Vgl. Christmann

154 Die Methode des Anvisierens ist nur beim waagerecht einzusehenden Horizont zutreffend. Da das nur im Ausnahmefall gegeben war, galt das andere Verfahren als Standard. Vitruv beschrieb es (I, 6, 6).

155 Vgl. hierzu die Arbeiten von Nippoldt und Wehner

156 Veränderte Patrozinien wurden bei Untersuchungen zur Stiftskirche in Gernrode und zum Dom in Bautzen vermutet. Bei der allgemein erwiesenen relativ hohen Meßgenauigkeit im Mittelalter will es schwerfallen, für Längsachsenknicke ausschließlich Meßfehler verantwortlich zu machen.

157 Zitat nach Lechler S. 139

158 Die im Mittelalter angewandte Vermessungstechnik entsprach weitgehend der der Römer. Arbeitsmethoden und verwendete Hilfsmittel sind bei Bialas, Kretzschmer und Neuburger beschrieben.

159 Beim Vermessen der Fundamente des Domes zu Speyer unterlief beim Anlegen des Rechten Winkels ein Fehler von etwa 2°. Da sich dieser einmal unterlaufene Meßfehler über den gesamten Grundriß fortsetzt, darf ausgeschlossen werden, daß hierbei die Grundrißdiagonalen bzw. das *crux decussata* als Konstruktions- und Kontrollelement herangezogen wurde. Vgl. hierzu Haas S. 470

160 Zitat nach Hecht (1969–1972) S. 303

161 Zitat aus Sugers Bericht, von Gall übersetzt, bei Jantzen S. 216. Roggenkamp S. 123 und Binding (1985) deuteten den Begriff *»geometricis et aritmeticis instrumentis«* als nicht die praktische Bauvermessung betreffend, sondern als geometrische und arithmetische Regel bzw. als Ordnungsprinzip und führten diese Deutung auf Boethius zurück. Hinsichtlich der tatsächlich anstehenden Vermessungsprobleme bei Sugers Chorneubau erscheint dem Baupraktiker diese Auslegung problematisch.

162 Vgl. die Arbeit von Hofmann S. 445

163 Für den Bau des Domes Speyer I ermittelte Haas insgesamt etwa 15 000 m^3 Aushubmassen, wobei nach Fertigstellung der Fundamente etwa 5 000 m^3 als Rückverfüllung benötigt wurden.

164 Zitat bei Böker S. 82

165 Zitat nach Fait/Fritz S. 15

166 Vgl. Vitruv I, 5, 1, bei Gründung im Wasser V, 12, 3

167 Vgl. Benz und Rowald

168 Thietmars Bericht befindet sich in Chronik VII, 3, der von Suger in Galls Übersetzung bei Jantzen S. 217.

169 Binding (1972, 1986) gliederte Mauerwerkskörper in karolingisch-ottonischen Mauermassenbau, salisch-staufischen Quaderbau und gotischen Steinmetzgliederbau.

170 Vgl. Vitruv, II, 7

171 Vgl. Beseler, S. 83 bis 84

172 Auf Standsicherheit und Tragverhalten von Mauerwerkskörpern wird in Exkurs 1 eingegangen.

173 Im Zusammenhang mit der Thematik wird auf Dachziegel nicht eingegangen. Zeitangaben beziehen sich daher auf die später in Gebrauch kommenden Mauerziegel.

174 Vgl. Vitruv, II, 3

175 Vgl. Binding (1973) unter Bezug auf O. Müller. O. Müller vermutet (S. 41), daß die Ziegel am Bauplatz hergestellt wurden. Da im Fundament jedoch Steine vom Abbruch römischer Bauten gefunden wurden, ist auch bei den Ziegeln Sekundärverwendung nicht auszuschließen.

176 Vgl. Rupp und Schirmböck

177 Die Vielfalt der Ziegelformate und die territorialen und zeitlichen Bezüge wurden häufig behandelt (z. B. Schirmböck). Bemerkenswert erscheinen die Parallelogramm-Ziegel vom Freisinger Dom (vgl. Haas 1969).

178 Von Einhard ist ein Brief erhalten, in dem er um Lieferung von 60 Ziegeln kleineren Formates und 200 Ziegeln größeren Formates bittet (vgl. Binding 1973). Sollte man annehmen dürfen, daß so genauer Mengenermittlung eine Zeichnung mit Detailangaben zugrunde gelegen hat (vgl. S. 74 und Anm. 94)?

179 Den Ausspruch »Quod non fecerunt barbari, fecere Barberini«, zu deutsch »Was die Barbaren nicht getan haben, tat der Barberini(-Papst)« sollte man nicht ausschließlich als Kritik an Papst Urban VIII. sehen. Er handelte nicht anders als seine Vorgänger. Aber bei der Bevölkerung Roms hatte sich im 17. Jahrhundert in zunehmendem Maße Traditionsbewußtsein herausgebildet, und daher wertete man päpstliches Handeln jetzt anders als zuvor.

180 Die Nutzung spätantiker Abbruchmaterialien sind in Köln u. a. bei Sankt Maria im Kapitol und Groß-Sankt-Martin nachgewiesen. Vgl. Schäfke und Oswald

181 Zitat nach Aubert S. 14
182 Schilderungen dieser Art ließen sich fortsetzen. Aus der Fülle publizierter Untersuchungsergebnisse sei auf Badstübner (1987), Efes/Lühr, Frebold, Galle, Kubach/Haas, Hoppe, Jung, Kieslinger, Krause (1958), Kreusch und v. Winterfeld verwiesen.
183 Vitruv II, 4 bis 6.
184 Die Umwandlung von Kalkstein zu Baukalk im Spiegel mittelalterlichen Wissens hat Reusche dargestellt.
185 Tatsächlich haben sich bei Mörteluntersuchungen solche Zusätze nicht nachweisen lassen. Vgl. hierzu Bleck/Henning.
186 Puteolanerde ist sedimentierte Asche des Vesuvs und weiterer dort tätig gewesener Vulkane, die, beim Abbau zerkleinert und danach mit Wasser gemischt, eine hydraulisch erhärtende Masse ergeben. Auf dieser Stoffeigenschaft beruhte die römische Betonbauweise. Der Name dieses Bindemittels ist von der im Golf von Neapel liegenden Hafenstadt Pozzuoli (lat. Puteoli) abgeleitet, von wo aus dieser Baustoff in alle Teile des römischen Reiches versandt wurde. Vgl. Lamprecht.
187 Vgl. hierzu Gutscher. Die Frage, wieso eine in territorialer Hinsicht so weit verbreitete und die Produktivität bei der Mörtelherstellung angeblich so erheblich steigernde Erfindung in Vergessenheit geraten konnte, blieben unbeantwortet. Sollte die Deutung des archäologischen Befundes unzutreffend sein?
188 Eine Reihe von Bauwerken mit derartigen Schäden und deren Behebung beschrieben Otto, Pieper und Rüth.
189 Zur Festigkeit des Mauerwerkes und den wirkenden Einflußfaktoren wird in Exkurs 1 Stellung genommen.
190 Vgl. Anm. 186
191 Mit diesem Titel versah Kubach (1974) einen Bericht über Forschungsergebnisse zur Baugeschichte des Domes zu Speyer.
192 Vgl. Kubach/Haas
193 Der Zustand von Fundamenten am Dom zu Halberstadt ist im Untersuchungsbericht von Leopold beschrieben. Bei zeitgenössischen Berichten über Fundamentschäden ist oft nicht mehr festzustellen, ob unzureichende Baugrundfestigkeit oder mangelhaft ausgeführtes Mauerwerk als Hauptursachen wirkten.
194 Vgl. Anm. 188
195 Zitat nach Vitruv, III, 4, 2. Mitelalterliche Berichte bezeugen, daß Bäume zum Bau von Fundamenten gefällt wurden. Im Baubefund sind sie anzutreffen.
196 Beispiele solcher Fundamentausführungen erwähnten Haas S. 475 und Binding (1987). In diesem Zusammenhang sei auch auf Lorenz Lechlers diesbezüglichen Hinweis (Lechler S. 141) verwiesen.
197 Das Bauen im Wasser ist bei Vitruv V, 12 behandelt. Eine detaillierte Analyse archäologischen Befundes des antiken Hafens in Side (Südtürkei) im Vergleich zum Vitruv-Text legte Schläger dar.
198 Zitat von Pieper (1950)
199 Vgl. Sauer S. 114
200 Vgl. hierzu Bornheim gen. Schilling. Ein sehr schönes Beipiel von Fugenmalerei aus dem 13. Jahrhundert zeigten Kimpel/Suckale S. 19 in der Johanniterkomtureikirche Saint-Eliphe in Rampillon.
201 Als Auswahl von Arbeiten zum Thema sei auf Friederich, Kieslinger und Maier verwiesen. Unterschiedliche Bearbeitungsspuren an Steinen gleicher Bauabschnitte am Dom zu Speyer erklärten Kubach/Haas (S. 554) durch Besonderheiten bei der Vorfertigung und Versatzweise der Steine. Wiemer schloß beim Bau des Klosters Ebrach wegen jochweise unterschiedlicher Steinbearbeitungstechnik auf verschiedene dort tätige Bautrupps.

202 Aus der Fülle der Arbeiten über Steinmetzzeichen sei auf Krause (1977 – Dom zu Merseburg), Kubach/Haas (Dom zu Speyer) und v. Winterfeld (Bamberger Dom) hingewiesen. Die ravennatischen Steinmetzzeichen untersuchte Deichmann (1974).

203 Zur Entwicklung der Mauerwerkskörper vgl. Anm. 169. Die Untersuchungen über serielle Bauproduktion stellte Kimpel in einer Reihe von Publikationen vor.

204 Der Schluß, daß erst durch diese Entwicklung des Werksteinmauerwerkes die exakt verkleinerte Werkzeichnung notwendig wurde, erscheint dem Baupraktiker überzogen. Wahrscheinlich ist dagegen, daß seither Fugenschnitte in den Zeichnungen an Bedeutung und die Planungsunterlagen ganz entscheidend an Aussagekraft gewannen. Vgl. Anm. 94 und 178

205 Vgl. die Hinweise von Kimpel/Suckale S. 221

206 Vgl. hierzu Leistikow

207 Vgl. hierzu v. Stromer (1977)

208 Die metallenen Verbindungsmittel stammen aus jener Zeit der mörtellosen Steinbautechnik. Sie wurden in den Mauerwerksbau übernommen, wie Vitruvs Hinweis zeigte (vgl. S. 160) und fanden im Mittelalter um so mehr Anwendung, je schlanker und feingliedriger die Bauteile gestaltet wurden.

209 Eine Analyse zur Entwicklung des Verbandes bei Ziegelmauerwerk in Niedersachsen erarbeitete Neumann. Den Mauerwerksverband als Datierungsmethode untersuchte Kruse für den Ostseebereich.

210 Fitchen (1988) widmet solchem Thema ein ganzes Kapitel.

211 Zitat von Timm S. 104. Aus dieser Sicht muß es schmerzlich empfunden werden, wenn sich Skizzen und Zeichnungen von mittelalterlichen Bauten in Monographien und Katalogen nur auf die Mauerwerksbauteile beziehen und die Holzbauteile ignorieren.

Vgl. S. 13/14

Zitat nach Galls Übersetzung bei Jantzen S. 215. Vgl. auch S. 117, Anm. 131

214 Vgl. hierzu v. Stromer (1968)

215 Vgl. Vitruv, II, 9 und 10. Auch hier erklärt und begründet Vitruv die günstigste Fällzeit (Winter) und die unterschiedlichen Eigenschaften der Hölzer mit Argumenten der Naturphilosophie.

216 Vgl. Lacroix. Besonders wertvolle zusätzliche Beispiele für das Auftreten des doppelten Stangengerüstes in mittelalterlichen Darstellungen gab Schöller (1987) bekannt.

217 Auf diese Ereignisse wiesen Kimpel/Suckale S. 87 und 385 hin.

218 Zu dem Problem, nach welchen Kriterien Dachstühle sichtbar blieben oder verkleidet wurden, nahm Deichmann (1957) Stellung.

219 Archäologische Funde sammelten und systematisierten u. a. Sage, Zimmermann und Zippelius.

220 Dachwerke des 12. Jahrhunderts beschrieben Ahrens, Gruber, Hewett, List, Reuter, Schubart und Smith. Ostendorfs Bestandsaufnahme vom Beginn unseres Jahrhunderts gilt noch immer als Standardwerk.

221 Hierzu besonders Ahrens, Hewett und Smith. Skandinavien wird gelegentlich als Ursprungsgebiet dieser Konstruktion angezweifelt.

222 Das Ingolstädter Dachwerk würdigte Hofmeister auführlich. Der Zeitraum von nur zwei Jahren für dieses Dachwerk erscheint in Anbetracht der Größe recht kurz. Es drängt sich ein Vergleich zum Dachwerk des Stephansdomes in Wien auf, an dem neun Jahre gearbeitet wurde. Diese Konstruktion hatte eine Breite von 35 Metern und eine Höhe von 36 Metern. Der Holzbedarf wurde dort mit 2889 »Hauptstämmen« angegeben. Vgl. dazu Perger

223 Vgl. hierzu Knoepfli und Sachse

224 Der Mangel an Bauholz regte zur Entwicklung der Bohlenbauweise an, bei der kurze Bohlenstücken mit überdeckenden Stößen zu weitgespannten Konstruktionen verna-

gelt und verkeilt wurden. David Gilly sah 1797 in Philibert de L'Orme den Erfinder dieser Bauweise, dabei jedoch übersehend, daß die Kuppeln von San Marco in Venedig (13. Jahrhundert) und vorher die des Felsendomes in Jerusalem (7. und 11. Jahrhundert) bereits so erbaut waren. Bei den Lehrgerüsten für den Gewölbebau fand diese Bauweise während des ganzen Mittelalters Anwendung, sie hat bis in die Gegenwart nicht an Bedeutung verloren.

225 Aus der Fülle diesbezüglicher Literatur seien Büttner/Hampe, Fehr (1961) und Hart genannt. Einige statische Besonderheiten des Gewölbebaues sind in Exkurs 3 erläutert.

226 Vor dieser Zeit waren Gewölbe bzw. Rundbögen wohl bekannt, jedoch nur bei Bauaufgaben mit kleineren Stützweiten, so z. B. für Substruktionen, Abwasserkanäle und Kellerdecken bei Wohnhäusern angewendet (vgl. Vitruv VI, 8, 3–4). Von besonderem Interesse dürfte sein, daß es schon in dieser Zeit das Bedürfnis gegeben hat, die Gewölbeform in Wohnräumen durch Lattengerüste und Stuck zu imitieren (Vitruv VII, 2 und 3) und die Interpretation bei Sackur.

227 Das flächendeckende Tonnengewölbe stellt, sofern es in Längsausdehnung nur das Maß einer Mauerdicke beträgt, die Form des Mauerwerksbogens dar. Bei der Beschreibung eines Bauwerkes werden mit diesen Begriffen unterschiedliche Situationen dargestellt. Um Bogen oder Tonne herzustellen, benötigt der Bauarbeiter jedoch gleiches Wissen und Können. Aus diesem Grunde wird im folgenden zwischen Bogen und Tonne nicht unterschieden.

228 Vgl. Viollet-le-Duc, Bd. 9, S. 466

229 Vgl. Hart S. 34 und Rasch S. 138

230 Der vergleichende Hinweis Raschs auf das Erstarrungsverhalten der in der Gegenwart verarbeiteten Zemente, denen zufolge eine selbsttragende Wirkung des Betons sehr schnell eintritt, ist nicht angebracht. Der Erhärtungsverlauf verlief bei der Puteolanerde, dem Bindemittel im *opus caementitium*, wesentlich langsamer. Die eingebrachten *opus-caementitium*-Massen bedurften daher einer längeren Abstützungsdauer. Infolge großer plastischer Verformbarkeit während des Erhärtens tritt die auf räumlicher Verspannung beruhende selbsttragende Wirkung der Gewölbeschichten zögernd ein. Auch Fehr (1961) S. 84 ging davon aus, daß antike Kuppeln freihändig gemauert werden konnten.

231 Zu den handwerklichen Ursprüngen dieser Bauweise vgl. Storz, zur Entwicklung allgemein Rasch und zu den Bauten Ravennas speziell Deichmann (1974)

232 Vgl. Duby, Bd. 1, S. 145 f.

233 Zitat nach Ramm (S. 49–52) aus der Merseburger Bischofschronik

234 Vgl. hierzu Haas (1972) S. 704–706

235 Zitat und Bild nach Hart S. 50. Ähnliche Herleitung auch bei Fitchen (1961) S. 95

236 Zitat nach Kimpel/Suckale S. 93, dort in anderem Zusammenhang gebraucht.

237 Vgl. Kubach/Haas, S. 575–577 und 589

238 Den Problemen der Konstruktion und Herstellung von Lehrgerüsten und Verschalungen in Antike und Mittelalter wendete sich Fitchen (1961) zu, ihm wird im wesentlichen gefolgt. Auf den Gebrauch von Belagerungstürmen wiesen Kimpel/Suckale S. 217 f. und 488 unter Bezug auf Viollet-le-Duc hin.

239 Vgl. Fehr (1961) S. 84

240 Der Streit wurde mit Vehemenz geführt. Hauser versuchte eine Bestandsaufnahme (S. 111 bis 113). Nachdem Rave bereits 1939 auf die das Lehrgerüst betreffenden Vorteile hinwies und Fehr (1961) dies unterstrich, will es wundern, daß Ullmann (S. 31) im Jahre 1981 wiederum nur Ästhetik und Statik allein um die Rippen bemüht. Eine ähnliche Sicht auch bei Clasen (Anm. 13, S. 103) und Nußbaum (1985) S. 113 und 335.

241 Vgl. Pieper (1950)

242 Vgl. Exkurs 3, besonders Abb. 198

243 Bauwerksbestand und Literatur zum Thema faßte Haas (1979 und 1983) zusammen. Zu den Bauten im Veneto vgl. Dellwing

244 Ostendorf S. 103 stellte fest, daß bei Mittelschiffbreiten zwischen 8,00 und 12,30 Meter die Hochschiffwandstärken ohne Anker bei 1,25 bis 2,20 Meter lagen, bei Vorhandensein von Ankern dagegen nur 0,85 und 0,90 Meter betrugen. An Einsparungen von Mauerwerksvolumen mußte man bei Ziegelmauerwerk wegen der dafür notwendigen hohen Energieaufwendungen besonders interessiert sein. Damit scheint das Auftreten der Anker im Raum der norddeutschen Backsteingotik aus rationaler Erkenntnis der Werkmeister geboren. Solcher Denkweise würde man heute das Prädikat »ingenieurmäßig« erteilen.

245 Zitat nach Hart S. 63

246 Vgl. hierzu die Arbeiten von Fehr (1978), Krauß und Müller

247 Aus der Fülle der Literatur sei hier lediglich auf Clasen und Fehr (1961) verwiesen.

248 In den Repräsentationsräumen des 1. Stockwerkes der Albrechtsburg verzichtete man noch nicht auf die Rippen. Man kann daraus schließen, daß die technologische Neuerung des Zellengewölbes ästhetisch noch nicht akzeptiert bzw. nicht in die Gestaltungskonzeption integriert war.

249 Zitat nach Vasari S. 128

250 Zitat nach Durm Sp. 356. Hierzu auch die aktuellere Beschreibung des Bauwerkes durch Mainstone. Bezüge zum allgemeinen Stand der Technik stellte Klemm her.

251 Das Abweichen von Neumanns Plan der Steinkuppen zur Holzkonstruktion in Neresheim führte Sachse auf »mangelndes konstruktives Können und ... Verständnis der barocken Konstrukteure und Bauherren« zurück. Die Holz-Gips-Bauweise deutete Hart als »Ersatzkonstruktion«. Vgl. Anm. 224

252 Vgl. Alberti, Buch 8

253 Unter den Motiven mittelalterlicher Baudarstellungen, die Binding (1974, 1978 und 1987) zusammenstellte, spielt der Tumbau eine sehr wesentliche Rolle.

254 Zitat bei Braunfels S. 301

255 Schnell deutete ein Bild aus dem 2. Jahrhundert und andere Quellen als Nachweis für frühe Kirchentürme.

256 Vgl. v. Knorre S. 230–232

257 Vgl. Exkurs 2, zu den Türmen der Stiftskirche Gernrode S. 149 und 150

258 Vgl. Zykan

259 Der mittelalterliche Werkmeister handelte hier in zweifellos guter Absicht und nach kluger Überlegung, konnte jedoch beim Stand des Wissens nicht erkennen, daß diese Maßnahme nahezu wirkungslos bleiben mußte.

260 Vgl. Schultze mit umfangreicher weiterführender Literatur, seither fanden weitere Untersuchungen statt.

261 Diese nicht ohne weiteres erkennbare Wechselwirkung verdeutlichte Schultze durch ein einfaches Modell: Man nehme eine dicke, weiche Schaumgummilage (als verformbaren Untergrund), stelle darauf einen Meßzylinder (als Turm) und fülle diesen langsam und vorsichtig mit Wasser (als Simulierung für die durch den Baufortschritt zunehmende Belastung). Man wird die kritische Füllhöhe (=Belastung) erreichen, bei der der Zylinder auf dem weichen Untergrund nicht mehr stabil steht und umkippt.

262 Vgl. Haefeli

263 Vgl. Heider, weitere Hinweise auf Holls Beschäftigung mit desolaten Türmen in der Hauschronik, von Meyer herausgegeben.

264 Pieper (1983) stellte eine Reihe von Türmen zusammen, deren Geschichte er beschrieb und für die er Wege zur Erhaltung erarbeitete und zur Ausführung brachte.

265 Diese Information verdankt der Autor Herrn Dipl.-Ing. W. Preiss in Dresden.

266 Vgl. Kimpel/Suckale S. 208 mit zeitgenössischer Darstellung

267 Zitat bei v. Knorre S. 57. Schinkels Stellung zu den Bauvollendungen legte Koch dar.
268 Vgl. hierzu die Beiträge von Hilsdorf bei Wendel und Jürß
269 Vgl. hierzu Straub und Iwanow/Tscheschew
270 Eine systematische Aufarbeitung der Geschichte der Technikwissenschaften erfolgt seit 1978 unter Leitung von Buchheim und Sonnemann an der TU Dresden – siehe Lit.-Verzeichnis. Einzelbeiträge sind in »Dresdner Beiträge zur Geschichte der Technikwissenschaften« publiziert.
271 Auf diese Problematik gingen insbesondere Hänseroth/Mauersberger S. 211 f. ein.
272 Vgl. Fehr S. 95
273 Vgl. Bucher, Shelby (1972), Shelby/Mark und Hänseroth/Mauersberger, aber auch die in Anm. 63 genannten Quellen
274 Vgl. Kimpel/Suckale S. 44 und 476
275 Vgl. Lechler, S. 134. Kubler berichtete von einem Dimensionierungsverfahren für Gewölberippen aus dem 16. Jahrhundert.
276 Bei statischen Untersuchungen zu Bauten im französischen gotischen Kathedralstil wurden die Tragreserven einzelner Bauteile und Varianten in der Abfolge von Bauteilen (Strebebögen vor oder nach dem Gewölbeeinbau) überprüft. Vgl. Segger und Kübler. Statische Berechnungen publizierten im Zusammenhang mit Wiederaufbauabsichten bzw. Großreparaturen u. a. Fabry, Grassnik, Pieper (1950 und 1983), Rave und Zorn.
277 Vgl. Vitruv I, 1, 4 und nach Roggenkamp S. 140, allgemein hierzu auch Meckseper
278 Vgl. Meckseper
279 Vgl. Sternagel
280 Vgl. Fontana, Bd. 1, Blatt 5^{r}, Bd. 2, S. 16
281 Vgl. Beitrag von Hänseroth im Buch von Buchheim/Sonnemann
282 Vgl. Boscovich u. a.
283 Vgl. Mainstone (1968)
284 Vgl. Poleni

Literaturverzeichnis

Ahrens, C. (Hrsg.): Frühe Holzkirchen im nördlichen Europa. Zur Ausst. d. Helms-Museums Hamburg. Museum für Vor- u. Frühgesch. – Hamburg, 1981.

Alberti, L. B.: Zehn Bücher über die Baukunst/hrsg. von M. Theurer. – Darmstadt, 1975.

Aubert, M.; Goubet, S.: Gotische Kathedralen und Kunstschätze in Frankreich. – Wiesbaden, 1959.

Bader, W. S. (Hrsg.): Die Stiftskirche des hl. Victor zu Xanten. Bd. 3, T. 2: Wilkes, G.; Rotthoff, G. (Hrsg.): Die Baurechnungen der Jahre 1356 bis 1437. – Berlin (West), 1957. – (Denkmäler deutscher Kunst)

Badstübner, E.: Kirchen und Mönche. Die Baukunst der Reformorden im Mittelalter. – Berlin, 1980.

Badstübner, E.: Klosterbaukunst und Landesherrschaft: zur Interpretation der Baugestalt märkischer Klosterkirchen. – In: Möbius, F.; Schubert, E. (Hrsg.): Architektur des Mittelalters: Funktion und Gestalt – Weimar, 1983. – S. 184–239

Badstübner, E.: Beobachtungen zur Rezeption von Mustern der Hausteinarchitektur durch die Backsteinbaukunst in der Mark Brandenburg. – In: Mittelalterliche Backsteinarchitektur und bildende Kunst im Ostseeraum. – Greifswald, 1987. – S. 51–57. – (Wissenschaftliche Beiträge der Ernst-Moritz-Arndt-Universität Greifswald)

Bandmann, G.: Die Vorbilder der Aachener Pfalzkapelle. – In: Braunfels, W. (Hrsg.): Karl der Große: Lebenswerk u. Nachleben. Bd. 3: Karolingische Kunst. – Düsseldorf, 1967. – S. 424–462

Baumgarten, F.: Die Wasserspeier am Freiburger Münster. – In: Freiburger Münsterblätter. – 3 (1907). – S. 1–28

Bauplanung und Bautheorie der Antike; Diskussion zur archäologischen Bauforschung: 4. Kolloquium vom 16. bis 18. 11. 1983 in Berlin/hrsg. vom Deutschen Archäologischen Institut. – Berlin (West), 1984.

Bender, L.: Otto von Bamberg. – In: Binding, G. (Hrsg.): Beiträge über Bauführung und Baufinanzierung im Mittelalter. – Köln, 1974. – S. 80–87

Beseler, H.; Roggenkamp, H.: Die Michaeliskirche in Hildesheim. – Berlin (West), 1954.

Benz, K. J.: Ecclesiae pura simplicitas: zu Geschichte und Deutung d. Ritus d. Grundsteinlegung im hohen Mittelalter. – In: Archiv für mittelrheinische Kirchengeschichte. – 32 (1980). – S. 3–25

Bezold, G. v. siehe *Dehio, K. B.*

Bialas, V.: Erdgestalt, Kosmologie und Weltanschauung: Die Geschichte der Geodäsie als Teil der Kulturgeschichte der Menschheit. – Stuttgart, 1982.

Binding, G.: Niederrheinische Holzkirchen auf Schwellbalken. – In: Bonner Jahrbücher. – 170 (1970). – S. 279–288

Binding, G.: Der romanische Baubetrieb. – In: Rhein und Maas: Kunst und Kultur 800–1400: e. Ausst. des Schnütgen-Museums der Stadt Köln. Bd. 1. – Köln, 1972. – S. 93–95

Binding, G. (Hrsg.): Romanischer Baubetrieb in zeitgenössischen Darstellungen. – Köln, 1972. – (Veröffentlichung der Abteilung Architektur des Kunsthistorischen Institutes der Universität Köln; 2)

Binding, G.: Das Aufkommen von Backstein und Ziegel in Deutschland. – In: Gebrannte Erde. – 1973

Binding, G. (Hrsg.): Beiträge über Bauführung und Baufinanzierung im Mittelalter. – Köln, 1974. – (Veröffentlichung der Abteilung Architektur des Kunsthistorischen Institutes der Universität Köln; 6)

Binding, G.; Nußbaum, N.: Der mittelalterliche Baubetrieb nördlich der Alpen in zeitgenössischen Darstellungen. – Darmstadt, 1978.

Binding, G.; Untermann, M.: Kleine Kunstgeschichte der mittelalterlichen Ordensbaukunst. – Darmstadt, 1985.
Binding, G.: »Geometricis et aritmetricis instrumentis«: zur mittelalterlichen Bauvermessung. – In: Jahrbuch der Rheinischen Denkmalpflege. – 30/31 (1985). – S. 9–24
Binding, G.: Baumeister und Handwerker im Baubetrieb. – In: Legner, A. (Hrsg.): Katalog zur Ausstellung »Ornamenta Ecclesiae – Künstler und Handwerker der Romanik« des Schnütgen-Museums in der Joseph-Haubrich-Kunsthalle Köln. – Bd. 1. – Köln, 1985. – S. 171–186
Binding, G.: Der Baubetrieb zu Beginn der Gotik. – In: Zeitschrift für Archäologie des Mittelalters. – (1986) Beiheft 4. – S. 63–91
Binding, G.: Der mittelalterliche Baubetrieb Westeuropas: Katalog der zeitgenössischen Darstellungen. – Köln, 1987. – (Veröffentlichung der Abt. Architektur des Kunsthistorischen Institutes der Universität Köln; 32)
Bleck, R.-D.; Henning, E.: Mörteluntersuchungen an mittelalterlichen Bauwerken in Thüringen: ein Beitrag zur mittelalterl. Baugesch. – In: Neue Museumskunde. – 13 (1970). – S. 222–226
Bleck, R.-D. siehe *Henning, E.*: Untersuchungen ...
Boeckelmann, W.: Grundformen im frühkarolingischen Kirchenbau des östlichen Frankenreichs. – In: Wallraf-Richartz-Jahrbuch. Bd. 18. – 1956. – S. 27–69
Böker, H.J.: Wilhelm von Hirsau – Benno II. von Osnabrück – Bernward von Hildesheim. – In: Binding, G. (Hrsg.): Beiträge über Bauführung und Baufinanzierung im Mittelalter. – Köln, 1974. – S. 68–91
Booz, P.: Der Baumeister der Gotik. – Berlin (West), 1956. – (Kunstwissenschaftliche Studien; 27)
Borger, H.: Die Entstehung der mittelalterlichen Stadt und der Alltag des Menschen im Mittelalter. – In: Rhein und Maas: Kunst und Kultur 800–1400: e. Ausst. des Schnütgen-Museums der Stadt Köln. – Bd. 1. – Köln, 1972. – S. 129–139
Borchardt, K. siehe *Cipolla, C. M.*
Bornheim gen. Schilling, *W.*: Fugenmalerei im Mittelalter. – In: Deutsche Kunst und Denkmalpflege. – 19 (1961). – S. 5–21
Boscovich, R. G.; Le Seur, T.; Jacquier, F.: Parere di tre mattematici sopra i danni, che si sono trovati nella Cupola di S. Pietro sul fine dell' Anno 1742. – Roma, 1743.
Branner, R.: Villard de Honnecourt, Reims and the Origin of the Gothic Architectural Drawings. – In: Gazette des Beaux-Artes. – 6. Ser., – 61 (1963). – S. 129–146
Branner, R.: Drawings from a Thirteenth-Century Architect's Shop: The Reims Palimpsests. – In: Journal of the Society of Architectural Historians. – 17 (1958). – S. 9–21
Braunfels, W.: Abendländische Klosterbaukunst. – Köln, 1969. – (DuMont Dokumente: Kunstgeschichte in Deutung und Dokumentation)
Brentjes, B.; Richter, S.; Sonnemann, R.: Geschichte der Technik/hrsg. von R. Sonnemann. – Leipzig, 1978.
Bucher, F.: Architecter. The Lodge Books and Sketchbooks of Medieaval Architects. – Vol. 1. – New York, 1979.
Buchheim, G.; Sonnemann, R. (Hrsg.): Geschichte der Technikwissenschaften. – Leipzig, 1990.
Busink, T.A.: Der Tempel von Jerusalem von Salomo bis Herodes. – Bd. 1. – Leiden, 1970.
Büttner, O.; Hampe, E.: Tragwerk, Tragstruktur: Analyse der natürlichen und gebauten Umwelt. – Berlin. – Bd. 1. – 1977; Bd. 2. – 1984.

Carstanjen, F.: Ulrich von Ensingen: ein Beitrag zur Geschichte der Gothik in Deutschland. – München, 1893.
Christmann, E.: Christliche Kirchen auf vorschristlichen Kultstätten. – In: G. Biundo Fest-

schrift: Aus der Enge in die Weite. – Grünstadt. – S. 17–33. – (Veröffentlichung des Vereins für pfälzische Kirchengeschichte; 4)

Cipolla, C. M.; Borchardt, K. (Hrsg.): Europäische Wirtschaftsgeschichte in 5 Bänden. – Stuttgart; New York, 1978 – 1980. Bd. 1: Mittelalter. – 1978

Clasen, K. H.: Deutsche Gewölbe der Spätgotik. – Berlin, 1958; 1961.

Claussen, P. C.: Früher Künstlerstolz. Mittelalterliche Signaturen als Quelle der Kunstsoziologie. – In: Bauwerk und Bildwerk im Hochmittelalter/hrsg. von K. Clausberg u. a. – Gießen, 1981. – S. 7–34. – (Kunstwissenschaftliche Untersuchungen des Ulmer Vereins; Verband für Kunst- und Kulturwissenschaften; Bd. XI)

Cowan, H. J.: The master builders. – New York; Toronto, 1978.

Dehio, K. B.; Bezold, G. v.: Die kirchliche Kunst des Abendlandes. – Stuttgart, 1884–1901.

Deichmann, F. W.: Frühchristliche Kirchen in Rom. – Basel, 1948.

Deichmann, F. W.: Untersuchungen zu Dach und Decke der Basilika. – In: Charites: Studien zur Altertumswissenschaft/hrsg. von K. Schauenburg. – Bonn, 1957. – S. 249–264

Deichmann, F. W.: Ravenna, Hauptstadt des spätantiken Abendlandes. Bd. 2: Geschichte und Monumente: Kommentar. T. 1: Die Bauten bis zum Tode Theoderichs des Großen. – Wiesbaden, 1974.

Deichmann, F. W.: Die Spolien in der spätantiken Architektur. – München, 1975. – (Sitzungsberichte der Bayerischen Akademie der Wissenschaften, Phil.-hist. Klasse; 6)

Dellwing, H.: Studien zur Baukunst der Bettelorden im Veneto: Die Gotik der monumentalen Gewölbebasiliken. – Berlin (West), 1970.

Derwein, H.: Das Zisterzienserkloster Schönau. – Frankfurt a. M., 1931.

Dibelius, F.: Die alte Elbebrücke in Dresden: ein Beitrag zur Kirchengeschichte der Stadt. – In: Beiträge zur sächsischen Kirchengeschichte. – 6 (1890). – S. 104–126

Dietheuer, F.: Die Roritzer als Dombaumeister zu Regensburg. – In: Der Regensburger Dom: Beitrag zu seiner Geschichte. – Regensburg, 1976. – S. 110–118. (Beiträge zur Geschichte des Bistums Regensburg; 10)

Doppelfeld, O.: Köln von der Spätantike bis zur Karolingerzeit. – In: Jankuhn, H.; Schlesinger, W.; Steuer, H. (Hrsg.): Vor- und Frühformen der europäischen Stadt im Mittelalter. – Göttingen, 1973. – S. 110–129. – (Abhandlungen der Akademie der Wissenschaften in Göttingen, Phil.-hist. Klasse 3. F.; Nr. 83)

Duby, G.: Die Kunst des Mittelalters. – 3 Bde. – Genf, 1984.

Du Colombier, P.: Les chantiers des cathedrales: Ouvriers, architectes, sculpteurs. – Paris, 1973.

Dürer, A.: Underweysung der messung / mit dem zirckel vn richtscheyt / in Linien ebenen und gantzen corboren ... – Nürnberg, 1525.

Durm, J.: Zwei Großkonstruktionen der Renaissance. – In: Zeitschrift für Bauwesen. – 37 (1887). – Sp. 353–374; 481–500; Atlas Bl. 43–46

Efes, Y.; Lühr, H.-P.: Natursteine am Bauwerk des Kölner Doms und ihre Verwitterung. – In: Kölner Domblatt. – 41 (1976). – S. 167–194

Effenberger, A.: Frühchristliche Kunst und Kultur: Von den Anfängen bis zum 7. Jahrhundert. – Leipzig, 1986.

Engel, E.: Der Beitrag der Mediävistik zur Klärung des Rhetra-Problems. – In: Slavia antiqua. 16 (1969). – S. 95–104

Entz, G.: Die Kunst der Gotik. – Leipzig, 1981.

Erlande-Brandenburg, A.: Carnet de Villard de Honnecourt. – Paris, 1986.

Erpel, F. (Hrsg.): Ich – Michelangelo: Briefe, Dichtungen und Gespräche in e. Ausw. – 4. Aufl. – Berlin, 1966.

Fabry, C. W.: Esslinger Kirchen einmal anders gesehen: eine allgemein verständl. Beschreibung der Statik und des Kräftespiels an der St. Paulskirche und der Frauenkirche. – In: Esslinger Studien. – 18 (1979). – S. 13–28

Fait, J.; Fritz, J. (Hrsg.): Neuzelle: Festschrift zum Jubiläum der Klostergründung vor 700 Jahren: 1268–1968. – Leipzig, 1968; München; Zürich, 1968.

Fehr, G.: Benedikt Ried: ein deutscher Baumeister zwischen Gotik und Renaissance in Böhmen. – München, 1961.

Fehr, G.: Die Wölbkunst der Parler. – In: Legner, A. (Hrsg.): Die Parler und der Schöne Stil 1350–1400. – Bd. 3 – S. 45–48

Fehring, G. P.: Zum Holzkirchenbau des frühen Mittelalters, insbesondere in Süddeutschland und Oberösterreich. – In: Zeitschrift des Deutschen Vereins für Kunstwissenschaft. – 22 (1968). – S. 111–125

Fehring, G. P.: Die Stellung des frühmittelalterlichen Holzkirchenbaues in der Architekturgeschichte. – In: Jahrbuch des Römisch-Germanischen Zentralmuseums Mainz. – 14 (1967). – S. 179–197

Feldhaus, F. M.: Die Säge: ein Rückblick auf vier Jahrtausende. – Berlin, 1921.

Feldhaus, F. M.: Geschichte des technischen Zeichnens. – Oldenburg, 1967.

Fensterbusch, C. siehe *Vitruvius Pollio, M.*

Fitchen, J.: The Construction of Gothic Cathedrals: A Study of Medieval Vault Erection. – Oxford, 1961.

Fitchen, J.: Mit Leiter, Strick und Winde: Bauen vor dem Maschinenzeitalter. – Basel; Boston; Berlin (West), 1988.

Flieder, V.: Stephansdom und Wiener Bistumsgründung. – Wien 1968.

Fontana, D.: Die Art, wie der vatikanische Obelisk transportiert wurde. – Fotomech. Nachdruck der 1. Auflage. – Roma 1590/hrsg. von D. Conrad. – Berlin, 1987.
Bd. 1: Teilreprint des Originalwerkes.
Bd. 2: Übersetzung und Kommentare.

Frankl, P.: Gothic Architecture. – London, 1962.

Frebold, G.: Wichtige natürliche Hochbausteine Niedersachsens und ihre Verwendung an Bauten des Mittelalters. – In: Jahrbuch der Geographischen Gesellschaft zu Hannover. – 1936/1937. – S. 167–203

Friederich, K.: Die Steinbearbeitung in ihrer Entwicklung vom 11. bis zum 18. Jahrhundert. – Augsburg, 1932.

Fritz, J. siehe *Fait, J.*

Frommel, C. L.: Die Peterskirche unter Papst Julius II. im Lichte neuer Dokumente. – In: Römisches Jahrbuch für Kunstgeschichte. – 16 (1976). – S. 57–136

Galle, H.: Verwendung und Bewährung von natürlichen Bausteinen an Bauwerken Leipzigs. – In: Wissenschaftliche Zeitschrift der Hochschule für Bauwesen Cottbus. – 2 (1958/59). – S. 133–146

Geldner, F. siehe *Roriczer, M.*

Gerevich, L.: Villard de Honnecourt Magyarorszagon. – In: Müveszettörteneti Ertesitö. – 20 (1971). – S. 81–105

Gerstenberg, K.: Die deutschen Baumeisterbildnisse des Mittelalters. – Berlin (West), 1966.

Giese, W.: Zur Bautätigkeit von Bischöfen und Äbten des 10. bis 12. Jahrhunderts. – In: Deutsches Archiv für Erforschung des Mittelalters. – 38 (1982). – S. 388–438

Gilly, D.: Über Erfindung, Konstruktion und Material der Bohlendächer mit besonderer Rücksicht auf die Urschrift des Erfinders. – Berlin, 1797.

Gloede, G.: Das Doberaner Münster: Geschichte, Baugeschichte, Kunstwerke. – 8. Aufl. – Berlin, 1975.

Goubet, S. siehe *Aubert, M.*

Grassnik, M.: Die gotische Wölbung des Domes zu Xanten und ihre Wiederherstellung nach 1945. – Xanten, 1963.
Grote, A.: Der vollkommen Architectus: Baumeister und Baubetrieb bis zum Anfang der Neuzeit. – München, 1959. – (Bibliothek des Germanischen Nationalmuseums Nürnberg zur deutschen Kunst und Kulturgeschichte; 13)
Groten, M.: Winchester Castle und Westminster Abbey zur Zeit Heinrichs III. – In: Binding, G. (Hrsg.): Beiträge über Bauführung und Baufinanzierung im Mittelalter. – Köln, 1974. – S. 116–129
Gruber, K.: Romanische Dachstühle. – In: Deutsche Kunst und Denkmalpflege. – 17 (1959). – S. 57–64
Grunert, S.: Der Sandstein der sächsischen Schweiz. – Leipzig, 1986. – (Abhandlungen des Staatlichen Museums für Mineralogie und Geologie Dresden; 34)
Gurjewitsch, A.: Das Weltbild des mittelalterlichen Menschen. – Dresden, 1978. – (Fundus-Bücherei; 55, 56, 57)
Gurjewitsch, A.: Die Darstellung von Persönlichkeit und Zeit in der mittelalterlichen Welt. – In: Möbius, F.; Schubert, E. (Hrsg.): Architektur des Mittelalters: Funktion und Gestaltung. – Weimar, 1983. – 87–104
Gutscher, D. B.: Mechanische Mörtelmischer: ein Beitrag zur karolingischen und ottonischen Bautechnologie. – In: Zeitschrift für schweizerische Archäologie und Kunstgeschichte. – 38 (1981). – S. 178–188

Haas, W.: Die Erbauer des Domes zu Speyer: Bauherren – Architekten – Handwerker. – In: Zeitschrift für Kunstgeschichte. – 29 (1966). – S. 223–240
Haas, W.: Besonderheiten mittelalterlichen Backsteinbaues am Dom zu Freising. – In: Bericht über die 25. Tagung für Ausgrabungswissenschaften und Bauforschung vom 13. bis 18. Mai 1969 in Speyer/hrsg. von der Koldewey-Gesellschaft. – S. 73–87
Haas, W. siehe *Kubach, H. E.*: Der Dom zu Speyer.
Haas, W.: Eisen in der Architektur vor dem Aufkommen der Eisenarchitektur. – In: Die Rolle des Eisens in der historischen Architektur der ersten Hälfte des 19. Jahrhunderts: ICOMOS-Colloquium 1978 in Bad Ems. – Hannover, 1979. – S. 1–6
Haas, W.: Hölzerne und eiserne Anker an mittelalterlichen Kirchenbauten. – In: architectura. – 13 (1983). – S. 136–151
Haefeli, R.: Der schiefe Turm von St. Moritz im Vergleich zum schiefen Turm von Pisa. – In: Schweizerische Bauzeitung. – 92 (1974). – S. 381–388
Hagendorf, L.: Bauhüttenbuch des Villard de Honnecourt. – In: Binding, G.; Nußbaum, N.: Der mittelalterliche Baubetrieb nördlich der Alpen in zeitgenössischen Darstellungen. – Darmstadt, 1978. – S. 1–12
Hahn, H.: Die frühe Kirchenbaukunst der Zisterzienser: Untersuchungen zur Baugeschichte von Kloster Eberbach im Rheingau und ihren europäischen Analogien im 12. Jahrhundert. – Berlin (West), 1957. – (Frankfurter Forschungen zur Architekturgeschichte; 1)
Hahnloser, H. P.: Villard de Honnecourt: Kritische Gesamtausgabe des Bauhüttenbuches Ms. Fr. 19093 der Pariser Nationalbibliothek. Wien, 1935; Graz, 1972.
Hänseroth, T.; Mauersberger, K.: Technisches Wissen um Bauwerke und Maschinen: Quellen und programmatische Ansätze der Technikwissenschaften. – In: Wissenschaft in Mittelalter und Renaissance: Beiträge zur Wissenschaftsgeschichte/hrsg. von G. Wendel. – Berlin, 1987. – S. 205–241
Hampe, E. siehe *Büttner, E.*
Harvey, J.: The Medieval Architect. – London, 1972.
Hart, F.: Kunst und Technik der Wölbung. – München, 1965.
Haselberger, L.: Die Bauzeichnungen des Apollotempels von Didyma. – In: architectura. – 13 (1983) 1. – S. 13–26

Hausbuch der Mendelschen Zwölfbrüderstiftung: Federzeichnungen. – Nürnberg, 1425–1436.
Hauser, A.: Sozialgeschichte der mittelalterlichen Kunst. – Hamburg, 1957. – (rowohlts deutsche enzyklopädie, Sachgebiet Kunstgeschichte; 45)
Hausherr, R.: Zu Auftrag, Programm und Büstenzyklus des Prager Domchores. – In: Zeitschrift für Kunstgeschichte. – 34 (1971) – S. 21–46
Hecht, K.: Zur Maßstäblichkeit mittelalterlicher Bauzeichnungen. – In: Bonner Jahrbücher. – 166 (1966). – S. 253–268
Hecht, K.: Maß und Zahl in der gotischen Baukunst. – In: Abhandlungen der Braunschweigischen Wissenschaftlichen Gesellschaft. – 21 (1969). – S. 215–326; 22 (1970). – S. 105–263; 23 (1971/1972). – S. 25–236 und Hildesheim/New York, 1979.
Hecht, K.: Der St. Galler Klosterplan. – Sigmaringen, 1983.
Heider, J.: Meister Elias Holl und der schiefe Turm von St. Peter in Neuburg an der Donau. – In: Jahrbuch des Vereins für Augsburger Bistumsgeschichte. – 9 (1975). – S. 284–291
Henning, E. siehe *Bleck, R.-D.*
Henning, E.; Bleck, R.-D.: Untersuchungen an altem Mörtel. – In: Bauzeitung. – 7 (1969). – S. 378–379
Herrmann, J.: Einige Bemerkungen zu Tempelstätten und Kultbildern im nordwestslawischen Gebiet. – In: Archäologia Polski. – 16 (1971). – S. 525–540
Hewett, C. A.: Church Carpentry: a Study Based on Essex Examples. – London; Chichester, 1982.
Heydenreich, L. H.: Die Sakralbau-Studien Leonardo da Vincis. – 2. Aufl. – München, 1971.
Hoffstadt, F.: Gotisches A.B.C.Buch, das ist: Grundregeln des gotischen Styls für Künstler und Werkleute. – Frankfurt a. M., 1840–1845.
Hofmann, H. H.: Fossa Carolina. – In: Braunfels, W. (Hrsg.): Karl der Große: Lebenswerk und Nachleben. Bd. 1: Persönlichkeit und Geschichte. – Düsseldorf, 1966. – S. 437–453
Hofmeister, W.: Baukonstruktiv-historische Untersuchungen des Hallendachwerkes und der Gewölbe über Langhaus und Chor des Liebfrauenmünsters zu Ingolstadt. – In: Sammelblatt des Historischen Vereins Ingolstadt. – Ingolstadt. – 85 (1976). – S. 7–29
Hoppe, W.: Bauwerk und Baustein: Historische Bauwerke und die jeweils dafür verwendeten Natursteine. – In: Wissenschaftliche Zeitschrift der Hochschule für Architektur und Bauwesen. – Weimar. – 10 (1963). – S. 585–592

Iwanow, B. I.; Tscheschew, W. W.: Entstehung und Entwicklung der technischen Wissenschaften. – Leningrad, 1977; Leipzig, 1982.

Jacquier, F. siehe *Boscovich, R. G.*
Jantzen, H.: Die Gotik des Abendlandes: Idee und Wandel. – Köln, 1963. – (DuMont Dokumente; Reihe 1)
Jürß, F.: Geschichte des wissenschaftlichen Denkens im Altertum. – Berlin, 1982.
Jüttner, W.: Ein Beitrag zur Geschichte der Bauhütte und des Bauwesens im Mittelalter. – Diss. Bonn 1930. – Köln, 1935.
Jung, W.: Beobachtungen am Mainzer Dom anläßlich der Wiederherstellungsarbeiten 1955–1960. – In: Deutsche Kunst und Denkmalpflege. – 20 (1962). – S. 25–34

Kähler, H.: Die frühe Kirche: Kult und Kulturraum. – Berlin (West), 1972.
Kieslinger, A.: Die Steine von St. Stephan. – Wien, 1949.
Kimpel, D.: Die Versatztechniken des Kölner Domchores. – In: Kölner Domblatt. – 44/45 (1979/1980). – S. 277–292
Kimpel, D.: Ökonomie, Technik und Form in der hochgotischen Architektur. – In: Bauwerk und Bildwerk im Hochmittelalter: anschauliche Beiträge zur Kultur- und Sozialge-

schichte. – Gießen, 1981. – S. 103–125. – (Kunstwissenschaftliche Untersuchungen des Ulmer Vereins, Verband für Kunst- und Kulturwissenschaften; 11)
Kimpel, D.: Die Entfaltung der gotischen Baubetriebe: ihre sozio-ökonomischen Grundlagen und ihre ästhetisch-künstlerischen Auswirkungen. – In: Möbius, F.; Schubert, E. (Hrsg.): Architektur des Mittelalters: Funktion und Gestalt. – Weimar, 1983.
Kimpel, D.; Suckale, R.: Die gotische Architektur in Frankreich 1130–1270. – München, 1985.
Kleeberg, W.: Raseneisenstein als Baustoff im Kreise Bergdorf. – In: Neues Archiv für Niedersachsen. – 7 (1954). – S. 288–295
Klemm, F.: Das alte technische Schrifttum als Quelle der Technikgeschichte. – In: Zur Kulturgeschichte der Technik: Aufsätze und Vorträge 1954–1978/Hrsg. Deutsches Museum München. – München, 1982. – S. 48–58
Klemm, F.: Die Technik der italienischen Renaissance. – In: Zur Kulturgeschichte der Technik: Aufsätze und Vorträge 1954– 1978/Hrsg. Deutsches Museum München. – München, 1982. – S. 88–100
Kletzl, O.: Plan-Fragmente aus der deutschen Dombauhütte von Prag in Stuttgart und Ulm. – Stuttgart, 1939. – (Veröffentlichungen des Archivs der Stadt Stuttgart; 3)
Knoepfli, A.: Die Grubenmann: Welt zwischen Handwerk, Unternehmertum und Baukunst. – In: Schweizer Ingenieur und Architekt. – Zürich. – 101 (1983). – S. 677–683
Knorre, A. von.: Turmvollendungen deutscher gotischer Kirchen im 19. Jahrhundert: unter besonderer Berücksichtigung von Turmabschlüssen mit Maßwerkhelmen. – Köln, 1974. – (Veröffentlichungen der Abt. Architektur des Kunsthistorischen Institutes der Universität Köln; 5)
Koch, G. F.: Karl Friedrich Schinkel und die Architektur des Mittelalters: Die Studien auf der ersten Italienreise und ihre Auswirkungen. – In: Zeitschrift für Kunstgeschichte. – 29 (1966). – S. 177–222
Koch, H.: Vom Nachleben des Vitruv. – Baden-Baden, 1951. – (Deutsche Beiträge zur Altertumswissenschaft; 1)
Koepf, H.: Die gotischen Planrisse der Wiener Sammlungen. – Wien; Köln; Graz, 1969. – (Studien zur österreichischen Kunstgeschichte; 4)
Krause, H.-J.: Ein übersehener Backsteinbau der Romanik in Mitteldeutschland. – In: Festschrift J. Jahn zum XXII. Nov. MCMLVII. – Leipzig, 1958. – S. 89–99
Krause, H.-J.: Die spätgotischen Steinmetzzeichen des Doms und der Klausurgebäude. – In: Ramm, P.: Der Merseburger Dom: seine Baugeschichte nach den Quellen. – Weimar, 1977. – S. 184–210
Krauß, K.: Konstruktionsprinzipien gotischer Gewölbe. – In: Denkmalpflege in Baden-Württemberg. – 6 (1977). – S. 60–62
Kretzschmer, F.: Bilddokumente römischer Technik: Beiträge zur Technikgeschichte. – Düsseldorf, 1964.
Kreusch, F.: Werkrisse und Werkmaß der Chorhalle des Aachener Domes. – In: Borches, G.: Die Kunstdenkmäler des Rheinlandes. – Düsseldorf, 1974. – (Beiträge zur rheinischen Kunstgeschichte und Denkmalpflege II; Beiheft 20)
Kruse, K. B.: Zu Untersuchungs- und Datierungsmethoden mittelalterlicher Backsteinbauten im Ostseeraum. – In: Archäologisches Korrespondenzblatt. – 12 (1982). – S. 555–562
Kubach, H. E.; Haas, W.: Der Dom zu Speyer. Bd. 3. – München, 1972. – (Die Kunstdenkmäler von Rheinland-Pfalz; Bd. 5)
Kubach, H. E.: Verborgene Architektur: über das Verhältnis von Fundament und Bauwerk am Beispiel des Speyerer Domes; Festschrift Verbeek. – In: Borches, G. (Hrsg.): Die Kunstdenkmäler des Rheinlandes. – Düsseldorf, 1974. – S. 35–48. – (Beiträge zur rheinischen Kunstgeschichte und Denkmalpflege II; Beiheft 20)
Kubach, H. E.; Verbeek, A.: Romanische Baukunst an Rhein und Maas: Katalog der vorromanischen und romanischen Denkmäler. 3 Bde. – Berlin (West), 1976.

Kubler, G.: A Late Gothic Computation of Rib Vault Thrusts. – In: Gazette des Beaux – Arts. 26 (1944). – S. 135–148
Kübler, L.: Computeranalyse der Statik zweier gotischer Kathedralen. – In: architectura. – 4 (1974). – 97–111
Kultermann, U.: Geschichte der Kunstgeschichte: Der Weg einer Wissenschaft. – Wien; Düsseldorf, 1966.
Kuns, J.: Betrachtungen zur Geschichte der technischen Zeichnungen. – Diss. – Aachen, 1980.

Lacher, L. siehe *Lechler, L.*
Lacroix, E.: Die mittelalterlichen Baugerüste. – In: Deutsche Kunst und Denkmalpflege. – 1934. – S. 218–221
Lamprecht, H.-O.: Opus caementitium: Bautechnik der Römer. – 2. Aufl. – Düsseldorf, 1983.
Lechler, L.: Unterweisungen und Lehrungen für seinen Sohn Moritz: Handschrift 1516/hrsg. von A. Reichensperger. – In: Vermischte Schriften über christliche Kunst. – Leipzig, 1856. – S. 133–167
Legner, A. (Hrsg.): Die Parler und der Schöne Stil 1350–1400: Europäische Kunst unter den Luxemburgern. 5 Bde. – Köln, 1978–1980.
Leistikow, D.: Aufzugsvorrichtungen für Werksteine im mittelalterlichen Baubetrieb: Wolf und Zange. – In: architectura. – 12 (1982). – S. 20–33
Lemper, E.-H.: Arnold von Westfalen: Berufs- und Lebensbild eines deutschen Werkmeisters der Spätgotik. – In: Mrusek, H.-I. (Hrsg.): Die Albrechtsburg zu Meißen. – Leipzig, 1972. – S. 41–55
Leopold, G.; Schubert, E.: Der Dom zu Halberstadt bis zum gotischen Neubau. – Berlin, 1983.
Le Seur, F. siehe *Boscovich, R. G.*
Liess, R.: Goethe vor dem Straßburger Münster: Zum Wissenschaftsbild der Kunst. – Leipzig, 1985. – (Seemann-Beiträge zur Kunstwissenschaft)
List, K.: Ein baugeschichtliches Problem im Marienmünster der Reichenau. – In: Nachrichtenblatt der Denkmalpflege in Baden-Württemberg. – 12 (1969). – 58–61
Lühr, H.-P. siehe *Efes, Y.*

Maier, K.: Mittelalterliche Steinbearbeitung und Mauertechnik als Datierungsmittel. – In: Zeitschrift für Archäologie des Mittelalters. – 3 (1975). – S. 209–216
Mainstone, R.: Structural Theory and Design before 1742. – In: Architectural Review. – 143 (1968). – S. 303–310
Mainstone, R.: Brunelleschi's dome. – In: Architectural Review. – 162 (1977). – S. 156–166
Mark, R., siehe *Shelby, L. R.*
Mauersberger, K., siehe *Hänseroth, T.*
Mazal, O.: Himmels- und Weltenbilder: Kleinodien österreichischer Buchmalerei aus der Österreichischen Nationalbibliothek. – Wien, 1973.
Meckseper, C.: Über die Fünfeckkonstruktion bei Villard de Honnecourt und im späten Mittelalter. – In: architectura. – 13 (1983). – S. 31–40
Merseburg, Th. von siehe *Thietmar von Merseburg*
Mettler, A.: Laienmönche, Laienbrüder, Conversen, besonders bei den Hirsauern. – In: Württembergische Vierteljahreshefte für Landesgeschichte. – 41 (1935). – S. 201–253
Meyer, C.: Die Hauschronik der Familie Holl (1487–1646). – München, 1910.
Meyer-Barkhausen, W.: Das große Jahrhundert Kölnischer Kirchenbaukunst: 1150–1250. – Köln, 1952.
Möbius, F.: Die Chorpartie der westeuropäischen Klosterkirche zwischen 8. und 11. Jahrhundert: Kulturgeschichtliche Voraussetzungen, liturgischer Gebrauch, soziale Funktion. –

In: Möbius, F.; Schubert, E. (Hrsg.): Architektur des Mittelalters: Funktion und Gestaltung. – Weimar, 1983.
Mojon, L.: Der Münsterbaumeister Matthäus Ensinger: Studien zu seinem Werk. – Bern, 1967. – (Berner Schriften zur Kunst; 10)
Müller, O.: Die Einhardts-Basilika zu Steinbach bei Michelstadt. – Diss. – Leipzig: Univ., 1936; Seligenstadt, 1937.
Müller, W.: Über den Planriß eines Schlingenrippengewölbes in der Akademie der bildenden Künste und verwandte Probleme aus der Geschichte des Steinschnitts. – In: Österreichische Zeitschrift für Kunst und Denkmalpflege. – 26 (1972). – S. 45–53
Müller, W.: Zum Problem des technischen Stilvergleichs im deutschen Gewölbebau der Spätgotik. – In: architectura. – 3 (1973). – S. 1–12
Müller, W.: Das Weiterleben gotischer Überlieferungen in der oberdeutschen Steinmetzlehre vom endenden 16. bis 18. Jahrhundert. – In: Technikgeschichte. – 43 (1976). – S. 268–281
Müller, W.: Technik der Wölbung. – In: Legner, A. (Hrsg.): Die Parler und der Schöne Stil 1350–1400. – Bd. 3. – S. 48–50

Nedoluha, A.: Kulturgeschichte des technischen Zeichnens. – In: Blätter für Technikgeschichte. – Wien. – H. 19. – 1957; H. 20. – 1958; H. 21. – 1959.
Neber, F. L.: Alles hing einmal am Haken. – In: Heraklith-Rundschau. – 31 (1961).
Neuburger, A.: Die Technik des Altertums. – Leipzig, 1919. – Reprint. – Leipzig, 1984.
Neumann, E.: Die Backsteintechnik in Niedersachsen während des Mittelalters. – In: Lüneburger Blätter. – 10 (1959). – S. 21–44
Nippoldt, A.: Ein Beitrag zur Frage der Ausrichtung der Kirchenachsen mit Magneten. – In: Archiv für die Geschichte der Naturwissenschaften und der Technik. – 7 (1916). – S. 109–114; S. 236–244
Nußbaum, N. siehe *Binding, G.*: Der mittelalterliche Baubetrieb
Nußbaum, N.: Deutsche Kirchenbaukunst der Gotik. Entwicklung und Bauformen. – Köln, 1985.

Oettinger, K.: Anton Pilgram und die Bildhauer von St. Stephan. Wien, 1951.
Ostendorf, F.: Die Geschichte des Dachwerks. – Leipzig, 1908 und Hannover, 1982.
Oswald, F. siehe Vorromanische Kirchenbauten
Otto, K.: Die Wiederherstellungsarbeiten am Dom in Nordhausen in den Jahren 1927–1930. – In: Die Denkmalpflege. – 1931.

Pauken, E.: Das Steinmetzbuch WG 1572 im Städelschen Kunstinstitut zu Frankfurt am Main. – Köln, 1979. – (Veröffentlichungen der Abt. Architektur des Kulturhistorischen Instituts der Universität Köln; 15)
Pause, P.: Gotische Architekturzeichnungen in Deutschland. – Diss. Bonn, 1973.
Perger, R.: Die Baumeister des Wiener Stephandomes im Spätmittelalter. – In: Wiener Jahrbuch für Kunstgeschichte. – 23 (1970). – S. 66–107
Pickarek, R.: Die Braunschweiger Ablaßbriefe; eine quellenkundliche Untersuchung über die Finanzierung der mittelalterlichen Kirchenbauten im Hinblick auf die damalige Bußpraxis. – In: Braunschweigisches Jahrbuch. – 54 (1973). – S. 74–137
Pieper, K.: Von der Statik mittelalterlicher Kirchenbauten. – In: Baumeister. – 47 (1950). – S. 600–604
Pieper, K.: Sicherung historischer Bauten. – Berlin (West), München, 1983.
Pieper, K.: Vom Entstehen und Erhalten der Marienkirche in Lübeck. – In: Lübeckische Blätter. – 144 (1984). – S. 225–230; S. 245–250

Poleni, G.: Memorie istoriche della Gran Cuppola del Tempio Vaticano. – Padua, 1748.

Ramm, P.: Der Merseburger Dom: seine Baugeschichte nach den Quellen. – Weimar, 1977.
Rasch, J.J.: Die Kuppel in der römischen Architektur: Entwicklung, Formgebung, Konstruktion. – In: architectura. – 15 (1985) 2. – S. 117–139
Rathe, K.: Ein Architektur-Musterbuch der Spätgotik mit graphischen Einklebungen. – In: Festschrift der Nationalbibliothek in Wien zur Feier des 200jährigen Bestehens des Gebäudes. – Wien, 1926. – S. 667–692
Rave, W.: Über die Statik mittelalterlicher Gewölbe. – In: Deutsche Kunst und Denkmalpflege. – 40 (1939). – S. 193–198
Reichensperger, A. siehe *Lechler, L.*
Reinle, A.: Architekturlehre. – In: Weimar, P. (Hrsg.): Die Renaissance der Wissenschaften im 12. Jahrhundert. – Zürich, 1980. – S. 211–231. – (Züricher Hochschulforum; 2)
Reusche, E.: Kalköfen für periodischen Betrieb in Südosteuropa. – Köln, 1977. – (Veröffentlichung der Abteilung Architektur des Kunsthistorischen Institutes der Universität Köln; 12)
Reuter, R.: Das Alter des Mittelschiffdachstuhles der ehemaligen Benediktiner-Klosterkirche Mittelzell auf der Insel Reichenau/Bodensee. – In: Nachrichtenblatt der Denkmalpflege in Baden-Württemberg. – 12 (1969). – S. 54–57
Richter, S. siehe *Brentjes, B.*
Ricken, H.: Der Architekt: Geschichte eines Berufes. – Berlin, 1977.
Roeck, B.: Wirtschaftliche und soziale Voraussetzungen der Augsburger Baukunst zur Zeit des Elias Holl. – In: architectura. – 14 (1984) 2. – S. 119–138
Röder, J.: Teutonenstein und Heunesäulen bei Miltenberg: ein Beitrag zur alten Steinindustrie am Untermain. – Kallmünz, 1960. – (Materialhefte zur bayrischen Vorgeschichte; 15)
Roggenkamp, H. siehe *Beseler, H.*
Roriczer, M.: Das Büchlein von der Fialen Gerechtigkeit. – Faks. der Originalausg., Regensburg 1486, mit e. Nachwort und Textübertr./hrsg. von F. Geldner. – Wiesbaden, 1965.
Roriczer, M.: Die Geometria deutsch. – Faks. der Originalausg., Regensburg 1487/1488, mit e. Nachwort und Textübertr./hrsg. von F. Geldner. – Wiesbaden, 1965.
Roth, K.: Die zehn Federzeichnungen vom Cistercienser-Kloster Schönau bei Heidelberg. – Freudenberg-Weinheim, o.J.
Rotthoff, G. siehe *Bader, W.*
Rowald, P.: Beiträge zur Geschichte der Grundsteinlegung. – In: Zeitschrift für Bauwesen. – 54 (1904). – Sp. 41–66; 271–288; 395–416
Rüth, G.: Bautechnische und statische Ursachen der Schäden am Mainzer Dom und die Sicherungsarbeiten zur Erhaltung des Bauwerkes. – In: Der Bauingenieur. – 7 (1926) 25. – S. 489–493
Rüth, G.: Technische Sicherungsmaßnahmen am Dom zu Nordhausen. – In: Die Denkmalpflege. 1931. – S. 77–83
Rupp, E.: Die Geschichte der Ziegelherstellung. – Heidelberg, 1970.

Sachse, H.-J.: Barocke Dachwerke, Decken und Gewölbe: zur Baugeschichte und Baukonstruktion in Süddeutschland. – Berlin (West), 1975.
Sackur, W.: Vitruv und die Poliorketiker. Vitruv und die christliche Antike. Bautechnisches aus der Literatur des Altertums. – Berlin, 1925.
Sage, W.: Frühmittelalterlicher Holzbau. – In: Braunfels, W. (Hrsg.): Karl der Große: Lebenswerk und Nachleben. Bd. 3: Karolingische Kunst. – Düsseldorf, 1967. – S. 573–590
Sanpaolesi, P.: Der statische Zustand der Florentiner Domkuppel. – In: Kunstchronik. – 30 (1977). – S. 333–337

Sauer, J.: Der Cistercienserorden und die deutsche Kunst des Mittelalters, besonders im Hinblick auf die Generalkapitelverordnungen vom 12. bis 14. Jahrhundert. – In: Studien und Mitteilungen zur Geschichte des Benediktinerordens und seiner Zweige. – N. F. 3 (1913). – S. 475–522; S. 660–699

Sauer, J.: Symbolik des Kirchengebäudes und seiner Ausstattung in der Auffassung des Mittelalters. – 2. Aufl.– Freiburg i. Br., 1924; Münster, 1964.

Schaefer, H. R. siehe Vorromanische Kirchenbauten.

Schäfke, W.: Kölns romanische Kirchen: Architektur, Ausstattung, Geschichte. – Köln, 1984.

Schindler, R.: Trier in merowingischer Zeit. – In: Jankuhn, H. u.a. (Hrsg.): Vor- und Frühformen der europäischen Stadt im Mittelalter. – S. 130–151

Schirmböck, A.: Abendländische Aspekte der österreichischen Ziegelforschung: Ziegelformate und Richtzahlen/hrsg. mit Unterstützung der Bauhütte Leitl-Werke. – s.l., (1980).

Schläger, H.: Die Texte Vitruvs im Lichte der Untersuchungen am Hafen von Side: Bericht über die 25. Tagung für Ausgrabungswissenschaft und Bauforschung vom 13. bis 18. Mai 1969 in Speyer/hrsg. von der Koldewey-Gesellschaft. – 1971. – S. 31–42

Schmidt, G.: Peter Parler und Heinrich IV.: Parler als Bildhauer. – In: Wiener Jahrbuch für Kunstgeschichte. – 23 (1970). – S. 108–153

Schmitt, O.: Gotische Skulpturen des Freiburger Münsters. – Frankfurt a. M., 1926.

Schmuttermayer, H.: »Fialenbüchlein« (wahrscheinlich 1486). – In: Anzeiger für Kunde der Deutschen Vorzeit. – Nürnberg. – N. F. 28 (1881) 3. – Sp. 65–78

Schnell, H.: Die Entwicklung des Kirchturms und seine Stellung in unserer Zeit. – In: Das Münster. – 22 (1969). – S. 85–96; S. 177–192

Schnyder, R.: Zur Entdeckung der wissenschaftlichen Perspektive in der Antike. – In: Zeitschrift für Schweizerische Archäologie und Kunstgeschichte. – 22 (1962). – S. 143–157

Schock-Werner, B.: Zur Entlohnung der Werkmeister an Bauhütten im späten Mittelalter. – In: Kölner Domblatt. 41 (1976). – S. 125–130

Schock-Werner, B.: Bauhütten und Baubetrieb der Spätgotik – Die Stellung der Bauleute – Bauhütte und Zunft. – In: Legner, A. (Hrsg.): Die Parler und der Schöne Stil 1350–1400: Europäische Kunst unter den Luxemburgern; ein Handbuch zur Ausstellung des Schnütgen-Museums in der Kunsthalle Köln. – Bd. 3. – Köln, 1978. – S. 55–65

Schöller, W.: Eine mittelalterliche Architekturzeichnung im südlichen Querhausen der Kathedrale von Soissons. – In: Zeitschrift für Kunstgeschichte. – 43 (1980). – S. 196–202

Schöller, W.: Ein Katalog mittelalterlicher Baubetriebsdarstellungen. – In: Technikgeschichte. – 54 (1987) 2. – S. 77–100

Schönberger, H.: Das Ende oder das Fortleben spätromanischer Städte an Rhein und Donau. – In: Jankuhn, H. u. a. (Hrsg.): Vor- und Frühformen der europäischen Stadt im Mittelalter. – S. 102–109

Schubart, P.: Ein Dachstuhl des 12. Jahrhunderts in der Klosterkirche zu Billigheim. – In: Denkmalpflege in Baden-Württemberg. – 5 (1976). – S. 71–74

Schubert, E. siehe *Leopold, G.*

Schubert, E.: Der Magdeburger Dom. Aufnahmen von Klaus G. Beyer. – Leipzig, 1984.

Schuchhardt, C.: Arkona, Rethra, Vineta: Ortsuntersuchungen und Ausgrabungen. – 2. Aufl. – Berlin, 1926.

Schultze, E.: Die Standsicherheit schiefer Türme. – In: Vorträge der Baugrundtagung 1968 in Hamburg. – Essen: Deutsche Gesellschaft für Erd- und Grundbau, 1969. – S. 1–33

Schwarz, A.: Aspekte zur Entwicklung der Architektur bei der Herausbildung der fränkischen Feudalgesellschaft. – Diss. – Leipzig, 1984.

Schwarz, A.: Architektur und Gesellschaft von Kaiser Konstantin bis zu Karl dem Großen. – Leipzig, 1989.

Sedlmayr, H.: Die Entstehung der Kathedrale. – Zürich, 1950.

Seeliger-Zeiss, A.: Lorenz Lechler von Heidelberg und sein Umkreis. – Heidelberg, 1967. – (Heidelberger Kunstgeschichtliche Abhandlungen. N. F.; Bd. 10)

Seeliger-Zeiss, A.: Studien zum Steinmetzbuch des Lorenz Lechler von 1516: ein bisher unbekannt gebliebenes Fragment im Besitz der Badischen Landesbibliothek Karlsruhe. – In: architectura. – 12 (1982). – S. 125–150

Segger, J.: Zur Statik gotischer Kathedralen: dargest. am Kölner Dom und statisch verwandter Kathedralen. – Diss. – Aachen, 1969.

Sellenriek, J.: Zirkel und Lineal: Kulturgeschichte des konstruktiven Zeichnens. – München, 1987.

Sennhauser, H. R. siehe Vorromanische Kirchenbauten.

Shelby, L. R.: The Geometrical Knowledge of Medieval Master Mason. – In: Speculum. – 47 (1972). – S. 395–421

Shelby, L. R.; Mark, R.: Late Gothic Structural Design in the »Instructions« of Lorenz Lechler. – In: architectura. – 9 (1972) 2. – S. 113–131

Siebenhüner, H. siehe *Vasari, G.*

Simson, O. von: Die gotische Kathedrale. – Darmstadt, 1968.

Smith, J. T.: Mittelalterliche Dachkonstruktionen in Nordwesteuropa. – In: Ahrens, C. (Hrsg.): Frühe Holzkirchen im nördlichen Europa: zur Ausst. des Helms-Museums Hamburg, Museum für Vor- und Frühgeschichte. – Hamburg, 1981. – S. 379–390

Sonnemann, R. siehe *Brentjes, B.*, und siehe *Buchheim, G.*

Sternagel, P.: Die artes mechanicae im Mittelalter: Begriffs- und Bedeutungsgeschichte bis zum Ende des 13. Jahrhunderts. – Kallmünz, 1966. – (Münchner historische Studien, Abt. ma. Geschichte, Bd. 2)

Die Stiftskirche des hl. Victor zu Xanten. Siehe *Bader, W.*

Storz, S.: Zur Funktion von keramischen Wölbröhren im römischen und frühchristlichen Gewölbebau. – In: architectura. – 14 (1984) 2. – S. 89–105

Straub, H.: Die Geschichte der Bauingenieurkunst. – Basel; Stuttgart, 1964.

Strempel, A.: Die Rettung des Mainzer Doms. – Mainz, 1928.

Stromer, W. von: Der Reichswald als Geburtsstätte der Forstkultur. – In: Sperber, G.: Der Reichswald bei Nürnberg: aus der Geschichte des ältesten Kulturforstes. – Nürnberg; München, 1968. – S. 25–29. – (Mitteilungen aus der Staatsforstverwaltung Bayerns; Heft 37)

Stromer, W. von: Brunelleschis automatischer Kran und die Mechanik der Nürnberger Drahtmühle: Technologie-Transfer im 15. Jahrhundert. – In: architectura. – 7 (1977). – S. 163–174

Suckale, R. siehe *Kimpel, D.*: Die gotische Architektur …

Swaan, W.: Die großen Kathedralen. – Köln, 1969.

Theurer, M. siehe *Alberti, L. B.*

Thietmar von Merseburg: Chronik/neu übertr. und bearb. von W. Trillmich. – Berlin, 1957. – (Ausgewählte Quellen zur deutschen Geschichte des Mittelalters; Bd. 9)

Timm, A.: Kleine Geschichte der Technologie. – Stuttgart, 1964.

Toussaint, F.: Lastenförderung durch fünf Jahrtausende. Hrsg. von DEMAG. – Köln, 1965.

Trillmich, W. siehe *Thietmar von Merseburg*

Tscheschew, W. W. siehe *Iwanow, B. I.*

Überwasser, W.: Deutsche Architekturdarstellungen um das Jahr 1000. – In: Festschrift für Hans Jantzen/hrsg. von K. Bauch. – Berlin (West), 1951. – S. 45–70

Ullmann, E.: Die Welt der gotischen Kathedrale. – Berlin, 1981.

Ungewitter, G. G.: Lehrbuch der gotischen Konstruktionen. – Leipzig, 1859–1864.

Untermann, M. siehe *Binding, S.*: Kleine Kunstgeschichte …

Vasari, G.: Künstler der Renaissance: Lebensbeschreibungen der ausgezeichnetsten italienischen Baumeister, Maler und Bildhauer/ausgew. und hrsg. von H. Siebenhüner. – Leipzig, 1940. – (Sammlung Dieterich; 39)

Villard de Honnecourt siehe *Hahnloser, H. P.*

Viollet-le-Duc, E. E.: Dictionnaire raisonné de l'architecture française du XIe au XVIe siecle. – 10 Bde. – Paris, 1854–1868.

Vitruvius Pollio, M.: Zehn Bücher über Architektur: Lateinisch-Deutsch/übers. von C. Fensterbusch. – Berlin, 1965.

Vitruvius: Vitruvius teutsch ... erstmals verteutscht ... durch Gualth. H. Rivium. – Nürnberg, 1548.

Vitruvius: Lex dix livres d'architecture corrigez et traduits nouvellement en Français par Cl. Perrault. – Paris, 1673 und 1684.

Voigtländer, K.: Die Stiftskirche zu Gernrode und ihre Restaurierung 1858–1872. – Berlin, 1980.

Vorromanische Kirchenbauten: Katalog der Denkmäler bis zum Ausgang der Ottonen/bearb. von F. Oswald; L. Schaefer; H. R. Sennhauser. – 3 Bde. – München, 1966–1971.

Warnke, M.: Bau und Überbau: Soziologie der mittelalterlichen Architektur nach den Schriftquellen. – Frankfurt a. M., 1976.

Weber, E.: Steinmetzbücher – Architekturmusterbücher. – In: Binding, G.; Nußbaum, N.: Der mittelalterliche Baubetrieb nördlich der Alpen in zeitgenössischen Darstellungen. – Darmstadt, 1978. – S. 22–42

Webner, H.: Die Ostung mittelalterlicher Kirchen. – In: Denkmalpflege. – 1 (1899). – S. 97–98

Wendel, G. (Hrsg.): Wissenschaft in der Antike: Beiträge zur Wissenschaftsgeschichte. – Berlin, 1986.

Wenzel, F.: Die Sicherungsarbeiten an den hölzernen Dach- und Kuppelkonstruktionen der Abteikirche Neresheim. – In: Deutsche Kunst und Denkmalpflege. – 27 (1969). – S. 165–171

Wenzel, F. (Hrsg.): Erhalten historisch bedeutsamer Bauwerke: Jahrbuch 1986: Sonderforschungsbereich 315, Universität Karlsruhe (TH). – Berlin (West), 1986.

Werner, E.: Bemerkungen zu einer neuen These über die Herkunft der Laienbrüder. – In: Zeitschrift für Geschichtswissenschaft. – 6 (1958) 2. – S. 353–361

Weyres, W.: Der karolingische Dom zu Köln. – In: Braunfels, W. (Hrsg.): Karl der Große: Lebenswerk und Nachleben. Bd. 3: Karolingische Kunst. – Düsseldorf, 1967.

White jr., L.: Die Ausbreitung der Technik 500–1500. – In: Cipolla, C. M. und K. Borchardt (Hrsg.): Europäische Wirtschaftsgeschichte in 5 Bänden. – Stuttgart; New York, 1978. – Bd. 1. – S. 91–110

Wiemer, W.: Die Baugeschichte und Bauhütte der Ebracher Abteikirche 1200–1285. – In: Jahrbuch für Fränkische Landesforschung. – 17 (1957). – S. 1–86

Wilkes, G. siehe *Bader, W.*

Winterfeld, D. von: Der Dom zu Bamberg. – 2 Bde. – Berlin (West), 1979.

Wolff, A.: Mittelalterliche Planzeichnungen für das Langhaus des Kölner Domes. – In: Kölner Domblatt. – 30 (1969). – S. 137–178.

Wolff, A.: Dombau in Köln: Photographen dokumentieren die Vollendung einer Kathedrale. – Stuttgart, 1980.

Wolff Metternich, F. Graf: Die Erbauung der Peterskirche zu Rom im 16. Jahrhundert. – Wien; München, 1972. – (Römische Forschungen der Bibliotheca Hertziana; 20)

Zabaglio, N.: Castelli e ponti di maestro Niccolo Zabaglia con alcune ingegnose pratiche e con la descrizione del Trasporto dell'obelisco vaticano, e di altri del cavalliere Domenico Fontana. – Roma, 1743.

Ziegler, H.: Der Mensch als Rechte Proportion. – In: Humanismus und Technik: Jahrbuch/ hrsg. von der Ges. von Freunden der Techn. Univ. Berlin. – Berlin (West), 1985. – S. 94–132

Zimmermann, W.: Ecclesia lignea und ligneis tabulis fabricata. – In: Bonner Jahrbuch. – 158 (1958). – S. 414–453

Zippelius, A.: Das vormittelalterliche dreischiffige Hallenhaus in Mitteleuropa. – In: Bonner Jahrbuch. – 153 (1953). – S. 13–45

Zippelius, A.: Vormittelalterliche Zimmerungstechnik in Mitteleuropa. – In: Rheinisches Jahrbuch für Volkskunde. – 5 (1954). – S. 7–52

Zorn, A.: Statische Untersuchung der St.-Martins-Kirche in Landshut. – Diss. – München, 1933.

Zykan, M.: Zur Baugeschichte des Hochturmes von St. Stephan. – In: Wiener Jahrbuch für Kunstgeschichte. – 23 (1970). – S. 28–65

Bildnachweis

Ahrens, Claus, Rosengarten 13
Bavaria-Bildagentur, Gauting 22 (Sammer), 185 (Kappelmeyer), 188 (Williams), 191 (Köhler)
Bayerische Staatsbibliothek, München 121, 184
Bayerisches Landesamt für Denkmalpflege, München 7, 103
Beyer, Klaus, Weimar 41–43, 82, 83, 89, 97, 108, 109, 129, 136, 140
Biblioteca Ambrosiana, Mailand 173
Biblioteca Nacional, Madrid 128
Bibliothèque Nationale, Paris 12, 27, 61, 62, 68, 95, 122, 126, 133, 143
Bibliothèque Royale Albert Ier, Brüssel 88, 130
Bräunlich, Erdmute, Torgau 107
British Library, London 20, 38, 106, 149, 172, 196
Burgerbibliothek Bern 81
Conrad, Dietrich, Dresden 10, 19, 33, 56, 59, 76, 78, 84, 87, 96, 98, 99, 120, 127, 132, 135, 137, 145, 150, 151, 155–157, 162, 167, 170, 180, 198–201
C. R. D. P., Clermont-Ferrand 67
Denkmalpflege Basel 34
Denkmalpflege des Kantons Zürich, Zürich 9
Deutsche Staatsbibliothek, Berlin 117, 177, 194, 195
Deutsches Archäologisches Institut, Rom 52, 182
Dombauarchiv, Köln 31 (Rheinisches Bildarchiv), 54 (Rheinisches Bildarchiv), 118
E. A. Seemann, Leipzig 6
Effenberger, Arne, Berlin 183
Eschenburg, Karl, Warnemünde 115
Foto Grafica, Rom 16
Foto Marburg 37, 40, 57
Fotografia della Soprintendenza per i Beni Ambientali e Architettonici delle Romagna e Ferrara, Ravenna 153, 154
Foto-Zwicker, Würzburg 179
Fritz, Joachim, Berlin 30, 110, 116
Georgi, Christoph, Schneeberg 163–165
Germanisches Nationalmuseum, Nürnberg 58, 65, 74
Giraudon/Lauros, Paris 5, 105, 193
Helms, Thomas, Hamburg 160
Herre, Volkmar, Stralsund 187
Hirmer Verlag, München 60, 158, 159
Horvath, Eva, Wien 55
Industrie-Foto-Hilbinger, Schwaig-Behringersdorf 124
Institut für Denkmalpflege / Groß, Dresden 148
Institut für Denkmalpflege, Halle 18, 119
Kersting, A. F., London 166
Krammisch, Wolfgang, Dresden 1
Kunsthistorisches Museum, Wien 69
Kupferstichkabinett der Staatlichen Museen Preußischer Kulturbesitz / Jörg P. Anders, Berlin 32
Landesbildstelle Rheinland, Düsseldorf 36
Landesdenkmalamt Baden-Württemberg, Karlsruhe 70, 142
Landesdenkmalamt Baden-Württemberg, Stuttgart 47, 94, 144
Landesmuseum Mainz 49
Lichtbildwerkstätte »Alpenland«, Wien 15
Museum für Ur- und Frühgeschichte, Schwerin 14
Neumeister, Werner, München 4, 64, 123, 174
Österreichische Nationalbibliothek, Wien, 21, 93
Patrimonio Nacional, Madrid 53
Paul, Alexandr, Prag 23–26, 125
Plath, Sylvia Marita, Leipzig 79, 114, 139
Reale Fotografia Giacomelli, Venedig 186
Rheinisches Bildarchiv, Köln 35
Richter, Andreas, Erfurt 113
Rössing, Renate, Leipzig 85
Sachse, Irmtraut, Berlin 147
Sächsische Landesbibliothek, Dresden 72, 80, 101
Sächsische Landesbibliothek Dresden, Abt. Deutsche Fotothek, Dresden 2, 63, 90, 169, 171, 190
Scala, Florenz 50, 77, 91, 134, 138, 141, 152, 178, 189
Schweizerische Landesbibliothek, Genf 197
Schweizerisches Landesmuseum, Zürich 45
Seltrecht, C., St. Gallen 51
Smith, E., Saffron Walden/Essex 71, 100, 104

Staatliche Kunstsammlungen Dresden 3
Staatliche Museen zu Berlin 44, 66, 86
Stadtarchiv Freiburg i. Br. 48
Städelsches Kunstinstitut, Frankfurt/M. 161
Städtischer Konservator / Rheinisches Bildarchiv, Köln 11
Steiermärkisches Landesarchiv, Graz 46
Steiner, Walter, Weimar 102
Steuerlein, Asmus, Dresden 73, 75, 112, 175, 192
Technische Universität München, Architektursammlung 168
Verlag der Kunst, Dresden 39
Verlagsarchiv 8, 17, 28, 29, 92, 111, 176, 181
Willmann, Lothar, Berlin 146

Wir entnahmen Abbildungen aus folgenden Publikationen:

Beseler, H.; Roggenkamp, H.: Die Michaeliskirche in Hildesheim. – Berlin, 1954 99
Fontana, L.: Il Templum Vaticanum ... – Roma, 1694 177
Gutbrod, I.: Die Initiale in Handschriften. – Stuttgart, 1965 132
Jahrbuch des Vereins für Augsburger Bistumsgeschichte. – 9 (1975) 187
Röder, J.: Teutonensteine und Heunesäulen bei Miltenberg. – In: Materialhefte zur bayerischen Vorgeschichte. – (1960) Nr. 15 78
Wolff, A.: Der Dombau zu Köln. – Stuttgart, 1980 139

Personenregister

Die geradstehenden Zahlen verweisen auf Textseiten, die kursiven auf Bildnummern der Bildunterschriften.

Ortsregister

Dieses Register verzeichnet nur die behandelten Bauwerke, nicht alle erwähnten Orte.